宝贝，手机

——移动互联网时代的社会文化景观

郝耀华　郝特达　编著

U0332581

测绘出版社

·北京·

图书在版编目(CIP)数据

宝贝，手机 / 郝耀华，郝特达编著. -- 北京 ：测绘出版社，2014.7
ISBN 978-7-5030-3518-0

Ⅰ．①宝…　Ⅱ．①郝…　②郝…　Ⅲ．①移动电话机－普及读物　Ⅳ．
①TN929.53-49

中国版本图书馆CIP数据核字(2014)第148915号

项目策划　曹江雄
责任编辑　陈光宇
审　　校　张雨霁　饶艳丽
审　　订　曹江雄
计算机制作　郭艳芳
美术设计　智　一

宝贝，手机

出版发行	测绘出版社		
社　址	北京市西城区三里河路50号	邮政编码	100045
网　址	www.chinasmp.com	经　销	新华书店
印　刷	三河市世纪兴源印刷有限公司	联系电话	010-68531329
版　次	2014年7月第1版	成品规格	170mm×242mm
印　次	2014年7月北京第1次印刷	印　张	15.25
书　号	ISBN 978-7-5030-3518-0	定　价	32.00元

前　　言

◎一部描述移动互联网时代的全景作品，一部引领智能手机文化的开拓性作品。手机就是人类梦想了几千年的万能宝贝，它让每个人都成了神通广大的英雄！

◎在许多民族的神话传说中，人们都在渴望一种具有神奇智慧和力量的"宝贝"。幸运的是，我们当代人有了手机，人类千百年来的梦想成真了。当我们拥有手机以后，一个个都变成了超人，变成了"千里眼"，变成了"顺风耳"，有了似乎可以掌控一切的能力。

◎如同汽车普及后形成了汽车文化一样，在几乎人手一部的手机时代，手机文化正在野草般地蔓延，成为跨越各种界限的大众文化，它甚至有些霸道地改变着这个世界，影响着每一个地球人。

◎行进在移动互联网的快速道上，聪明的人像乔布斯一样，他们在牢牢把握着科学技术的方向盘时，眼睛还紧盯着社会文化潮流的走向。朋友，如果你真的明乎此理的话，那就赶快读一读这本书吧——

宝贝，手机！

——移动互联网时代的社会文化景观

郝耀华　郝特达

目　录
Contents

界 面 Ⅰ
Interface I

❶移动的世界
Mobile World

人类渴望的"宝贝"——手机来了

"早潮来罢晚潮来"，时代的大潮汹涌澎湃，不可遏止地改变着人类社会的面貌。今天的我们是这样，明天的我们会怎样？当我们大多数人还是懵懵懂懂的时候，却有一些真正的先知为我们做出了科学的预言。

在西方，马歇尔·麦克卢汉被奉为科技时代的预言家。他以天才般的敏感，意识到了现代科技的超凡魔力，尤其是新媒介的横空出世，大大缩短了世界范围内的时空距离。在我们共有的这个地球村里，人类生存的社会生活和文化图景，都发生了前所未有的沧桑巨变。

就说手机吧，在"大哥大"出现之前，有谁知道它是什么"东东"呢？对不起！把"东西"说成"东东"，也是我过去未曾想到的变化。在汹涌澎湃的全媒体的信息传播系统中，借助移动互联网的发展势头，移动信息终端呈现出后来居上的态势，比如视屏狭小的智能手机，在功能上竟然变成了一个"巨无霸"，能够呈现包括文字、图片、音频、视频在内的五花八门的信息。

早在一个多世纪以前，美国的物理学家、电气工程师尼古拉·特斯拉就做出了一个无比睿智的预言——未来将会出现手机。那是 1909 年，特斯拉在美国的《大众机械》杂志上发表了一篇文章，他大胆地预测：便携式通讯设备将会出现，并会开创一个科学技术的新时代。在这位先锋科学家的想象中，这种未来的手持设备将是简单易用的。特斯拉断言：总有一天，世界上的每一个人都可以用它与朋友们沟通交流。

我从来不相信什么神秘兮兮的占卜师？但我相信建立在科学论证上的预言。除了佩服特斯拉这样的科学预言家，似乎还应该感谢《大众机械》的办刊人。因为该杂志自 1902 年创刊以来，一直在努力预测着：未来的世界将会变成什么样子？我们关注这样的预测，是因为我们关心：在这个变化的世界中人类将如何自处？我们的子孙将会过什么样的生活？

时至今日，覆盖全球的互联网和数十亿人拥有的电脑和手机，把人类不可逆转地带入了由神奇的数码编织而成的网络式信息社会。凯文·凯利是《连线》杂志的创始人，他在 1994 年出版的《失控》中提到的"云计算""虚拟现实"等概念，在今天均已实现。他认为，互联网的好处比我们想象中的还要大，它带来的不仅是科技的创新与革命，更重要的是改变了人类生活和相互交往的模式，开启了人类文明发展史上的新纪元。尤其是在当下这个时代，移动性为我们带来了随时随地的自由，宽带为我们带来了获取无限信息的能力，云计算为我们带来了即时分享信息的便利；三者形成的合力让科技越来越复杂，同时也越来越生态，越来越有机。这种合力也在重新塑造着人类，使我们的思维更加开阔，使我们的活动越来越多元化。

移动互联网突破了有线互联网的设施壁垒，它的触角延伸到过去固定网络无法抵达的地方，把地球村各个角落的人群都网罗到一起，形成了一个更为庞大、无处不在的网络世界。这张看不见的网和人们随身携带的手机，实现了人与信息、人与人、人与物质世界的全天候连接。我们无论身处何方，即使远在天之涯海之角，都一样生活在网中央。在这样的信息世界，没有信息抵达不了的犄角旮旯，只要带上一部手机，谁也无法冷落你。

我们确实进入了一个网络世界：电信网、互联网、电视网……几乎每一个家庭都有连接这些网络的终端：固定电话和移动电话、电脑、电视机……在这些终端中，对我们的影响与日俱增的就是手机。小时候，我和我的小伙伴们兜里揣着的不过是一块用以揩鼻涕或做游戏的手帕，现在却变成了威力无穷的手机。上小学时，父母给我脖子上挂的是一把家门钥匙；可我儿子读书时，脖子上挂的是手机。我曾试着抗拒它，当周围许多人都持有手机之后，我依旧拿着 BB 传呼机，还经常跑到街头的电话亭去打电话。后来还是经受不住这个劳什子的诱惑，我接受了一个舞蹈家朋友的馈赠，破天荒地有了属于自己的第一部手机。

我们所有的人，都在不经意间就被铺天盖地的网络"圈"了起来。你居家的时候被互联网圈了起来；你出门在外又被移动互联网圈了起来；你接触各种物件又被物联网圈了起来；抬头向天，你依然被云计算的漫天云朵笼罩着……

香港专栏作家陶杰说："在这个计算机网络的世界里，有一套新的语言、新的价值观、新的游戏规则，如果你不及时跟上它的步伐被拦在门外，新世界里的一切欢乐、美好、便捷、新巧、奇特，就没有你的份了。"可我总是跟不上趟儿，总是使用朋友淘汰下来的"古董手机"。最让我困惑的是，我在被动的状态中也被不断出新的手机给俘虏了。

1G，2G，3G，4G……当我们进入走马灯般更新换代的移动通讯网络时代时，一个最鲜明的特征就是"个人化"：网络的接入无处不在，有线无线，可以自由选择自由切换。除了个人电脑（PC）之外，上网本、智能手机、移动互联网设备（MID）、电子书、游戏机、电视机、车载信息娱乐设备(IVI)等，都可以接入网络。在人们日常工作、商务、生活、学习、娱乐、交友、游戏的方方面面，移动网络成了现实生活中须臾不可或缺的重要内容。有人认为，移动互联网迟早会革互联网的命，直到取而代之。我们刚刚适应了互联网与计算机，现在又要适应移动网络和智能手机；什么大数据与云计算、社交媒体、三网融合、宽带、物联网与智慧城市、微博客、微信、移动应用App、OTT TV、太空超高速激光通信……这些如潮而来的新科技、新发明、新事物，正在不可逆转地改变着我们惯常的生活，重新定义着人类社会的方方面面。

我们所处的时代，科技似乎拥有造物主的智慧和力量，它以无穷的创造力让这个世界像魔术师刘谦一样诡异善变。卓别林在电影《摩登时代》里曾形象地演绎了工业化对人性的异化，揭示了工业革命对人类社会的负面影响。今天，我们又面临着互联网、电脑和智能手机这些狠角色的轮番冲击。不断发展的科技固然很神奇，但也很霸道，无论你愿不愿意，它执意要塑造人们的生活。手机就是一个很好的例子，你可以拒绝使用它，但你面对的——依然是被它改变了的社会文化景观。今天，远程通讯无处不在，手机使得处在不同地理位置的人们有了一个共有共通共享的空间；"地球村"不再是一个比喻，而是一个你时刻可以感觉到的真实存在。天涯是村头，海角是村尾，距离已经难以阻隔拥有一部手机的人。你就是千里眼，你就是顺风耳，你就是无所不能的孙悟空，因为你属于新时代的手机族！

如果你去过非洲，一定会发现那里最流行的民间艺术就是鼓乐。赤道几内亚人在敲响木鼓后，就会随着鼓乐的节奏欢快起舞。女子头插羽毛，腰着兽皮裙，腿部饰以贝壳、龟甲片和小铃铛；男子上身赤裸，胸部、双臂和双腿涂着黑白花纹；他们击鼓和舞动的样子粗犷性感。实际上，原始的非洲鼓是一种"话鼓"，就是会说话的鼓；早先的土著民凭借鼓语来传递信息。西方的探险家刚到非洲时，在人迹罕至的丛林中就会听到隐约传来的鼓声，鼓声长短不一，节奏时有变化。等他们钻出大森林来到一个部落时，耳聪目明的酋长已经带着村人在路口迎候了；因为早有探子将来人的信息用鼓声传递过来了。让人不舍的是，像许多非物质文化遗产一样，随着电话的兴起，流行于非洲大陆和东南亚地区的"鼓语"也隐没在了历史的深处。

考察一下世界通讯史，便知历史上国外的信息传递也是非常艰辛的。埃及的法老们有专门的信使，负责将王国的法令徒步传达到尼罗河谷各地；到了罗马帝国时期，欧洲的邮政系统有了快信和平信的传递，传递快信的是马拉四轮车，传递平信的是更缓慢的两轮牛车。即使到了现代社会，甚至只是在 20 年前，人们主要的联络方式还是通信和固定电话。在电影《手机》的片头中，主人公打电话的经过是多么艰难呀！一大早，严守一就骑着自行车带着表嫂，从村里赶到镇子上，直到中午才轮到他们打电话，当接线员转到表兄牛三斤所在的煤矿时，矿上的接线员又通过大喇叭呼叫牛三斤去接电话……

通信活动是我们人类传达思想、沟通了解、维系社会联系的纽带。我们的祖先曾诗意地畅想："通远迩于一脉，继往来于无穷。"幸运的是我们和我们的子孙，拥有了手机这样的宝贝，我们成了真正的地球村人，只要动动指尖就可以毫不费力地横跨赤道，沟通南极和北极。更让人期待的通信方式是——量子的隐形传输，它指的是微观粒子的运动状态"量子态"从一个地方到另一个地方的瞬间传输。未来的量子通讯网络将实现"超时空穿越"，需要传输的量子态从 A 地神秘消失，不需要任何载体的携带就会在 B 地瞬间出现。到那个时候，凭借"量子态手机"，人类也许真的可以实现在浩瀚太空间的通信了。

美国未来学家唐·泰普斯科特在其新著《数字化成长》里，把伴随着数字与通讯技术成长起来的一代青少年称为"N 世代"。这一代孩子正以与他们父母截然不同的方式积极地学习、玩乐、沟通、工作，还在创造着全新的社会群体；英国前首相托尼·布莱尔认为："……我相信，互联网和 iPhone 拉近了我们和世界的距离，让世界变成了平的。"

你看一看，听一听，那些无处不在、无时不在的广告，是多么的煽情！如果你是一个经常出门的商务工作者，或者是一个新潮的白领，你一定会被"E 人 E 本"这样的广告词所诱惑的："从今天起，把电脑放进小夹包。" 能够放进小夹包的移动终端，充满了诱惑力：包括手机媒体、手机电视、移动阅读等以手机和便携式电子设备为显示终端的，都成了移动时代的宠儿。现在的孩子，用不着写信了，也不知道什么是 BP 机，在触屏时代，他们的宝贝就是手机哦！

近现代的历史一再证明，重大的科技发明总是把人类社会的发展推向意想不到的方向。例如蒸汽机、抗生素和原子弹，还有计算机、青霉素、电视机、3D 打印。你听说过"扰乱定律"吗？它的核心论点就是："技术以集合级数变革，但社会、经济和法律体系以渐进方式发展。"毫无疑问，在我们所处的这个时代，互联网一定是最主要的扰乱因素；最新的扰乱因素则是 3G、4G 移动网络和智能手机。

麦克卢汉认为"媒介即讯息"，媒介形式的变革导致受众感知世界的方式和行为随之变革。传播学者尼尔·波兹曼分析道，媒介技术的发展，会带来传播方式的变化，进而影响到受众的接收方式和思考方式，并促使人类社会和文化发生相应的变革。现实也证明了信息革命是这种连锁变革的原点：从非洲难民营里的难民到白宫里的美国总统，不论你是什么人，总会随身带上一部手机，手机让我们与一切事物搭上了关系，并改变着我们的生活。

1876 年，在美国的费城世博会上，贝尔向世人展示了他发明的电话。实际上，这是一件石破天惊的事情，科学家让神话中的"顺风耳"成为现实。说起来，电话是第一个进入平民生活的媒介，其最大的优势就是建立起了人与机器的亲密关系。电话铃声可能比生活中任何其他声音更能激发起我们的希望、抚慰、恐惧、焦虑或者快乐。它让我们真切地感受到了这个世界的神经末梢。与早一些出现的电报相比，电话带给我们一个维度的真实——声音。此后，照片弥补了图像，电视弥补了视频，而互联网又将文字、声音、图像、视频统统融为一炉，真正实现了多媒体交汇。来到移动互联网时代，我们随身携带的智能手机，又让我们自己成了多媒体的主人。从短信到彩信，从手机游戏到手机文学，从手机报到手机视频，从手机支付到移动电子商务，从手机浏览器（WAP）到无线二进制运行环境下的轻型客户端与手机编程语言（BREW/JAVA），手机不断地"跑马圈地"。从今天到明天的路上，集合各种功能于一身的智能手机将会取代我们在家中以及在户外使用的一系列设备，成为人们日常生活中的"科技产品之王"。在现代科技产品中，手机是进化最快的东西。恐龙依靠庞大的身躯和巨大的力量曾一统天下；而小小的手机则依靠智能与灵便打造出属于自己的新信息时代。

　　摩托罗拉公司曾对移动互联网生活做过预测性描述："你手中的手机真的不只是一部手机而已，它拥有语音识别技术，超强的记忆力和储存功能，文字信息处理能力，发送 Email，建立一个'永远在线'的互联网，以及其他的智能功能。此外，手机还可以针对个人做出反应，甚至预料到你的需求；ATM（自动取款机）可以通过视觉识别你；汽车租赁公司可以通过 PDA（掌上电脑个人数字助理）识别你，并根据预订把你送到你租用的车上；酒店在你跨入大门的那一刻，就知道你的到来，并且提早将你的所有信息进行了登记；手机会成为你的无线钥匙……摩托罗拉预测了移动互联网的未来方向，而开风气之先的却是苹果公司。

　　2011 年的夏天，《纽约时报》披露了奥巴马政府的一个计划，美国正在全球范围内实施一项巨大的通讯工程，试图在海外部署一整套互联网的"影子"网络，其关键部分就是移动电话系统。当原有网络发生故障或被人为地关闭之后，他们可以在短时间内建立起一套自动网络和通讯系统，利用手机等移动通讯工具，就可以和外界进行毫无障碍的自由沟通。德国的一家电视台评论说，"这是手提箱里的互联网"。显然，美国人的目的就是要保持自己在信息时代的霸主地位。

　　国际电信联盟的最新年度报告《衡量 2013 年信息社会》显示：时至 2013 年年末，全球移动互联网连接数达到了 68 亿，接近 70.57 的世界人口数。通过智能手机和平板电脑使用的移动宽带网已经成为全球信息技术市场发展最快的领域。

　　随着移动通讯的发展，不少家庭也在逐步实现家用设备的数字化、网络化和智能化，与此同时，手机就理所当然地成了智能化的终端。电视机、音箱、电冰箱、电烤箱、微波炉、水表、电表、煤气表等，只要嵌入多功能芯片，就可以通过智能手机进行远程控制。手机开始向着多媒体移动终端狂飙般迈进，把人类带入了充满想象力的智能手机时代。

　　根据"摩尔定律"，信息存储体会越来越小；总有一天，我们将拥有最小的储存粒子。科学家预测，再过 30 年，将会出现像电子一样大的信息储存体。如果将它应用到手机上，我们的手机可以储存美国国会图书馆的信息量。当人类制订并遵循统一的信息标准后，200 年后的人类，不必转化格式，就可以方便地阅读祖先留下来的任何经典文献了。移动互联网已经把人们生活中任何一个行为链条链接到小小的手机终端上，手机从人们对通讯、信息等方面的需求拓展开来，进而涉足人们最本质的那些需求。

哦，手机真的是一个宝贝！

移动时尚生活和"掌上潮物"

当移动互联网的大幕拉开之后，我们首先看到的是 3G 的时尚场景。什么是 3G？ 3rd-Generation 是它的英文名，中文的含义为第三代数字通信。1G 只能进行语音通话；2G 能收发电子邮件和浏览网页了；而到了 3G，传输声音和数据的速度大为提升，它能够处理图像、音乐、视频流等多种媒体形式，在其平台上可以打可视电话，开越洋会议，看《终结者 2018》，玩《飞机大战》……通俗地讲，3G 手机可以是一张电子报、一本电子书、一部便携式网络平台、一台流动的电视机、一个图文并茂的移动博客、一个多功能的终端。在 2G 时代，手机用户以"听"为主；3G 到来后，则变成了以"看"为主。我们关注的问题是：自从有了 3G 手机，人类的生活究竟发生了怎样的变化？

有关 3G 时代的人类生活图景，前几年网上就有一段文字描述，讲一个日本人山田一天的 3G 手机生活——早晨，坐在前往东京银座的车厢里，山田用手机阅读《读卖新闻》，接着上网，以兔子状的女性角色与在线的球友在虚拟社区的广场为棒球比赛助威。9 点整，当他踏入办公室时，手机顶端亮起了闪烁的红灯，还嗡嗡作响，原来它的手机有"电子鼻"的功能，检测到了装修后留下的异味。这其实是一个感应器，可以检测周围的环境和食品是否安全，并适时提醒主人。中午休息时，山田正在用手机观看棒球比赛的最新视频，忽然接到妻子的视频来电，提醒他要和儿子通话，还要偿还一个月来的网上购物账单。山田立刻利用手机的 GPS 功能，寻找儿子的位置……接下来，山田借助手机的服务功能预定茶点，查询地铁的到站时间。午后山田出去见客户时迷失了方向，还是利用 GPS 导航系统摆脱了困境。凌晨，他坐在末班车上，又打开手机看漫画《七龙珠》……蓦地看到画面上插入的一句广告口号——"人类将全面进入 4G 时代"。

智能手机从上世界 90 年代开始出现后，普及的速度着实惊人。成千上万的智能手机迷，随时随地上推特网、脸谱网，逛应用商店，发微信，玩手游，看朋友发来的秒拍微视频……

　　2010 年的一项数据表明：在崇尚时尚的法国有 1400 多万人拥有智能手机，他们使用手机的频率高得惊人，每两次通讯的间隔只有 12 分钟。到了 2014 年，大部分法国人都拥有了一部智能手机；酷酷的手机成为法国人的时尚标识物。

　　但最喜欢手机的还是韩国人。在韩国，手机网络比美国的宽带通讯网络还要快，快捷方便的无线通讯造就了手机族和手机文化。早在 2005 年，韩国就成为全球第一个提供数字多媒体直播服务的国家。通过该技术，用户可以在手机上观看世界上任何地区的直播节目。2006 年，韩国又率先推出了可视通话服务，直到 2010 年，苹果公司才使可视通话成为 iPhone 四代的关键创新技术。此外，属于韩国人的第一还有：手机彩铃、无线音乐下载等等。早在 20 世纪 90 年代初期，韩国政府就将发展重点从模拟计算机转为数字手机通讯。韩国没有采用当时风靡一时的欧洲 GSM 全球移动通讯系统，而是采用了美国的手机电话标准，用 CDMA 作为其技术标准。从国外引进原创技术之后，再加上独特的反应能力和超快的解决问题的能力，韩国得以制造出世界上最精美的手机产品。之后韩国又瞄准了智能手机市场，手机生产商采用了谷歌和微软研发的 OS 操作系统，优化了不少应用软件，通过友好的用户界面与其他智能手机区别开来。现在，三星公司培养的创新团队重新定义了社会精英的概念，这些工程师和公司的产品已经成为韩国重要的国家资产。

　　在当下的韩国社会，人们已经离不开手机了。不管是谁，如果出门忘了带手机，就有点魂不守舍的感觉。到了餐馆和酒吧，一坐下来就把手机掏出来放在桌面上，几乎人人如此。在地铁里，你会发现越来越多的人在使用手机，除了收发短信接打电话，更多的人通过手机玩游戏、浏览新闻、听数字多媒体广播，或是上网搜索信息。居住在首尔的孙敬善是一名普通的家庭主妇，两年前老太太也换了一部智能手机，成了一个时髦的数码族。她用手机发送约会通知，收听音乐，还时常上"脸谱"和"推特"等社交网站。对韩国人来说，手机已经不只是移动电话，还是属于私人的媒体设备，并形成了一种覆盖公共领域的手机文化。比如，有一个名为"回到巴比塔之前"的志愿者组织，其成员通过手机向外国人提供翻译服务。这个组织早在 2002 年就成立了，现有上万名志愿者，可以提供近二十种语言的翻译服务。倘若你去首尔的话，只须拨打 1588-5644，你就会及时得到这些热心人的帮助。

韩国《Edaily》杂志报道说：其相邻的朝鲜也跨越了前两代移动通讯网，直接建设了覆盖全境的 3G 网络，并从 2013 年开始向入境的外国人提供 3G 服务。又据韩国《东亚日报》报道，自 2009 年 3 月解除使用手机的禁令以来，在 20 岁到 50 岁的平壤市民中，已有 60% 以上的人用上了手机。使用手机最多的是司机和大学生，他们将手机视为时尚的实用品。我看到过一篇《修路工笔记》，一位在朝鲜修过路的朋友记述道：在他们施工的地区，一般有手机的都是女人；因为许多朝鲜女人都在做生意，用得上手机。

人们有一种错觉，认为手机是富裕生活的一个象征物，其实不然，在许多不发达地区，手机已经相当普及了。海地是世界上最贫穷的国家，但那里有 80% 的家庭拥有手机，手机帮助穷人寻找创业的机会。在整个非洲大陆，已有七八亿部手机。在撒哈拉以南的非洲，已经成为世界上发展最快的手机市场。一位移动支付服务公司的老板说："一些非洲人也许没有鞋，但手里却拎着手机。"大多数人是跳过桌面互联网，直接用手机接触网络的。手机网络不仅促进了金融和通讯的发展，也将有关生产和生活的信息传播到易受干旱和疾病影响的偏远地区。由于缺少银行的分支机构，非洲不少地区的手机银行和移动支付平台反而得到了迅速发展。乌干达的小额信贷机构"农村基金会"将手机租赁给农户，并及时为他们提供天气预报、种植建议、疾病诊断、农产品市场价格等信息服务。在肯尼亚高原，成千上万的牧民接受一种叫作"iCow"的短信服务，手机短信会提醒他们何时喂食，奶牛何时会发情，以及注意疫情爆发。在坦桑尼亚，手机提供房地产、交通、娱乐、商品、婚礼和学校费用等老百姓实用的信息。据报道，整个非洲大陆活跃着数千位软件开发者，他们让手机改变了非洲人的生活。

10 多年前，中国移动曾制作过一个广告：一个生长在西北黄土高坡的孩子，特意到海滨城市去看海。他兴奋地用手机给从未出过远门的爷爷打电话："爷爷，请您听海！"——这，就是大海的力量，也是手机的力量。这个力量牵引着亿万中国人。一个来自乡村的农民工，领到工资后的第一件事就是买了一部山寨手机。在许多农民工看来，手机不仅是通讯和娱乐工具，更是他们行走在城市的"通行证"。拥有一部手机的意义是：让封闭的东西敞开了，让偏远地区的人看到了精彩的外部世界。

有人预测，如果说计算机互联网的中心在美国，那么移动互联网的中心就会在中国。中国有望成为全球移动互联网的领跑者。在智能手机的发展过程中，华为等中国公司扮演着越来越重要的角色；有人甚至预测，在未来的移动世界，中国的华为将超越"苹果"而成为新霸主。一项对上网习惯进行的迄今最大规模的全球调查结果显示，中国每 5 个网民中有 4 个写博客、发微信或在各种网上论坛留言；而美国的这一比例只有 32%。显而易见，中国的网民正在领跑数字生活。10 年来，中国建成了全球最大的移动通讯网络，手机用户从 2 亿上升到 12 亿，几乎人手一部。如今，从中国最南端的三沙市到祖国北疆锡林郭勒草原，从大上海到"世界屋脊"珠峰，无线网络信号无处不在。"移动改变生活"——不只是一句广告语，它点出了正在发生的事情，也指出了未来发展的趋势。

科学技术的发展，改变了人们对宏观和微观物质世界的看法，也在深刻地影响着社会生活。现在，时尚的手机竟然和出家人套上了磁——北京的龙泉寺就有方丈的虚拟道场，高知僧人们通过博客宣讲佛法，正在建设网上的经书中心。寺里的图书馆已经开通了 Kindle 电子书借阅方，支持苹果和安卓的手机和平板电脑。手机甚至和亡灵也搭上了关系——近两年的清明节，不少人在已故亲人的墓地上摆上了纸制的 iPad 和 iPhone；这些纸质的苹果产品跟真的一模一样，还有耳机等全套配件。来自台湾《联合报》的消息说，台湾基督教长老教会的谢连富牧师过世后，其墓碑上刻着二维空间的条码，用手机一扫，即可联系到逝者的网站，了解到他的生平和传奇故事。瞧瞧，手机联系着虚拟世界和现实世界，还联系起了阴间和阳间。有些作家敏锐地感受到了手机生活的广度和深度，以及由此带来的变化，并及时反映到他们的作品中来。比如，刘震云写了《手机》，科幻作家韩松写了《地铁》……

从古老传说中走出来的"苹果"，如今却用最前沿的应用科学，引领着数字时代的时尚风潮。比酷，比炫，比潮……当高尖精的科技与日常生活联姻后，手机也变得楚楚动人起来，甚至性感十足。智能手机俨然成了时尚的代名词。如果你不想被 out，你起码得装备一部足够时髦的手机。当我站在时尚的潮头，面对那些总是换手机的年轻人时，似乎多了几分理解。一部时尚的手机，对他们而言，就是一个进入时尚世界的通行证。当然，最懂得这些年轻人心理的还是乔布斯和乔布斯的同行，也就是那些设计和制造手机的潮人。看着层出不穷、越来越炫的"掌上潮物"，我真的感到目炫！

　　你见过这些时尚的手机吗？ Jalou 的样子看起来像个漂亮的化妆盒，因为机体表面镶有 24K 镀金，加上其玫瑰色搭配黑色、金色的钻石切割风格的外表设计，显得气度不凡；PRADA 手机是黑与白的经典诠释，其正面采用黑色钢琴烤漆，辅以银白色的抛光金属边框和银色的"PRADA"商标，使其成为一种奢侈品；Dior 女性手机采用鳄鱼皮的外壳，并镶嵌了 640 颗施华洛世奇提供的水晶，可谓奢华无比；为名媛们所喜好的还有 CHANEL CHOCO 手机，它活像一个粉饼盒，从正面看又仿佛是一个魔方，每一个方块都是一个手机按键；为男士所钟爱的是镶有金边的 S.T.DUPONT 手机，当手机的激化板打开时，会听到打火机着火时嘭嘭的声音；豪雅手机（TAG HEUER）的机身为钢质材料，外形棱角分明，流露出男人的刚毅和果决；Levi's 是一款牛仔手机，金属质地的机身配上网状的纹路，显得野性十足；SAMSUNG ARMANI P520 外形采用名片式设计，加上大面积的感应显示屏，给人简约典雅的视觉感，能够体现阿玛尼服装的风格……

　　近一两年来，新款手机纷纷亮相：诺基亚 808 Preview 以其高达 4100 万像素的卡尔蔡司摄像头而震撼世界；索尼的新手机采用了"外挂镜头"，通过近场通讯技术、无线网络连接，把手机变成一个镜头式相机的取景器，拍照功能更为强大；三星 Galaxy Beam 是全球最薄的具有投影功能的手机；松下 Eluga 是一款军工型的三防手机，把它放在泳池半个小时仍"毫发无损"；波音公司研制的高保密性的"终极间谍手机"，一旦他人操作便会自动销毁数据；苹果公司将推出一款手表电话 iWatch，表盘采用 LCD 屏，功能涵盖互联网、ipod、备忘录和电话；俄罗斯 Yota 公司研制的手机采用了双屏技术，一面是传统的 LCD 屏，一面是电子纸显示屏，可以提供流畅的信息阅读；亚马逊正在研制的"裸眼 3D 屏"手机，不用配戴任何特殊的眼镜，就可以看到漂浮于屏幕上的全息 3D 图像；最新款的苹果系列手机"五彩竞宣"；最新款的三星智能手机 Note 3 可以"隔空操作"；谷歌推出的新款 Nexus 手机旨在将自己的搜索引擎和虚拟辅助服务 Google Now 更深地植入人们的生活；一家荷兰设计公司研制的积木手机，是由模块组成的，类似于搭建乐高积木，是一款真正的订制智能手机……这些新颖的时尚产品让人们感受到，智能手机不断变脸的潮流挡也挡不住了，多核、大屏、曲屏、双屏、模块式、高像素、高速度、高配置、高保密性、多制式、多功能、可兼容、可折叠、能感应、能潜水……甚至还有神话中的"奇技绝活"。

　　国产的移动终端也是精彩纷呈。华硕 Padfone 将智能手机与平板电脑"双璧合一"，实现了二者的完美融合；华为发布了"世界最快的手机"，可以兼容 4G 网络，其 150Mbps 的下载速度，可以在 5 分钟内下载一部两小时的电影；中兴的最新旗舰手机是超薄极速的 6 英寸大屏手机；酷派推出的酷派 S6 是全球首款双卡双待 4G 手机；中国移动在营造 4G 网络之初就推出了 4G 手机；小米则着力于推出"云手机"……

最新款的概念手机不仅具有科技内涵，还有个性化的外形，谓之"型格手机"。比如，日本东京的设计师尝试让手机屏幕具有 3D 效果，就用两块玻璃 LCD 组成一个双层屏幕的手机，这样当画面交叠的时候就产生了一个景深，获得了 3D 效果；有一种"鸡蛋"流线型手机，表面是一块显示性能出众的感应式触摸屏，机身外部配了一个发红色光的圆环；日本研制出一款芭比娃娃形状的手机，给亲友打电话时会更有亲切感；新加坡出品的卡片手机，外表像是一张信用卡，是全球最小超轻超薄的迷你手机；加拿大科学家研制的"纸手机"，其外形像一个手镯，展开来像一款掌上电脑，当把它弯成凹形拿在手里时就是一部手机，上下弯曲它的每一个角都可以进行操控；韩国三星和 LG 分别开发的柔性 OLED（有机发光二极管）面板智能手机，像橡皮泥一样有伸缩性，上下左右都能随意弯曲；加拿大安大略皇后大学人类媒体实验室也在 2013 年 5 月推出了 More Phone 概念手机，内置柔性屏幕和形状记忆合金电线，一旦有电话打入，整个机身就会自动弯曲；国外还有一款内置娱乐"画卷"的手机，轻轻按下机关就会弹出一款由软性纳米材料硬化而成的内置屏幕，有如画卷一般；更奇妙的是一款百折变形手机，无论你喜欢直板、翻盖或是滑板，甚至是折叠方式，依照你的心情，想怎么折就怎么折，甚至连屏幕上的按键都能随意地改变位置和形态。这些创意造型不仅增强了手机的实用功能和便携性，也让手机成为时尚生活的当然标志物。

中国人设计的手机也很时尚。联想"糖果"手机 i55，将 240 颗 LED 灵动灯嵌入在外屏中，并通过金属与玻璃的结合运用，让手指在触摸外屏时可随意编辑各种灯效，并设置为关机、来电、待机等应用，使用户可以尽情地享受 DIY 的创意乐趣；台湾设计师宗颖设计的 Cheers 则融入了酒文化，整部手机的造型设计采用了随身酒瓶的模样，并在瓶盖处搭配了一个快速切换模式的按钮，让使用者在享受科技生活的时候仿佛像享用美酒一般。

各种超乎人们想象的创意手机配件也在不断涌现，丰富着手机族的时尚生活，比如：只有口香糖一样大的手势控制器、将手机放上去就能无线充电的充电板、骨传导式耳机、可实时反馈人体健康数据的智能手环……

显然，这些时尚的手机和配件，不单单是工具了；手机正在发展成为一个庞大的饰物体系。尤其对女士来说，一款时尚的手机就是一件心爱的装饰配件，会让自己变得更美丽，更有自信。年轻人视手机为宝贝，于是手机美容也成为一个新的行业。给手机换壳、贴钻等美容手法已不稀奇，现在又时髦手机加香，就是利用超声波在液体中传播时的声压剧变，使液体发生强烈空化和乳化，让加香剂渗入手机内部，香味一般可保持一到两个月。你如果是一个果粉，就可以添加类似苹果的香味。这样一来，你的"苹果"闻起来真的像是苹果了。有一款名为"Scentee"的应用程序，预设了各种气味，用户通过这款小设备注入不同味道的液体，按下"喷射"键后，就可以将定制的气味儿分散到空气里，也可以发送给同样配备该设备的好友。该产品兼容苹果的 iOS，用户甚至可以在玩打仗游戏时闻到火药味，与女友用手机谈情说爱时嗅到她的体香。更了不起的是，新加坡的工程师发明了一个模拟装置，可以借助数字味道界面进行模拟和电子控制，通过电和热刺激的方法生成单一味道和混合味道的模拟味觉，并在信息交互系统中得以传输。这种技术将让手机获得"味觉"，让用户随时在线品尝各种味道。看来，新技术让时尚的风挡也挡不住了。也许用不了多久，当 3D 打印技术得到普及时，我们每一个人都可以"打印"出自己为自己设计的独一份的时尚手机了。

手机仿佛是一种具有灵性的物件，它悄悄地钻进了人的性格与行为的缝隙中，成为我们身体和生命的一种延伸。最新研究表明，手机确实可以显示和影响人的性格和爱好。比如：苹果的用户注重个人形象，对着装打扮很在意；黑莓的用户收入较高，擅长交际；安卓的用户最懂礼貌，一般厨艺也不错。专家指出："一旦你认为自己是某种手机的使用者，它就成为你生活方式的一个部分。"现在，新款手机已经成为流行文化的一个重要载体。在中国，金色的苹果手机与人们的炫富心理一拍即合，被戏称为"土豪金"。有些夸张的是，有位中国"土豪"竟然带着26卡无瑕黑钻，打"飞的"去英国利物浦，请全球知名的奢侈品订制公司 Stuart Hughes 做了一部镶金镶钻、名副其实的"土豪金"。据说这部极度奢华的手机价值约1亿元人民币。

我们现在使用的手机，除了文字、语音通讯的基本功能外，一般还具备了游戏、网页浏览、音乐、互动社区以及邮箱等附加功能。其发展的趋势是，越来越多的业务和功能仍在不断地集合进来，让手机族用起来更方便、更得意。

比如人们熟悉的联想乐 Phone，很早就采用了集合式的设计，将通话、短信、即时聊天、电子邮件这四种最常用的通讯功能"化"成 4 片叶子，只要手指轻点，就能随时找到好友；通讯录联系人则放置在"四叶草"的中心。有了这款手机，只要提前设置好，你感兴趣的新闻、音乐、视频、适时财经信息、SNS 好友状态和新鲜事等重要信息，都会精确、实时地送到你的手中。你不仅可以看新闻、看精彩视频，还可以在淘宝网上血拼，还可以炒股，"织围脖"，"打飞机"，随时进入企业 ERP 系统，还可以浏览商场资讯，在 GPS 的指引下走遍天下。乐 Phone 独特的四叶草界面加上开心网、大众点评网等热门本地网站的内置，深受学生的欢迎。

这几年，中国电信也在不断推出创新型的终端产品，如天翼互联网手机、3G 平板电脑（天翼 LifePad）。基于 SDMA+Wifi 的 3G 网络优势，中国电信将天翼软件商城上的众多互联网应用与天翼 LifePad 无缝嫁接，进而以信息整合者的角色抢夺智能手机时代的话语权。他们有一款天翼 QQ 智能手机，内置天翼阅读、天翼视讯、189 邮箱、天翼空间等业务，以及 Qqservice 等多项热门移动互联网应用，并可一键进入内置的多项腾讯手机应用界面，实现对腾讯微博、手机 QQ 和微信等多项业务的快速管理。

当时光来到"1314"的交替点时，新潮手机迷们期待更潮更炫的智能手机早点出现。比如：希望在手机屏上看到 4K 超高清视频；希望手机传感器能够识别用户并能理解用户的手势；希望使用电子瓷片（Tile）帮助他们找回丢失的手机；希望通过 Coin 卡和智能手机轻松实现商务信用卡、借记卡或个人信用卡之间的切换；希望拥有一部 6 英寸大屏幕的、可向下弯曲的 iPhone6 手机……

美国的趣味科学网站报道说，到了 2018 年，智能手机还会增加 15 个新的功能。比如：蓝牙 4.0 将会触发大量的穿戴式传感器，它们都可以与手机连接起来，让我们随时检测自己的生理信息和周边的环境数据；"眼睛扫描"和声音识别技术，使得我们可以和手机实现情人般的惬意交流；超级智能手机将会配备 20 纳米级以下 256 位 32 核处理器，其功能比现在的台式电脑还强大；手机将配备可计算摄像头，照片和视频之间的界线连同傻瓜相机会一起消失；语音控制的手机同时会变成一个通用翻译机；你的整个手机都会根据身体情况弯折，并提供独特的功能；折光液晶屏让你在阳光下也看得清鲜艳的画面；手机的近距离通讯功能，会让手机成为一个物联中心，在任何地方都可以用手机代替钥匙和各种卡；你可能会带着手机进入 5G 网络，无缝 Wi-Fi 让你无论居家还是出行，都不会掉线；5 年后，国内和国际网络之间的语音质量、连接完整性和兼容问题都会得到完美解决；另外，除非你被困在孤岛，你的手机将拥有全天候电池续航能力。那时候，智能手机会更智能，它们可以反观用户的行为，随时掌握主人衣食住行、工作和学习的细节，并提供有效的信息和帮助。

不断进化的手机，让手机用户可以不断地"尝鲜"，惬意地享受数字时代的时尚生活。每个人的手机都是互联网的一个出入口，也是一个个性化的移动互联网微平台。这个微平台还有两个重要优势：一个是 24 小时手机与互联网的纵向捆绑能力；另一个是与其他软件互联互通的横向整合能力。这两个得天独厚的优势，使得智能手机的本领越来越高强。没有人知道，它最终会是什么样子，会有多少能耐？

我曾在报刊上看到过一个小笑话，说孝顺的儿子担心乡下来的老爸迷路，打算给他配个手机。在选择手机时，儿子介绍说："加入 3G 手机上网套餐，可获赠手机一部，划得来呀！"老人一听，乐呵呵地说："上网那玩意咱就免了，套餐倒可以对付。你想，送个手机还整顿饭吃，这主意好使。"儿子赶紧解释："这套餐可不是吃的，而是提供配套服务。"老爸气呼呼地说："这些个文化人啊，净爱整那些没用的东西忽悠人，既然不请吃饭，套啥餐呀？"面对手机带来的时尚生活，这样的老爸真的是 out 了！

手机无疑将对 20 世纪的人，就是从上世纪 90 年代至现在出生的人产生深刻的影响。西方的研究发现，在两岁以下的婴儿里，竟然有 40% 的孩子已经开始接触手机等移动设备。英国的一项调查描述了社会变化的一些细节：过去当小孩子们遇到他们不懂的问题时，往往会去问他们的爷爷奶奶，而现在却去求助谷歌、YouTube 和维基百科等网站。他们只要有一部智能手机，就能上网找到如何煮鸡蛋、熨衬衫的答案，甚至看到家族史上祖辈们的故事。在现代社会里，长辈们讲故事和传授知识的传统角色被边缘化了。

手机不只是一个时髦话题，更是一个值得深思的问题；它也自然而然地成为高考试题。我们不妨看一看 2013 年高考作文的北京卷——"科学家说：假如爱迪生来 21 世纪生活一星期，最让他感到新奇的是什么？文学家：我想手机会不会让他感到不可思议呢？科学家：我同意，手机是信息时代的一个标志物，称得上是一部掌中电脑，丰富的功能一定会让这个大发明家感到新奇。文学家：手机的广泛应用深刻影响了人们的交往方式、思想情感和观念意识，这或许也是爱迪生意想不到的吧。科学家和文学家关于手机的看法引发你怎样的想法和思考。"

前不久，我看到一幅西洋油画：上绘一条幽深的隧道，由远及近，前面有一个背负翅膀的年轻女郎裸奔，后面有一对白衣裹体的老修女缓缓而行。我想这或许就是前卫与保守的标识。——面对移动的世界，凡是地球村的村民，似乎都该认真地想一想：我们该采取什么样的姿态呢？

从"大哥大"开始的手机传奇

1973 年 4 月 3 日，这是一个人类通讯史上值得记忆的日子，在纽约的一条大街上，走来一个兴致勃勃的中年人，他手里拿着一块白色的砖头模样的东西，一边走一边喃喃自语，看到他的路人都是一头雾水，不知道此人此刻在发什么神经？原来，这个中年人就是摩托罗拉通信系统部门的总经理马丁·库珀，他正在亲自测试公司新研发出来的一个移动通讯装置。这一天，他还特意请来记者，让他们当场打电话，以证实自己手里的这个东西是一个神奇的通讯工具。有意思的是，马丁·库珀最后还给自己公司的竞争对手——贝尔实验室电话公司的乔尔·恩格尔博士打了一个电话，有些炫耀地向他证实：真正的手机诞生了！

这是一部什么样的手机呢？马丁·库珀手里的装置足有 2.5 磅重，很少有人能够举着这个大家伙长时间地打电话，况且这个移动电话还需要大规模的无线网络系统的支持。所以，这个发明物刚浮出水面后又沉了下去。沉寂了差不多 10 年之久，直到 1982 年，摩托罗拉公司才生产出了世界上第一台便携式移动电话——Dyna-TAC 8000X，又过了一年，与手机配套的网络系统也建成了。同年，他们正式向市场推出了第一部商用手机，就是我们中国人俗称的"大哥大"。这种样子笨拙的"大哥大"重达 1 磅，当时的售价是3500 美元一部。其间，就是 1979 年，在日本东京，蜂窝无线电话系统投入了使用。

1987 年 11 月 18 日，为了与港澳地区实现移动通讯接轨，广州市开通了我国内地第一个大容量蜂窝公用移动通信系统。徐峰——一个做海鲜餐饮生意的年轻人，成为中国大陆的第一个手机用户。他手里的"大哥大"手机像一块黑色砖头，足有一斤多重，也有人叫它"非电"。当徐峰用这种不用绳子的电话同海外的亲友通话时，旁观的人像看变戏法一样感到异常神奇。

其实在"大哥大"出现之前，类似手机的发明物就不断出现。1940 年，世界上的第一部准手机诞生了。高尔文公司，就是后来的摩托罗拉公司开发出了 SCR536 便携式无线步话机，它很快就出现在第二次世界大战的战场上。1943 年，美国陆军通讯兵使用的背包式步话机重达 17.5 公斤，有效通话距离是 16 到 30 公里，已经算是"顺风耳"了。1946 年 6 月 17 日，美国贝尔实验室电话公司在圣路易斯演示了他们制造的第一台民用汽车（移动）电话。这个无线电话重达 36 公斤，主要零件是电子管。他们仿照军用无线通讯的方式，在民用汽车的后备箱里装上大功率电台，让电台的另一端与公用有线电话连接起来，这样就可以在旅途中打电话了。1962 年，瑞士建成了最初的汽车电话系统。到了 1969 年，出现了"mobileers"，这就是对讲机，最初运用于计程车和警用巡逻车上。

在手机传奇故事里，也有我们中国人的情节。在贝尔发明汽车电话的 13 年前，有一个叫王辅世的中国人就发明了一部无线电话机。1933 年 4 月 11 日，南京的《中央日报》以《王辅世发明秘密无线电话》为题，简要地报道了这件事情。王辅世的这个成果堪称世界第一，遗憾的是，他的发明既没有申请专利，也没有投入生产，甚至都没有在电信史上留下什么印迹。由于种种原因，聪明的中国人总是这么窝囊。说起来，我们只能长长地叹息！

从上世纪最后 10 年开始，由"大哥大"引发的通信革命的风暴狂飙突进——

1992 年 12 月，世界上第一条手机短信通过英国沃达丰公司 GSM 网络从一台电脑传到一部手机上，手机短信诞生了。

1993 年，世界上第一个数字移动电话通讯网在美国洛杉矶建成。

1996 年，摩托罗拉公司推出了可以翻盖的轻巧手机。此后手机外形的花样不断翻新：直板、翻盖、滑盖、旋转、mini、软体、可穿戴……层出不穷。

也是 1996 年，3 个以色列青年发明了世界上第一款即时通讯软件 ICQ，使得手机等移动终端可以即时传递图片、动画等文件了。

1998 年 10 月，诺基亚推出了变色龙 6110 手机，内置贪食蛇、记忆力、逻辑猜图等游戏，原本用于通话的手机又平添了娱乐功能。

2000 年，西门子推出了 6688 手机，它整合了 MP3 的音乐功能，并带有移动储存器。同年 9 月，日本夏普推出了全球首款带有拍摄功能的手机，当时仅有 11 万像素。

2000 年，第一款支持手机上网的诺基亚 7110 出现了。手机与网络结合之后如虎添翼，变得越来越强大，同时也带来了通讯速度的升级需要。

2000 年，搭载了塞班操作系统的爱立信 R380 面世，业界不少人认为这款手机是出现在市场上的第一款智能手机（Smartphone）。R380 支持双频及 WAP（一种移动互联网标准），另外还具有带背光的触摸屏等个性化功能。

2002 年 10 月，诺基亚 7650 在芬兰惊艳亮相，它是世界上首部 2.5G 基于塞班操作系统的智能手机。7650 手机内置了蓝牙传输和数码相机的功能，一经推出就引起了轰动。

2007 年 6 月，美国苹果公司研制的 iPhone 投放市场，它配备有独具一格的用户界面 (UI)、基本与个人电脑同等的网页（Web）浏览器和电子邮件功能，以及与 iTunes 联动的音乐播放软件等，真正掀起了智能手机的时尚潮流。

2010 年 6 月，苹果公司在发布 iPhone4 的同时推出了 FaceTime 软件，该软件在 Wifi 网络下实现了"无拨号通话"，用户可以跳过号段利用网络流量进行交流。之后，出现了多种"免费网络电话"软件，适用于其他智能平台的社交网络电话遍地开花。

2012 年，加入了平板电脑元素的智能手机开始流行，通过智能手机上网的人也超过了电脑用户。

2013 年，争夺移动领域制高点的大战狼烟四起，移动商务和支付、手游越来越火爆。

2014 年，4G 网络全面铺开，智能手机与云计算越走越近；手机的"变体"——比如谷歌眼镜等可穿戴的移动终端开始流行……

在手机诞生的 40 年间，手机从臃肿呆板的"砖头"变身为轻薄美丽的时尚携带物，其芯片也从单核、双核、四核进化到目前的八核。最了不起的创造是，苹果手机自有的 iOS 生态系统，允许第三方开发和用户下载各种应用程序，让手机进入良性循环的快速发展阶段。

第一代手机 1G 是指模拟的移动电话，典型代表是"大哥大"。第二代手机 2G 是前几年最常见的手机。通常这些手机使用 PHS、GSM 或者 CDMA 这些十分成熟的标准。第三代手机 3G 是在与网络的融合中产生的，它是网络的骄子。3G 能够在全球范围内更好地实现漫游，并处理图像、音乐、视频流等多媒体形式。其最大的特点是，大大地提升了传输声音和数据的速度。

2007 年，由诺基亚的 N 系列产品开始，成批生产的智能手机出现了。诺基亚 N95，就是一款 Symbian S60 智能手机。而最能代表手机上网概念的，就是苹果公司的 iPhone。2008 年初，iPhone 3G 版问世，其最大的卖点就是 3G 应用。

"你 3G 了吗？"已经成为流行语；"你 4G 了吗？"正在成为流行语。看来，如果我们不及时讨论有关 3G、4G 的话题，那一定会落伍，也许会变成那幅西洋画上鹅步鸭行的"老修女"。

这几年，人们挂在嘴头的"新媒体"究竟是什么？如果按照技术载体划分的话，新媒体大致可以分为三类。一是移动终端类：手机媒体、手机电视、移动阅读等以手机和便携式电子设备为显示终端。二是互联网类：网络视频、搜索引擎、网络博客和社交网络（SNS）等以计算机为显示终端。三是数字广播类：网络电视（IPTV）、数字交互电视、直播卫星、车载电视、楼宇屏幕、户外幕墙等以电视和大屏幕为显示终端。

在所有的终端里，手机是最为普及和唯一可以做到"机不离身"的终端；而功能强大的智能手机可以充当所有新媒体内容的便携式显示终端。2009 年，CNN 预测未来十大科技趋势，赫然排在榜首的就是"智能手机热"。时至今日，这一预测的准确性已经得到了验证。国际电信联盟在最新发布的报告中指出，手机在全球人口中的普及率已经达到 90%；在发达国家，每 100 人就有 116 名手机注册用户。专家预测，到 2018 年，世界上的 74 亿人将拥有 90 亿台以手机为主的移动设备。

手机是广义互联网上离用户最近的终端。数据显示，国内的移动互联网用户在 2012 年就突破了 6 亿，一举超过了互联网用户数。据数字显示，智能手机以每年 50% 的速度增长着，来到 2014 年，中国已经有一半以上的手机用户在使用智能手机了。

青年人是移动电话服务的主要客户群体，就算有的新科技产品让人摸不着头脑，青年人也会甘之若饴，尽情享受数字科技带来的乐趣。他们乐于接受新鲜事物，喜欢在掌上冲浪，也喜欢利用手机进行通信联系和社会交往，他们是一个对新奇事物充满期待的喜欢追逐时尚的狂热消费群，当然也是智能手机及手机文化产品的主力消费群，可以预见，随着移动通讯设备的更新换代，这个群体一定会呈现出不断膨胀的发展趋势。手机一族——就是引领时尚的新族群。他们是创新者，创新的速度好像装了超光速引擎。他们想在创新型的公司里工作，不愿像自己的父母一样在老旧的行政体制下操劳。他们想要最新最好的产品，因为新产品的功能强大得多，从而让朋友羡慕他们。他们活着就是要和潮流保持一致。显然，无论是运营商，还是生产商，抑或是手机文化的创造者，都应该紧紧"盯"住他们，为他们提供富有激情和创意的完善服务。

近年来，校园正在成为手机消费的巨大市场，学生们用手机上网、聊天、订票、购物，甚至谈恋爱。假期一到，学生们纷纷涌入各大数码商场，选一款时尚、前卫的手机，算是对自己苦读的奖励。在中国三大运营商推出的移动互联服务上，学生们也是最积极的消费群体。在这个群体的带动下，越来越多的人产生了"3G 冲动"和"4G 冲动"。在移动网络的覆盖下，智能手机正在成为人们如影相随的伴侣。

比尔·盖茨早就说过，手机会长得越来越像。它们就是一个皮夹式的电脑，经过不断的"杂交"和功能叠加，其本领越来越大。智能手机能干什么？这个问题听起来有些弱智，其实是最难说清楚的。哦，它可以用来打电话、发短信、上网、看时间、看日期、看视频节目、听音乐、听广播、拍照摄像、写微博、预约服务……还可以在百无聊赖的时候玩游戏。打个比方吧，智能手机不是一本书，而是一个永远塞不满的书架——无论是鸿篇巨制的大部头，还是薄薄的小册子，都可以置于其间，在充实它的同时发挥出自己独特的功用。

在手机诞生 40 年后的今天，手机的功能已经远远超过当初的移动电话。被称作"超级手机"的智能手机将无所不能，正在取代我们熟悉的许多物品，比如手表与闹钟、导航仪、游戏机、阅读器、照相机、收音机、录音机、摄像机、地图、电器遥控器、各种购物支付卡、便携式 USB 储存器与投影仪，以及各种各样的钥匙。因为这些物品的功能，智能手机都有哦！它已经成为各种电子产品的综合体，一个可随身携带的万能工具，而且还在发展着壮大着。小不点的手机其实是真正的"巨无霸"，比起个人电脑来，其前景似乎更为灿烂。2011 年 3 月 20 日，来自 IBM 的个人电脑（PC）联合发明人马克·迪恩表示，PC 的时代几乎已经结束。在重要性方面，PC 已经被手机取代。PC 未来的命运将会像打字机一样悲催。

在集大成的同时，智能手机也出现了个性化订制的发展趋势。一款手机，主打一个功能，凸显一个特色，以吸引特定的人群。先前有拍照手机、音乐手机、商务手机，现在又出现了社交手机、明星订制手机、云手机……比如小米手机就是一款适宜于社交的手机，它深度整合了手机社交沟通工具"米聊"，用户能够及时免费分享信息、手写涂鸦，发布新浪语音微博。根据用户的职业和身份，手机制造商还开发出了学生机、民工机、老板机、白领机……在移动互联网和智能手机风潮的影响下，众多互联网公司也正在通过合作或自主研制，不断推出集合了自家业务的手机。

在 2013 年谷歌搜索的十大热词排行榜上，苹果公司的 iPhone5S 和三星公司的 galaxyS4 都榜上有名。手机，受到了整个世界的青睐。

科学家之所以看好手机，不仅因为其具有超强的功能和鲜明的个性，更因为其可以与人实现"最亲密的接触"，甚至"融为一体"。美国人雷蒙德·库日韦尔在《精神机器时代》中说过："机器的发展越来越生物化，而人的发展越来越非生物化。"是机器？还是人？就像喜剧明星郭达小品中的"机器人老婆"一样，越来越难以辨认。

一个社会学家说"智能手机是人类的新器官"，腾讯的马化腾也认为它是"一个人的电子器官"；连普通人也有同样的看法，一个网友说："手机究竟是个什么东西？它或许是个通话工具、是个娱乐主角，是人际平台、是警察、是银行卡、是小三、是泄密者……或许用变形金刚来定义它更为准确。因为它会随着人们的社会化要求不断变形,最终内化成人体的一个重要器官。"

有人这样调侃："你的身体还是原生态的吗？"人类与机器干上之后，连器官也发生了种种异变：手机脸、加班眼、鼠标手、短信指、电脑椎、沙发臀、经济舱腿、ipod 耳……

爱也罢，恨也罢，我们不可能再做数字世界的"山顶洞人"啦，手机已经非常强势地进入我们每一个人的生活。我们用它来收信息发信息，用它来娱乐和工作,用它来买东西付款，用它来进行身份认证，用它来享受网上生活。在北上广这些大城市，年轻的白领们非常迷恋移动互联网支持下的智能手机生活。小白是上海一家外企的职员,他已习惯于利用手机管理自己的碎片时间。上下班搭乘地铁时，他会抓紧时间用手机收下邮件，然后读一会儿手机小说；他还特意下载了一个中国移动的 Wifi 客户端，随时打开 CMCC 信号，键入自己的手机号，拿到动态密码，就可以上网冲浪了。在星巴克等候客户时，就用手机找 Wifi 热点，免费上网看新闻。午间休息的时候，吃过一份快餐后，他喜欢猫在自己的工位用手机收看演唱会等电视节目。他用的是一部具有 CMMB 功能的手机，可以随时收看自己喜爱的手机电视节目。手机电视采用无线数字信号，与卫星电视同步直播节目，不用上网，也可以看到中央电视台的新闻、体育和文化娱乐节目。在同事里，他是最早体验无线支付这种时尚生活的先行者。他还掌握了多种刷机技术，操作时会给自己带来莫名的快感。他不仅给自己的手机多次刷机，还经常为同事刷机，主要是为了"越狱"以使用免费软件。他说，刷机类似于电脑的重装，对手机的界面、功能、应用进行一定的调整。像小白这样的痴迷手机的人，就是典型的"手机族"。

我认识手机一族，是从观察我儿子开始的。我们父子都用手机，但区别在于：我一个手机用好几年，他一年用好几个手机；我只有一部手机，他有好几部手机好几个手机号码。所以我还够不上手机族的资格。对年纪大一些的人来说，手机族有点像立邦漆广告上那些光屁股的孩子：他们向前看，人们看到的却是他们涂抹着油彩的小屁股，感到新奇可爱，又觉得有些幼稚可笑。究竟谁可笑呢？是我，还是我儿子这样的手机族？我们不禁会想起鲍勃·迪伦的那句歌词："这里发生了些什么，你却说不清是些什么。"

当代学者祖慰在《多元精神迷宫》一文中说："如果说，给我们带来巨大物质财富的工业文明，同时又把我们异化为像卓别林在《城市之光》中扮演的拧螺丝的工人的话，那么，给我们带来无穷信息的信息文明，让我们变成了钻迷宫的豚白鼠，在多元的迷宫中找不到出口。"移动互联网时代究竟会把我们变成什么呢？狄更斯在《双城记》的开头说："那是最美好的时代，那是最糟糕的时代……"新的时代究竟是"失望的冬天"，还是"希望的春天"呢？是我们带着手机，还是手机带着我们？如果是手机带着我们，它究竟会把我们带到哪里去呢？这个问题，我们总不该让手机来回答吧？"与其诅咒黑暗，不如燃亮灯火"，我们要善于发现手机的"正能量"，用乐观的、积极的态度去享受移动互联网时代的生活。

智能手机的"奇点"：一切皆有可能

网上流传着这样一则幽默小品——买家问："请您给我讲一下，智能手机和普通手机有什么不同？"卖家就解释说："就说说手机的闹钟功能吧。普通手机的闹铃会准时响起，但是你醒不醒它就不管了；可智能手机就不一样了，如果它叫不醒你，它就会发一条短信给你的领导，帮你请好假的。"请不要把它当笑话看，智能手机就是一个细致入微的好服务生。移动互联网和智能手机确实为普通人带来了"手指上的便捷生活"，缴费、理财、购物、打游戏、听音乐、了解新闻、看病挂号、出门订票……几乎无所不能。

面对手机流行的大趋势，专家们认为，移动网络和手机的未来，取决于智能机的计算技术，也就是数据挖掘分析及其机器学习算法。比如，我们在使用智能手机的同时，也在关注特定的"上下文"，如：位置、时间、行为以及邻近的相关信息。足够聪明的"手机"能够利用"上下文"的相关数据，知道你在什么地方、什么时间，喜欢做什么事，可能做什么事？从而为用户提供精确的搜索、计算和分析结果，比如实现广告的精确投放、制订极有针对性的商务拓展计划等。

手机的进步，首先表现在操作系统的不断改进和完善上。智能手机具有与个人电脑一样的独立操作系统，用户可以自行安装软件、游戏等由第三方服务商提供的程序，不断地扩充手机的功能，并通过移动通讯网络接入手机。我们手中的手机变得越来越灵巧、越来越聪明，已经相当于一台微型电脑了。

现在，许多智能手机的处理器比最初的电脑还先进。当下一代的 Web 技术 HTML5 与云计算技术结合起来，Web 的能力将得到极大的扩展，富媒体、图形高级处理、高性能的 JavaScript、运行环境等技术，将一起把 Web 打造成全功能、跨终端，同时具有高效率的"万能移动平台"。

手机大战的焦点之争就是操作系统。当前的情势是群雄逐鹿，软件公司、网络公司、硬件公司和手机公司，都在争先恐后地推出自己的手机操作系统。现在，世界上排名靠前的手机操作系统是：谷歌的 Android、苹果的 iOS、微软的 Windows Mobile，以及新近崛起的针对廉价智能手机的火狐操作系统。谷歌在收购了 Android 操作系统之后，便拉起了开源的大旗，接着又将摩托罗拉移动纳于麾下。在国内，中兴、联想、华为、小米等的操作系统，都是基于安卓系统开发出来的；苹果则不断完善其 iOS 系统，2013 年秋季正式发布 iOS 7，新产品采用了流线型设计以及半透明的鲜艳色调，应用程序颇具动感；在过去的十年里，微软错过了发生在眼皮下的"智能手机革命"，现在它吹响了反攻的号角，准备推出下一代手机操作系统"Windows Phone 8"，一场"王者归来"的大戏正在拉开帷幕。面对微软、Google 与苹果 3 家传统意义上的 IT 行业的强势出击和领先地位，诺基亚、黑莓、三星、英特尔、Mozilla 等国际企业都在试图打造新的操作系统。当诺基亚的 Symbian 风光不再时，他们与英特尔结成联盟，共同开发新的系统 Meego，同时建立了 Ovi 线上应用商店；黑莓在收购了 PONS 系统后，把它应用在平板电脑上，另一个目标就是要把这套系统移植到手机上；三星与英特尔共同推出全新的 Tizen 系统；传统浏览器企业 Mozilla 依托自身在 Web 领域积累的优势，乘势推出了火狐操作系统。但诺基亚也好，黑莓也好，它们也许觉悟得有些晚了，在残酷的竞争中，前者被人兼并了，后者则成为一个仍在坚守阵地的"遗老"。

我国自主开发的"中国操作系统"（COS），力图同时解决安全性和实用性问题。研发人员介绍说，这一系统从底层代码到用户界面的构建都是独立演进的。深圳有一家科技公司也开发了"960 OS"系统，并宣称它是国内第一款智能手机操作系统。不容回避的问题是，我国具有自主知识产权的手机操作系统，要想进入竞争激烈的市场困难重重。

在全球智能手机的市场上，三星、苹果这些大品牌，正在默默地进行着看谁更酷更强势的大 PK。果粉们认为，苹果是时尚的代名词；而其他大品牌，也都拥有自己的粉丝。在一个女大学生的宿舍里，就曾发生过哪款手机更时

尚的争论。萍萍还是喜欢诺基亚，因为她是一个音乐迷，她的诺基亚 C5-03
手机，装有"乐随享"软件，可以免费下载和播放她所喜欢的高品质音乐作品。
小红喜欢三星的理由是，它拥有全新的语音服务功能。她习惯使用手里的三
星 i9100 GALAXY S II 手机，从打开应用程序到发送短信、从接打电话到上
网收发文件，她全用语音进行自如的操控。小芸是一个"苹果控"，自从升
级换代为 iPhone5，她经常利用手机进行视频编辑，她认为苹果手机的视频
拍摄处理功能是无与伦比的。洋洋一直是摩托罗拉手机的拥趸，最近她新购
了一部 MOTO ATRIX ME860 手机，它的运行速度极为流畅，打开网页的速
度如同笔记本电脑一样快。

在苹果公司推出 iPhone 之后，也就是 2008 年 9 月 23 日，Google 联
合台湾制造厂商 HTC 推出了第一款基于 Android 操作系统的手机，简称
"G1"。Google 也建立了自己的软件市场"Android Market"。在苹果公
司与 Google 竞争的同时，微软也不甘落后。他们的想法是，"用 PC 的那
一套复制到手机上"。2010 年底 10 月，微软推出了 Windows Phone 7 无
线操作系统。微软首席执行官史蒂夫·鲍尔默在首发仪式上说，消费者将会
觉得它"总是令人愉悦并且完全是自己的"。之后，美国电话电报公司在 11
月 8 日推出首款采用 Windows Phone 7 系统的手机——三星 Focus，接着
又推出了 LG Quantum 和 HTC Surround 两款采用该系统的手机。2014 年，
微软免费推出视窗 8.1，引导微软手机用户升级到最新版本。近两三年来，
三星着力推行"大屏战略"，不断推出大屏盖世系列手机与苹果手机叫板。
这样一来，智能手机市场上的竞争愈演愈烈。人们普遍认为，最终决定胜负的，
是那些为智能手机平台开发应用程序的软件开发者。

在苹果与微软控制科技制高点的争夺战中，苹果真正的利器就是一部小
小的手机——iPhone。在 iPhone 面世之前，手机是通讯等不同功能的集合体，
而 iPhone 则创造了一个以应用程序（App）为集合体的模式。手机依靠全触
屏控制，只有一个按钮。苹果建立起了一个由自己掌控的利益链，应用开发
者想开发什么就开发什么。有了 iPhone，智能手机的概念才明晰起来。

现在看来，智能手机至少有 4 个显著的特点：一是具有无线接入互联网
的能力；二是具有 PDA(掌上电脑) 功能，包括 PIM （个人信息管理）、日
程记事、任务安排、多媒体应用、浏览网页等功能；三是具有开放性的操作
系统，可以安装更多的应用程序，接纳来自第三方服务商的各色软件，使手

机的功能无限扩展；四是具有根据个人爱好和需求来拓展机器功能的个性化特点。智能手机的基本要求是：一是有高速度处理芯片；二是具有大存储芯片和存储拓展能力；三是有面积大、标准化和可触摸的显示屏；四是支持播放式手机电视；五是支持 GPS 导航；六是操作系统支持新应用的安装；七是配备大容量电池并支持电池更换；八是具有良好的人机交互界面。

在万花筒般变化着的高科技时代，乔布斯做了一件颇有人情味的事情，那就是创造出了普通人都可以玩得转的手机。它的哲学意义是：让一切都变得简单。iPhone，让一切都变得简单的 iPhone，在一定程度上改变了人们看世界的角度。苹果的内核究竟是什么？是理性还是欲望，是秩序还是自由，还是兼而有之的混合体。我们可以感知的是，一只只苹果像一块块砖石，为亿万用户构建了一个共有共存的梦想世界。这个世界也许还是一个乌托邦，但在物欲横流的现实世界，依然为流浪的灵魂提供了一方精神庇护的天地。苹果的产品与其变化无穷的软件工具，像一个个快乐的小精灵，牵引着人们的心灵，穿越时空为所欲为。

对于全球手机消费群体来说，在形形色色的手机中，iPhone 依然是人们最青睐的手机。在三星手机之前，能和苹果相抗衡的大概只有黑莓了。黑莓手机是指加拿大 RIM 公司推出的一种无线手持邮件解决终端设备，因为使用了标准的全键盘，组成按键的 26 个英文字母看起来像是草莓表面的一粒粒种子，所以得名于黑莓手机。黑莓手机其实是移动互联网信息终端的鼻祖，早在 2006 年就进入了中国市场，但却鲜为人知。主要原因是：RIM 定位高端商务用户，其系统平台能够完美地支持日常办公，但娱乐功却乏善可陈，就连看电子书都需要用户自己制作，对普通消费者来说用处不大。不过，沉寂已久的黑莓近年来迅速为大众所知晓，尤其是受到商务人士的追捧。它的一个优势是，能够提供独特的邮件推送服务。一般手机的用户在接收邮件时，必须先上网输入账号密码后才能进入信箱收取信件；而黑莓手机只要用户第一次预先设定好信箱，以后只要有新的信件到来，该信件就会主动传送到用户手机中，直接进行信息的读取，不用再经过繁复的层层步骤，这样就和接收短信一样方便了。另外，黑莓手机加密系统的功能也很强大。美国总统奥巴马就是黑莓手机的粉丝。他的黑莓手机拥有特殊的加密功能，并频繁地更换电邮账号。在"9·11"事件中，美国的通讯设备大面积瘫痪，但副总统切尼的手机因为有黑莓功能，成功地实现了无线互联，可以随时随地地接收到灾难现场的实时信息。为此，美国掀起了一阵黑莓热潮，很多人认为黑莓手机安全、稳定、快捷。

在智能手机市场，本来占得先机的是黑莓，结果却被安卓和苹果后来者居上，其根本原因是没有跟上科技社会的变化。在新科技产品的使用上，过去的流行模式是从企业到个人，而现在倒了过来，往往是从个人到企业。社会化媒体从一时的流行变成了企业的工作手段。比如平板电脑已经为医务工作者和零售商广泛使用。当办公室和家庭的界限越来越模糊时，智能手机不仅是个人的工具，也会变成工作的设备。美国的《纽约客》撰文感叹道："这个世界不属于黑莓。" 黑莓手机最初的应用都是基于窄带互联网的，它考虑更多的是让人们尽量绕开而不是使用无线互联网资源。3G 时代到来，让其赖以成功的因素成为负累。于是，黑莓也开始向娱乐化和普通应用的机型上转变。遗憾的是，黑莓还是远离了业界的最前沿，因为苹果正在用多媒体娱乐终端改变着智能手机的游戏规则。沉寂了许久的黑莓，在 2013 年初正式推出了一再延期的 BlackBerry10 系统，发布了全触屏手机，不仅改善了原有的邮件推送功能，还内置了语音助手，增加了手势操作和更多的社交功能，并可以随意切换工作界面和私人界面。苹果与黑莓都以水果为名，前者主打时尚设计与应用商店,后者主打安全性和工作性能。黑莓的CEO海因斯说:"黑莓 10 不仅仅是一款移动设备，更是一个全新的移动计算平台。"时尚表面上看是一种风潮，实际上隐含了自己要与别人不一样的意思，黑莓也要跟风了。如果它的"最后一搏"不能奏效，就有可能沦落到"卖身自救"的地步，业界已经在猜测：谁将收购黑莓？

在这场竞争中，诺基亚也显得有些步履蹒跚。它曾在上世纪 90 年代引领了无线革命，是最早研发智能手机的生产商，但由于过分看重 2G 功能手机的高额利润，未能适应移动互联网的变革，"傲慢与偏见"使得诺基亚落在了三星和苹果之后。进入 2013 年，觉醒了的诺基亚终于告别了曾是智能手机鼻祖的塞班系统，选择了与微软联盟，推出了搭载 Window Phone 系统的诺基亚智能手机。

苹果、谷歌，还有索爱、三星、摩托罗拉等传统手机制造商的流水线上，如今都有自己的智能手机下线。从 2010 年下半年开始，LG 以厚积薄发之势开始了一场智能手机的惊人大爆发，推出了一系列超级明星产品。2011 年 4 月份，全球首部双核智能手机 LG Optimus2X 擎天双核在中国上市，在最新双核移动计算超强引擎驱动下，无论是网络浏览、在线多媒体播发还是高清游戏，Optimus2X 都已近乎秒杀般的神奇速度与流畅感，让手机一族感到惊喜。更为震撼的是接着面世的 Optimus 3D 智能手机了，这是一款全球首部裸眼 3D 智能手机，在方寸屏间所展现的神奇 3D 影效，令观者叹为观止。首次在中国亮相的 LG Optimus Black 擎天璀璨则是另类风格：机身纤秀，线条优雅，还有在强光环境下依然清晰艳丽的 NOVA 显示屏，将 LG 所擅长的智能科技与时尚设计完美地融为一体。

在微时代，微小就是优势。看着手机走俏，大块头的电脑也赶忙瘦身。像大做广告的"E 人 E 本"只有 440 克的重量，不到一听可乐的重量；只有 1.1 厘米薄，比一部手机还薄；尺寸是 20 厘米 /14 厘米，仅一本书大小。从全球终端市场的发展趋势看，通讯终端、互联网终端和电视终端将会逐渐融合。因为智能手机具有随时在线、海量应用、轻薄便携和时尚好玩的特点，可以预见，三网融合与云技术发展的结果，必然让未来的手机承担越来越多的功能。它不仅具备通讯的功能，同时还是可以随身移动的电脑、电视机……读者一定要关注"电视机"后这个省略号，它是一个让人充满期待的未知数，更是人类创意的浩瀚宇宙。

在这个如同宇宙一般没有边际的创意空间里，科学家们正在试图构建更为强大的移动网络。在移动的世界里，因为有了 iPad 和大屏幕智能手机，用户可以通过这些移动终端来观看视频等大流量的内容；但麻烦的是，我们还要通过网线等将它们与计算机相连，以实现我们想要的那种高速数据传输。为了帮助人们消除这个麻烦，英国温切斯特的一家公司正在研制一种"等离子硅天线"，以便催生新一代无线网络。这种技术可能实现大量数据的超速传播，为高速无线通讯领域带来革命性的变化。更厉害的是美国的阿尔卡特朗讯公司，他们在贝尔实验室研发出一种"魔方"天线，这是一种像魔法一样大小的蜂窝天线。单个或多个"魔方"天线可安装在户内或户外，只要接上电源并和通讯光线连接起来，就可以工作了。如果它们得以普及，手机基站将淡出历史视线。这样的技术进步还意味着，手机通话和传输数据的能力将大幅提高。

提供智能的人机互动（人机交互）操控模式和以云计算为依托的联网服务，已经成为一种发展趋势。我们与手机等电子产品的交流，不再仅以键盘、屏幕和指令等传统形式存在，取而代之的是机器与人的互动，语音、手势和面部识别被广泛运用。有一款"TaikBox"软件，利用语音识别技术，让手机用户不用打字就可发短信。该软件听到说话后，经过录制 - 识别 - 转换后，可以把语音变成文字；而日本广岛大学研制的耳朵形微型计算机，可以通过咬牙、点头等动作控制电器设备。科学观察家们说，以后人们只要挥一挥手，或者像唐僧念紧箍咒一般，通过手势、表情和声音就可以操作智能手机和新一代家电了。未来的口令将包括生物特征识别法，"它始终存在，并与你如影相随"。美国福利斯特研究公司的分析员查尔斯·戈尔万自信地说："你只需要使用上帝和大自然赋予你的手、身体和声音——你所需要的就是这些。"

当苹果的多点触摸技术掀起的"指尖风暴"还未停歇的时候，它又用 Siri 拉开了语音交互的序幕。苹果公司于 2010 年买下的 Siri，整合了各种技术，包括对话、自然语言理解、视觉、演说、机器学习、制订计划、理性思考。作为新的人机交互方式，Siri 的语音识别控制界面，如同 iPhone 面市时的多点触摸屏一样，又是一次手机操控方式的革命。改进型 iPhone 内置的 Siri 语音搜索功能，令人耳目一新。你可以使用自然语言的方式发送短信、预定提醒或约会、获取去哪里吃饭的建议等。通过语音识别、逻辑处理及文本到语音转换等一系列动作，Siri 不仅能听懂你说的话，而且能做出相应的回答——如果不大准确的话，它还会到网上搜索。比如你问今天是否要带雨具，它会告诉你今天是否下雨？利用 Siri，用户可以通过手机阅读短信、询问天气、设置闹钟等；手机甚至可以像美剧《生活大爆炸》里的那个"她"一样谈情说爱，在每天数百条上千条问题的轰炸下还可以从容作答，甚至会判断你是不是喝醉了，是否需要帮你找个"代驾"。Siri 不仅支持自然语言输入，还可以学习新的声音和语调。其实，早于苹果，谷歌和微软都曾开发过语音搜索技术。在国内，百度推出的语音搜索，可以根据用户的语音请求，提供相应的搜索结果。语音搜索是下一代搜索技术，如果你想听一首歌，哼哼一句，搜索工具就可以帮你找到。

当读图成为时尚时，搜索引擎的可视化时代也到来了，已经出现了以图片为输入的搜索引擎。比如，手机用户只需上传或引用一张图片，使用基于形状颜色等特征的可视化图像进行商品搜索，就可搜索到感兴趣的商品图片和相关信息。盘古搜索的 CTO 陈利人描述道："当你用手机拍了一瓶红酒的包装，就能知道这瓶酒产自哪里，是何时生产的，品质如何？或者你在街上看到一个美女穿的衣服很漂亮，你拍下来就可以搜索到在哪里，用什么价格可以买到。"国外正在研究"数字化信息眼镜"，佩戴者可以及时了解本身的信息，如体温、脉搏和热量等，还可以了解来自网络的实时图文和视频信息。2013 年 6 月 7 日，英国《每日邮报》的网站披露说，谷歌正在开发手机"表情解锁"技术，手机会察觉到人们的各种面部动作，包括眨眼、微笑、吐舌头、皱眉、龇牙等。伦敦帝国学院的科学家们发明了一种"眼标"，这种专门用来捕捉眼球细微动作的红外线感应装置，可以帮助使用者通过眼睛进行操作。只要你"使一个眼色"，机器就心领神会，这样默契的互动简直就是秋波传情的"情侣关系"。以色列创业公司研制的一款手机，使用者"点点头""眨眨眼"，就可以实现人机交互，选定并激活你想使用的功能。苹果公司也准备研制这种采用眼球及头部追踪技术的神奇手机。除了眼球，还有手势，甚至脑电波，都可以发号施令。20 多年前，美国科学家马克·瓦瑟就预见到"无所不在的计算"。因为有了笼罩着人类的"计算云"，有了计算功能越来越强大的手机，人机交互将会变得更加自由、随性和便捷。

现在的智能手机已经是"听说读写看"五项全能了，科学家还打算给它装上"鼻子"，让它通过"闻气味"获得信息。有的科学家试图研制一种包括迷你投影机、迷你摄像头的智能手机，这些功能组合起来，它就有了"第六感"，即"情境感知能力"。当系统接通时，你挥挥手就可以拍照、上网或是查阅电子邮件。人际互动的奥秘是：在你挥手之际，摄像头就开始捕捉手指的动作，传输给智能手机，手机就会根据接收到的信息进行运行，并把画面通过投影机投射到荧屏或者墙面上。

科学家们还在试图用新材料、新技术塑造新的手机。进入 2014 年，复旦大学在有机薄膜晶体管稳定性机理研究方面取得突破性进展；用不了多久，我们就会使用透明和可弯曲的手机啦。不久的将来，制造电子元器件的传统材料——硅材料或将被 DNA 新材料所取代。美国杜克大学电子与计算机工程系的副教授杜威进行的实验证明：一个小小的实验容器内就可以容纳几十亿段新型 DNA 分子，通过不同的组合，这些分子可以组成你想要的结构。用这种新型的纳米材料可以构建手机的电路系统，未来手机将由 DNA 纳米技术驱动。英国的《新科学家》预言，未来的"智能微尘"手机小如雪花，却可以执行复杂的运算任务。毋庸置疑的是，未来是一个移动的时代，通过与互联网的完美结合，作为移动终端的智能手机，能够做到许多现在我们还没有想出来的事情，甚至可能把人变成一种半机器人。

IBM 实验室预测，可以看出一个人心思的"读心术"，总有一天会成为现实。这个实验室的科学家正在研究一种办法，试图将人类大脑的思考状况连接到电脑或者智能手机上。那时意念制动会真的出现，我们无须动手，用意念就可以操纵电脑和手机了。该实验室已经设计出了一种带有感应装置的耳机，可以通过阅读人脑的电波活动来识别人的面部表情、兴奋程度、专注程度。

在美国大片《阿凡达》里，人类通过意识进行远程控制。事实上，美国正在研究"人机界面技术"，利用脑电波仪、近红外线光谱仪等装置，精确捕捉人类在思考时脑部及血流产生的微弱变化，并储存、解析和识别，以便实现人对机器的控制。美国研制的一种手机，就是运用了类似的技术，通过对大脑的暗示做出反应，利用演算法来处理信号。使用者只要佩戴一个特制的头饰带，并与蓝牙设备连接在一起，就能向手机发送无线信号了。这种脑电波头饰带能捕捉到大脑发出的信号，并通过蓝牙设备向手机发射指令。这种手机将为残疾人和行动不便的老年人带来了福音。通常我们说的意念控制器，样子像一个头盔式耳机。带上这类特殊的耳机，可以检测到脑电波，耳机的主传感器接受到大脑神经在思考时发出的微弱电流信号之后，就可以进行相关的数据运算，并通过夹在耳朵上的另一个传感器来探测肌肉运动产生的电流信号。之后将这些数据传到电脑或智能手机上，并由相关的软件适时显示。

国外媒体报道说，IBM 电脑公司正在开发一款名为"思维读取器"的电子产品，它可以检测并"读懂"人类大脑的思维信号，并将这些信号传输到高速运转的电脑中进行分析，然后做出适合人脑思路的后续思考。据说，这样的功能最终将会集合在手机里，让手机成为一个睿智的"思想者"。美国斯坦福大学的科学家也在研制一种名为 iBrain 的装置，它可以读取脑电波，然后通过电脑与外界沟通。患有运动神经元疾病的霍金头戴这个装置，参加了"读脑"的试验。研究者说："能帮助像霍金那样聪明的大脑更好地和世界沟通，这难道不令人兴奋吗？"更让人兴奋的是，科学家预测，这一装置也许很快就能"阅读人的内心"，将动作意图转化为语言。据西班牙《阿贝塞报》报道：一个国际联合科研小组，在马德里理工大学启动了一项"人类大脑计划"，旨在通过超级计算机以超现实的方式模拟人类大脑灰质的运转，了解人类神经元之间如何相互联系。科学家预测，这一"超级工具"有望在2023 年投入使用。这项研究还将推动有关神经智能机器人和智能化手机的研究。

谢莉·图尔克是美国的一位女教授，在麻省理工学院媒体实验室工作。

她在一家疗养所看到：一位失去孩子的妇女，正在对着一个小海豹形状的机器人喃喃自语。谢莉的心里很不是滋味，人在孤独的时候竟然去求助一台人造的机器，而它们对人类的生活毫无体验，怎么会有同情心呢？高科技可以让冷冰冰的机器拥有人工智能，但却难以赋予它人的灵魂、人的仁爱之心。一样的道理，网络和智能手机只是给了你一个学习、求知、娱乐的平台，却不可能提供关于自我、心灵、伦理或人生的任何答案。人类创新故事里的角色，不仅有技术，还有文化，而主角永远是我们人类自己。

乔布斯的红苹果和鲁宾的绿色小机器人

在许多民族的神话传说中，人们都在渴望一种具有神奇智慧和力量的"宝贝"。这些"宝贝"的拥有者，要么是超群绝伦的英雄，要么就是法力无边的魔法师。千千万万的普通人，要想获得一件"宝贝"简直就是痴人说梦。幸运的是，我们当代人有了手机，人类千百年来的梦想成真了。当我们拥有手机以后，一个个都变成了超人，变成了"千里眼"，变成了"顺风耳"，有了似乎可以掌控一切的能力。那些让我们梦想成真的人，就是改变世界的人，他们无愧是移动互联网时代的英雄！

如果我们要模仿《水浒》故事给这些英雄好汉排排座次的话，毫无疑问，应该让乔布斯先生坐聚义厅的头一把交椅。遗憾的是，他已经离我们而去。2011年10月5日，苹果公司在宣布乔布斯逝世的新闻稿中说："乔布斯的才华、激情和活力是无数创新的源泉，这些创新丰富和改善了我们所有人的生活。因为有了他，世界变得无限美好。"在遥远的中国，一块乔布斯从未踏上过的土地，也拥有无数的果粉。隔天的晚上，在北京三里屯的苹果专卖店前，北京的果粉们聚集在一起，在莹莹的烛光和淡淡的花香里，怀念"改变了他们生活的"乔布斯先生。

有人说：一个苹果诱惑了夏娃，让人类走出蒙昧时代，开始有了文化；一个苹果砸中了牛顿，使其发现了万有引力定律，极大地推动了科技的发展；又有一个苹果被乔布斯咬了一口，促成了科技与文化的一段好姻缘。乔布斯带着他的苹果手机，走近了我们每一个人。你是否常常看到这样的情景：在地铁里，只要听到"嘀嘀"一响，身边的人都会不由自主地去看看自己的手机。"苹果"让人们有了一种宗教般的感悟："它绝不是一个工具，而像是接入了一个生命体。"的确，乔布斯是一个不可思议的人。他在似乎躁动的生活状态下，却能保持顽强的创新能力和忠实于自我的专注力，为冷冰冰的科技注入了直觉、感性和想象力，注入了人性、艺术气质和宗教般的神圣元素。从表面上看，乔布斯驾驭的是科技领域的先进技术，实质上，他驾驭的是能够打动人的激情与想象的艺术，还有年轻人的心理需求。乔布斯凭借对手机的独特设计和 iOS 智能系统的开发，重新定义了手机的概念。著名音乐人谭盾深有感触地说：苹果系列的电子产品说明，"艺术和科学是一对孪生姐妹"。

　　乔布斯的苹果神话是他在生命的最后一程创造的。2006 年，在美国加州库伯蒂诺市的市郊，在一座并不起眼的灰白色建筑内，一群身穿牛仔裤的年轻设计师们，在乔布斯的带领下，从秋叶飘零到冬雪飞扬，一直在忙着做一件事，那就是紧锣密鼓地研制 iPhone 手机。在那段痛并快乐着的日子里，满脸胡茬儿的乔布斯，穿着一条磨旧了的 Levis 蓝色牛仔裤，不停地组织着研制、演示，时而大发雷霆，时而凝神不语，时而偷着乐……终于，赶在 2007 年的 Macworld 大会前，乔布斯拿到了新开发出来的 iPhone 样机。带着他的宝贝，乔布斯兴冲冲地前去拜见 AT&T 无线的老板斯坦·西格曼。接过这款新手机，连见多识广的西格曼也惊诧了！那新颖的显示屏、强大的浏览器和友好的用户界面，让西格曼大喜过望，他连声说："好，好！这是我见过的最好的产品。" iPhone 还有一个独特之处，就是"多触点"：持有者可以用聚拢或放开拇指和食指的动作随意缩放屏幕上的内容，真正感受到什么是"得心应手"，什么是"随心所欲"。半年后，也就是 2007 年的 6 月 29 日，iPhone 终于横空出世，一时惊艳全球，喜大普奔！

　　乔布斯引领苹果公司走出了一条科技产品时尚化的发展路线。他们已经不太关注技术参数，而是把更多的目光投向了电脑的使用体验和外观设计上。早在 1982 年，乔布斯就与德国设计师艾斯灵格合作，一起塑造苹果产品独特的"设计语言"。之后，苹果公司的多数标志性产品都遵循了艾斯灵格的"白雪"设计语言。"白雪"的概念源于艾斯灵格早年的参赛作品，他当时设计的 7 件作品就像 7 个小矮人一样。其设计理念就是"保持简单"，让产品能主动向人"示好"。乔布斯与其合作者都有着"冒险的灵魂"，我们在探索神秘数字世界的同时，也在美的天地里殷勤寻觅着。乔布斯首先让公司的技术人员学会了如何在数字时代欣赏美的设计。当个人电脑和智能手机真的走向大众时，苹果也将他们的一体化设计理念推向了主流市场。

实际上，苹果公司只生产过寥寥几款产品，包括 iPhone 手机、iPad 掌上电脑、iPod 随身听和 Mac 笔记本电脑，其原因在于乔布斯近乎执拗的一个理念——只做最棒的东西！乔纳森·艾夫是苹果的首席设计师，他后来爆料说，因为觉得设计不够完美，乔布斯曾差一点放弃了 iPhone。乔布斯的苹果是一个被咬了一口的苹果，但他本人却是一个完美主义者。

"苹果"是乔布斯公司和产品的标识，我们似乎也可以把它看作是智能手机的一个标识。关于这个标识的含义，一直是众说纷纭：有人说，这是为了纪念人工智能先驱艾伦·图林，因为他吃了一口沾有氰化物的苹果而死亡；有人猜测这个标识与亚当和夏娃的故事有关；也有人说，这可能源于砸中伊萨克·牛顿的那个苹果；但设计者罗布·雅诺夫自己说，被咬掉一口的苹果和这些传说都搭不上界，当初的想法很简单，就是让这只苹果看起来更像是苹果而不是樱桃。

夏娃偷吃伊甸园苹果的古老传说，让苹果与人类的欲望早就联系在了一起。乔布斯的苹果，用其精致的设计和超强的快感体验诱惑着生活在当下的男男女女，煽动起他们对苹果产品宗教般的狂热。在遍及世界的苹果零售店的体验区里，每天都有许多人聚拢在那里，饶有兴致地体验着使用苹果手机的乐趣。乔布斯的作品，真的像一只只充满诱惑的苹果，人人都想咬一口。从第一代的 iPod 到最新的 iPhone5S，世界各地的年轻人像追逐时尚一般，疯狂地追逐着苹果的新潮产品。苹果的产品到底好在哪里？有人借用李宗盛《鬼迷心窍》的歌词说道："有人问我你究竟是哪里好……没见过的人不会明了。"苹果产品追求简单与细节，好玩也耐玩。有人喜欢它的触摸功能，轻轻一触反应灵敏，手感也好；有人喜欢它精细的细节设计，比如放大照片时，用手指轻轻一拉就 OK 了。苹果用户的这种体验，正是乔布斯想要的效果，他为苹果产品确定的一个设计理念就是——"用户体验"，就是以用户为中心展开设计工作。他们早就意识到，用户的需求是千差万别的，于是做到了"一样的苹果，不一样的味道"；在苹果专用的 iTunes 软件应用平台上，人们可以找到几十万个不同类型的应用软件。

现在，苹果已经从小众之物变成了亿万年轻人的新宠。它不仅是电子产品，更是人们的玩伴、话题、圈子和标签，它像田野里吹来的清新的风，带来了一种新的文化。苹果的粉丝叫"果粉"，如今凡有人烟处就有果粉。它以优雅、个性，OSX 界面人机互动的亲近感和乔布斯文化为特征，在中国也有众多的粉丝。手持一部 iPhone，行色匆匆的人们就变得从容起来。在地铁里，在公交车上，你可以听音乐，写微博，还可以利用定位服务功能，告诉朋友你在哪里，你也知道朋友在哪里——iPhone 的手机地图为你指明了方向。

　　iPhone 让我们拥有了白色的耳机线、流畅的多点触摸、简洁的设计感、温馨的用户体验和无穷无尽的应用程序；iPhone 让我们拥有了同几亿人交往的权力，数不胜数的社交游戏、通行无阻的 FB 账号。可以说，不断更新换代的 iPhone 改变了不少人的生活方式。一个资深媒体人的现身说法是："前段时间，我到上海去出差。因为没有带手提电脑，我就想试试，能否只用 iPhone 进行办公？结果呢，还真的可以。我用 iPhone 做了两个幻灯片文档，可以直接保存为微软的 PPT 格式，再通过邮件给人发过去，对方可以直接浏览。"这位媒体人深切地感受到，用 iPhone 办公的效率也很高，它几乎可以满足日常网络生活、网络工作的基本需求。由此不难看出，iPhone 这样的智能手机，正在将所有的桌面技术随身化，并最终会替代电脑的全部功能。

　　在 2012 年年底，当 iPhone5 面世时，人们看到了更轻薄的体积，更强大的处理器，更高的触控灵敏度，更炫的拍照功能，更持久耐用的电池……对中国的果粉来说，iPhone5 内置了中国订制功能，加大了对热门中文互联网服务的支持，与新浪微博高度整合。其搭载的最新的 iOS6 系统还完善了文本输入法，可混合输入全拼和简拼，支持汉字多达 3 万多个，让汉字输入更轻松更快捷。新"苹果"还支持 Siri 语音助理功能，让你能够使用语音来发送信息、安排会议、拨打电话……手握着前面为玻璃面板、背部为铝金属壳的 iPhone5，蒂姆·库克在发布会上自信地说："苹果现在空前强大！"2013 年初，库克访华时对记者说："苹果之所以独一无二是因为它的文化。公司的文化极其强大，完全关乎胆识、雄心、识人所未识，以及创造人们还不知道是自己想要的，而一旦拥有就再也离不开的东西。"他特别强调，乔布斯开创的苹果创新文化将延续数十年甚至上百年。这一年的 9 月 10 日，在加利福尼亚州丘珀蒂诺的一个礼堂，库克发布了首次使用了 64 位处理器、主打指纹解锁功能的 iPhone5S，以及平民版的配有 5 种颜色的 iPhone5S 手机。

　　虽然有人质疑：库克只是一个优秀的管理者和营销大师，而欠缺乔布斯那样的激情、魄力和创新力；但人们仍然有理由相信：在库克时代，"苹果"的故事还会继续。事实上，苹果公司现已步入了库克节奏，库克说他"要做几件精彩的事儿"。库克吊起了果粉们的胃口，"苹果猜想"已经成为他们的无尽期待：苹果公司的新总部"太空船"将会搭载怎样的新创意？下一代的苹果产品会是什么样的呢？据悉，苹果公司已经拥有一项基于粉末液态金属技术的环绕式柔性显示屏专利，或许我们不久就会看到"环绕式"柔性屏的 iPhone 6 了。它的屏幕设计非常艺术，不论在正面还是背面都能显示内容。这种显示屏的侧面，还会配备陀螺仪和加速剂等多种传感器，不管屏幕处于与身体何种的相对位置，它们都能保证屏幕出色的显示效果……哦，还有消息说，苹果公司已经将目光投向了手表行业，准备发布手表模样的智能手机，他们试图为一个老掉牙的发明物焕发青春,让一个小玩意满足你所有的需求。是的，"苹果"的奥秘远没有到揭晓的时候，库克也会像乔布斯一样，为未来留下值得珍藏的"时间胶囊"。

像"苹果"一样风靡全球的——是 Android 以及它的绿色小机器人标识。它的背后，也站立着一个像乔布斯一样的科技巨人，他就是被誉为"Android 之父"的安迪·鲁宾。鲁宾就像当年的比尔·盖茨一样，伟岸的身躯挺立在未来的门槛上。只不过，盖茨的路通向了个人电脑，鲁宾的路通向了智能手机。就是这个鲁宾，带领着谷歌实现了华丽的转身，从全球搜索引擎的老大成为智能手机市场的新霸主。在美国，最火的不是苹果手机，而是安装了 Android 系统的智能手机。

安迪·鲁宾也是一个富有传奇经历的人物。在他的童年岁月，其房间里堆满了各种各样的电子产品。这个小小的极客长大后曾在苹果公司当过工程师，他几乎每天 24 个小时都吃住在办公室，日以继夜地开发着一款智能手机的操作系统和界面。经过一些曲曲折折，鲁宾成立了一家 Android 公司，开始研制新一代智能手机。"Android"一词最早出现在科幻小说《未来夏娃》中，小说里有一个外表像人的机器名叫 Android。鲁宾找了一帮志同道合的兄弟开始科技攻关，目标是开发一个全新的移动手机平台。这个平台的特点是:向所有的软件设计者开放。

从小极客到大极客，可以说，鲁宾是极客文化的一个典型代表。"极客"(Geek) 一词原指某种"怪胎"，进入互联网时代后，沉溺于技术的 IT 界人士自称"极客"，标榜自己是勇于科技创新的鬼才。鲁宾从儿时起就喜欢复杂的机械构造，后来又自己动手，制作了各种各样的机器人。如果你有机会到鲁宾家里做客，你一定会大吃一惊。鲁宾在硅谷有一幢半山别墅，把门的是视网膜扫描仪，只有得到允许的人，自动门才会敞开迎客。当有客人来到时，安装在玻璃门厅后的那只机械手，会抓起一根木棍，"嘭嘭嘭"地敲响铜锣。像这样独一无二的"门铃"，正是鲁宾热心追求的东西。

鲁宾不仅喜欢琢磨酷的东西，还喜欢与世人分享。他说："通过Android，我接触到世界各国的许多人。如果有 31 亿人用手机，那么这条接触人们的途径是多么宽广；这也是促使我不断进取的不竭动力。"在苹果公司工作时，鲁宾就同智能手机结下了不解之缘。后来他独立门户，成立了属于自己的公司，依然把精力投入到智能手机的开发上。鲁宾——这个从小就做着电子梦的、浑身浸透着欢乐细胞的极客，一直想给这个世界制造最酷最酷的玩具——智能手机。

在谷歌收购了安迪·鲁宾的公司之后，仅仅面世三年的 Android 就超越了称霸 10 年之久的诺基亚 Symbian 系统，成为全球最流行的移动操作系统。当 Android 度过了野蛮生长期后，身为"安卓之父"的鲁宾也决定转而投身新的事业。鲁宾在一封告别信里写道："我一直有一颗创业的心，对我来说，现在是时候在谷歌开启新的篇章了。"人们在关注：Android 的后鲁宾时代，将会走向哪里？

上世纪八九十年代，是苹果公司与微软争夺个人电脑的天下；到了 2011年，则是谷歌与苹果公司争夺智能手机的天下。当谷歌安卓与苹果 iOS 激战正酣的时候，有着 38 年历史的微软也加快了自己进军移动互联网的步伐。一部移动领域的"三国演义"正在推出最精彩的章节。

"3G 场"上的 N 种应用和 4G、5G 畅想曲

在移动互联网时代，智能手机正在成为各种移动终端的"王者"，手机新媒体呈现出一派"风景这边独好"的繁荣景象。这景象让人看得眼热，看得心动，于是乎，不论是搞互联网的、搞通讯的，还是搞新闻的，甚至还有根本就不沾边的主儿，全都一拥而上跑马圈地。

各路英雄豪杰使出浑身解数，奋力开拓着各种手机业务，诸如手机报、短信、Wap 网站、彩铃、微阅读、微视频、手机音乐、手机游戏、移动支付、移动电子商务等……一时"乱花渐欲迷人眼"，端的是热闹非凡。

看一看我们中国的情形吧。从 2009 年开始，中国移动、中国电信和中国联通三大运营商，不约而同地将 3G 作为竞争的主战场。移动推出 "G3"，电信主打 "天翼"，联通的王牌是 "沃"……从制式之分到品牌战略，从 3G 服务到 3G 文化，中国式的 3G 大戏高潮迭起！几年来，我国的移动互联网产业经历了 3G 发牌、网络建设、试运营，再到正式商用等多个阶段。盘点起来，具有标志性意义的重大事件有——

2009 年 1 月 7 日，中国工业和信息化部向中国移动、中国电信和中国联通发放了 3 张第三代移动通讯 (3G) 的牌照。中国移动获得 TD-SCDMA 牌照，中国电信获得 CDMA2000 牌照，中国联通获得 WCDMA 牌照。从此，我国进入三足鼎立的 3G 时代。3G 牌照的发放推动了相关产业链的形成，获得牌照的通讯业三巨头开始致力于打造一条包括 3G 网络建设、终端设备制造、运营服务、信息服务在内的全新通信产业链。

首先，三巨头全面铺开了 3G 网络建设工程，这就是中国移动的 TD-SCDMA 网络、中国电信的 EVDO 网络和中国联通的 WCDMA 网络，在很短的时间里基站就遍地开花，三家的 3G 网络覆盖范围越来越广泛。中国移动的网络布局大，覆盖广，其基站和设施尽可能地到达了边边角角。中国电信的目标是实现所有城市的光纤化，形成一个包括卫星通信、光纤宽带、移动网络覆盖的优质信息网络。中国联通采用世界主流的 3G 标准 WCDMA，在不断推出相关业务的同时，在技术上也实现了 2G/3G 互操作的无缝切换。

紧接着是终端之争。中国联通及时引进了苹果公司的 iPhone 手机，自 iPhone4 手机上市以来，其出众的移动互联网功能，已为中国联通带来了大量用户。看着这块越做越大的 "蛋糕"，许多企业为了分得一杯羹，纷纷杀入了 "逐鹿中原" 的 3G 战场，开始研发和生产移动网络的终端设备，加紧推出国产的平板电脑和 3G 手机。

后来，移动争夺战的主战场从硬件转移到了应用和服务上，"应用为王" 的业界口号成为现实。全球最大的电信制造商爱立信的调查显示：早在 2009 年底，全球移动数据流量就超过了语音流量。这意味着，应用取代了网络本身成为吸引用户的关键点。手机用户已不再满足于拍照、玩游戏和发短消息，越来越多的人通过手机上网，使用即时通讯软件，制作视频，网上购物。消费者希望把电脑上的应用统统搬到手机和更多的移动终端上来，让手机成为万能终端。从单个来看，每一项应用的普及率都不算高，但总量庞大的长尾应用依然是众多应用开发商的蓝海。在短信、彩信和以短信彩信为载体的信息服务业务量下降的同时，手机上网、手机支付和手机商务等移动互联网业务则迅猛攀升。3G 网络运营业务和服务的内容，起先呈现出"五子登科"的局面，排名前五位的业务是即时通信、浏览、搜索、音乐和文学，后来居上的是自媒体微博和社交网站。随着竞争的日趋激烈，其发展趋势变得越来越明显，那就是终端和服务一体化，并呈现出媒体化、娱乐化和商务化的鲜明特点。

早在上海世博会举办期间，中国联通就推出了很多实用、创新的 3G 业务:比如内置"世博商业卡"的刷卡手机、融合"乐媒技术"的世博手机报等，同时还为用户提供基于世博的内容和信息服务。联通还参与了芬兰馆的通讯建设，人们入馆之后，可以真切地感受到电子消费券、远程医疗等一系列精彩前沿的通讯体验。联通的广告语也非常煽情:"美好生活，精彩在沃""超乎想象的 3G 生活!"

在 3G 网络试运营阶段，通讯企业就向金融业抛出了联姻的绣球，联合银行推出了手机支付等服务项目。中国联通和中国电信在 2009 年 5 月底相继在上海开通了基于 3G 的手机支付业务，中国移动也先后在国内多个城市推出手机支付业务。手机支付业务一经推出，便显示出了良好的发展势头，不仅可以提供手机银行服务，还可以通过手机订购电影票、预约看病、缴纳水电煤费用，当交通卡使用。中国联通还打起了证券业的主意，推出了"手机炒股"的业务。在联通的 3G 手机上，股民不仅可以看盘和交易，还可以实时看到专家视频分析、上网互动交流投资信息。其实早在 2G 时代，手机证券已是较为成熟的手机金融业务了。但是由于手机的网络速度、存储能力、电池持久程度的限制，这项业务始终没有大的拓展。凭借新技术带来的新工具，联通开始大力拓展 3G 在证券行业的应用。调查数据表明，在用户可以接受的收费手机应用中，手机炒股位居第一位，每 3 个股民就有 1 个用手机买卖股票。尝到甜头之后，联通四处出击，先后与石油化工、电力、互联网，以及金融业等行业进行了 3G 的应用合作。

显而易见，在群雄逐鹿的过程中，"应用"成为了移动互联网跑马圈地的关键词。"应用"是软件应用程序的简称，是智能手机的心脏和灵魂。为各种"应用"创造"英雄用武之地"的是 SaaS (Software as a Service)，意思是："软件即服务"。这是一种全新的网络化的形态。它的特点是：用户不必直接拥有软件，通过在网上的试用，如果你觉得适用的话，就像打电话一样，你可以向服务提供商租用软件资源以及信息、数据资源。随着苹果产品的大行其道，现在的软件变得越来越"软"，像软体动物可以随意变形一样，能够灵活地修改和变更，从而最大限度地满足用户多元化和个性化的需求。

我们知道，来自"苹果"的诱惑，不仅仅是一部 iPhone 智能手机，更是苹果应用商店（App Store）的整条产业链。2008 年，苹果公司开放了其应用程序的数字之门，这是一个在线市场，全世界的程序员都可以销售他们自己研发的移动应用。苹果应用商店提供的数以万计的免费和付费应用程序，让他们的终端产品风靡世界。到 2013 年底，苹果应用商店的下载量已经超过 600 亿次。专家们认为，谁控制了应用商店的入口，谁就控制了未来移动互联网的窗口。自从苹果的 App Store——软件应用商店大获成功后，安卓等几个大的智能手机系统平台都相继建立了自己的应用商店。中国的许多手机厂商、电信运营商也跟着打造属于自己的移动应用软件商店。2009 年 8 月 17 日，中国移动的 Mobile Market 手机软件商店率先发布。中国电信紧随其后，于 2010 年 3 月推出了自己的软件商店。之后，中国联通也有了属于自己的"沃商城"。除了三大电信运营商的应用软件商店，还有联想的乐 phone 应用商店、诺基亚的 ovi、摩托罗拉的智件园等。国内的天宇朗通公司还依托自己的研发人员，给手机添加了各种各样的功能，这些做法被称作"集成创新"，相当于搭建一座桥梁，联系着的是消费者的各种需求。

专家指出，在我国移动等三大运营商均已推出各自的应用商店之后，苹果公司开创的"手机＋应用商店"模式，在我国的通信市场已经成为 3G 的主流模式。随着移动互联网井喷式的发展和手机、平板电脑等移动智能终端的快速普及，作为提供应用程序源头的应用商店，已经成为向海外传递中国元素、介绍中华文化的新途径。各类应用商店中，带有中国文化印记的产品也与日俱增。

2011 年，一款叫作"微信"的产品风靡内地。这是一款通过网络免费发送语音短信、视频、图片和文字，支持多人群聊的手机通讯软件。在"微信"之前，QQ 也好，MSN 也好，都是电脑联网沟通的产物。后来移动的"飞信"充当了一个在线和离线的桥梁，可以利用移动渠道实现离线的数据传输。而"微信"的出现，包括小米公司推出的"米聊"，为越来越多的手机用户提供了即时通讯工具，一时风生水起。当下的趋势是，"微信"已经对微博构成了冲击。腾讯旗下的微信与新浪旗下的微博都是当下最热门的移动应用软件。现在，以信息共享为特点的微博在增加私人分享功能，而原本限于好友间沟通的微信也在增加新闻推送等新的功能。人们不禁猜想：以后它们会不会越来越像呢？

像"微信"这样火爆的手机通讯、聊天软件，都是基于移动互联网和智能手机的技术支持才得以实现的。当手机有了高清摄像头，就可以实现图片分享了；当手机有了高清麦克风和扬声器，也就产生了语音对讲；当手机有了定位功能，"查看附近的人"就不是难题了；当手机有了多点触屏功能，手写输入也变得得心应手了。

多点触摸屏幕的工程学机理，决定了我们这个时代智能手机的基础设施，就如同笔记本电脑开合的屏幕键盘结构，已经成为一种从零部件供应体系发展到最终装配工艺的生态范畴。摩托罗拉运用 Google 的 Android 手机软件系统，由于该系统是开放架构系统，利用它可以创造出很多软件性质的独特设计。微软的 Windows8 操作系统推出了专为触摸而设计的 Metro（米雀）风格的界面，终结了过去的视窗切换，用户可自行将常用的浏览器、社交网站、游戏等添加到屏幕上动态的方块中。可以想知，用不了多久，鼠标将会隐退了。

互联网文化的核心内容是：交互与分享。所谓"威客"（Witkey），就是倡导在网上"人人为我，我为人人"的一个群体。他们在威客网站上公开自己的知识、经验与能力，为别人服务，同时寻求他人的帮助。在应用软件方面，这种群体智能也得到了充分的体现。苹果公司应用软件商店拥有的几十万款软件，很多都是大众用户开发出来了。他们既是这些软件的使用者，也是这些软件的贡献者。

在百度搜索框内输入"手机软件"字样，立刻会有数以万计的手机应用软件映入你的眼帘。从学生到上班族，很多人喜欢挂 QQ，闲来无事就玩玩游戏。居手机软件加载数量之首的是娱乐类软件，主要是游戏，当人们玩腻了新手机中内置的诸如《愤怒的小鸟》《QQ飞车》之后，就开始下载其他游戏软件。另外，QQ聊天、看小说、听音乐，也是人们所喜欢的项目。另一大类是工具软件，这些软件可以帮助你查地图、看天气、制作图片、模拟教学，甚至涂鸦。现在，移动用户已经从工具类应用向内容类应用和社交类迁移，转向了微博、手机阅读、LBS（基于位置的服务）、移动 SNS（社会性网络服务）等新兴应用项目。脸谱的当家人扎克伯格说过，在移动互联网上，我们希望推出简单易用的工具。调查结果也表明，移动应用越简单用户越欢迎。

以苹果公司 iPhone 为代表的智能手机所开创的"终端＋应用"的经营模式，在移动互联网日益普及的今天，被证明能迅速有效地获得用户和市场份额。当你拥有一部 iPhone 以后，最吸引你的一定是各种应用功能。首先你要熟悉，如何在苹果的 App Store 上去下载各种应用程序到 iPhone 上安装使用。熟悉了，你就会经常光顾在线程序商场，选择你喜欢的应用软件。App Store 上面的应用总数多达数十万个，你想玩也玩不完的。正像联通版 iPhone 的广告词那样，如此多的应用，"你几乎能做任何事情"。可以炒股票、买基金；可以订机票，查看地图；可以弹钢琴，下围棋……如果你安装上一个 RunKeeper 的软件，当你进行户外跑步时，手机还能为你计算出跑步的速度和距离，甚至告诉你消耗了多少卡路里。

"有个为此而设的应用。"苹果公司的这句营销常用语现在变成了美国人的口头禅，手机应用正在改变着新一代人的生活方式。美国人阿曼达·索洛韦的手机下载了 100 多个应用软件，每个都有不同的用途：早上，她手机里下载的"睡眠周期"应用程序会在最佳时刻唤醒她，起床后有一款日历应用会提醒她一日内有哪些事情要办；她通过"美国银行"的应用取款，用 OneBusAway 应用查看公交车信息，闲下来玩《宝石迷阵》的手机游戏，用 ZipList 记录购物清单，用 WhatsApp 跟朋友互发信息，用 18 个摄影软件中的任意一款来修改照片；入夜，有一款应用还会为她催眠……手机应用几乎主导着阿曼达一整天的生活。

手机的原始功能是通信，随着一步步发展，MP3、MP4、拍照、录音等功能一应俱全。开发应用，就是为手机添加更多更丰富的应用功能，你需要什么就提供什么。比如：让手机为你选择口感好的水果，检测"菜篮子"里蔬菜的农药附着情况，测量周围的温度和空气质量，为病人测体温量血压……在蚊蝇肆虐的夏日，你可以下载驱蚊软件，它能让手机发出不同频率的声响，蚊子听到后会畏而躲避。

在日本发生大地震之后，苹果公司面向日本推出的 iPhone 操作系统就增加了一项新功能——地震紧急预警。拥有小区广播功能的 3G 手机用户，能及时收到地震警报的短信，甚至可以接收到地震发生两分钟前的提示信息。震后日本还推出了一款可以检测核辐射的手机，受到居住在核电站周围居民的欢迎。

在香港会展中心公布的手机应用中，一款名为"香港电影"的软件，可以提供一站式电影信息服务，包括最新电影信息浏览及交流、香港地区最新的电影上映时间查询、各家影院排片表检索；还可实时订位购票，在线支付；入场时"划手机"就可以了。

对于那些在移动互联网上冲浪的人来说，那些丰富酷炫的应用才是真正的乐趣。美国移动互联网最牛的一项应用叫"Foursquare"，无论你走到哪里，都能通过它把自己的文字、图片和视频传送给你的亲友；而且你还会获得一些虚拟的头衔，如果你是个驴友，在世界各地都签过到（check in），那么你就可能得到一个"超级旅行家"的美誉。国内也有一个类似"Foursquare"模式的应用，叫"玩转四方"，它就像是一个虚拟的导游，可以带着你四处游玩。人们相信，未来的手机必将会搭载越来越多的应用软件，以满足人们日益丰富的生活需求。

你若站在街头看一看，周围到处是一边看着手机一边赶路的人。美国人研制的一款手机新程序，叫"边发边走"（Type n Walk）。用了它，你的手机屏幕上会显示面前的景象，使用者可以在这一实时背景上输入信息，并及时发出去。"边发边走"可以让你避免"一头撞在树干上的尴尬"。鼓捣App 的人，几乎什么都想到了。

尽管苹果应用商店拥有数十万各款应用软件，其总下载量也有近百亿次；但对个人和小团队来说，在这个商店，你买东西容易卖东西难，要是想把自己的编程移植到苹果的应用商店还是要费些气力的。首先是设备，你必须在苹果电脑上使用其操作系统和软件开发工具包，同时还要有一部测试用的 iPhone；其次你要想办法通过审核进入苹果软件商店或者是安卓市场；最难的是如何保证你所开发软件的下载量？目前国内手机应用软件开发者有数十万人，但 65% 以上的是单干户，大多数没有什么效益。

对许多手机用户来说，眼花缭乱的应用也让他们无所适从，甚至连手机上已有的功能也用不着或者不会用。一位叫"淡淡蓝"的网友感叹道："看来我与这个时代真的脱节了……对我来说，手机的功能就是打电话和发信息，搞那么复杂不累吗？"微博上也流行着这样一段话："一顿饕餮大餐，70%的食物最后倒掉了；一栋豪华别墅，70%的房间是空着的；一款高档手机，70%的功能多数人没用过……"

尽管如此，3G 的风还是越吹越猛烈，不停地为我们带来了越来越多的新鲜事物。瑞典的手机巨头特利亚索内拉电信公司的子公司 Ncell 在世界最高峰珠穆朗玛峰附近海拔 5200 米处建设了一个高速 3G 手机基站。它可以为每年到珠峰尼泊尔一侧的数万名游客和徒步旅行者提供方便，攀登珠峰的登山者可以进行畅通无阻的视频通话和上网。这个居高临下的手机基站似乎是一个象征，它骄傲地告诉人们：3G 无处不在！

这个时代将极大地改变我们的生活，3G 商场、3G 小区这些新兴事物接踵而来，我们已经开始享受到移动办公、移动生活和移动娱乐的无限乐趣。在我国，上海普陀区中环商圈，成为首个 3G 应用示范区。你若来到这里，可以通过手机查询实时路况、寻找停车位，逛网上虚拟商城。

对开车族来说，移动通讯技术会让他们得到梦幻般的体验。在美国科幻电视剧《霹雳游侠》里，有一款叫作"奈特工业 2000 号"的汽车，它可以上天入地，与主人公直接会话，还能指引最佳行车路线，解决突发事件。而这些光影幻象正在一步步成为现实，最新的凯迪拉克大量使用了 SUE 移动互联技术，它的人机会话系统就移植了 iPhone 的 siri。未来的汽车将拥有信息互动、影音娱乐、人机会话、自动驾驶、智能停泊等车联网功能。未来的某一天，你甚至可以像玩手机一样，用触摸屏驾驶汽车。

到 2013 年末，我国的 3G 用户已有 3 亿之多。当我们开始享受 3G 生活的时候，3G 人才也成了最抢手的人才。目前，最受欢迎的主要是嵌入式软件工程师、移动商务软件工程师、移动增值业务工程师、移动通讯软件工程师。作为国内领航的 3G 培训机构，安博中程正在大力培养国内的 3G 人才。他们组织的"我为 3G 狂"巡讲活动，先后走入了中央民族大学等全国数十所高校。

数字革命的下一个阶段将是更高速的网络发展。当很多人还没有搞明白

3G 是什么的时候，4G 已经向我们走来了。所谓 4G 网络就是现行 3G 网络的下一代通讯技术，它拥有更大的带宽，除了提供传统的语音通信，还可以提供更加高速的数据通信和视频通信，并提供基于语音数据的视频的各种服务。

2012 年 11 月初的一天，爱立信公司在瑞典进行了一个 LTE 测试：在萨博喷气式飞机上，时速 700 公里，连接互联网最大下行速度 19Mbps；时速 500 公里，两个无线基站间无缝切换。实验结果清晰地说明了 LTE，即 4G 所能带来的网络速度革命。

在过去的数十年里，移动无线技术经历了 4 次大的技术变革和更新换代：1G 技术中引入了蜂窝技术，使得大规模的移动无线通讯成为可能；2G 技术引入了数字通信取代原先的模拟技术，从而大大提高了无线通信的质量；3G 技术除了语音通信外，数据通信已是一个焦点，并出现了同时适用于语音和数据通信的汇聚网络（Converged Network）；随着移动无线的发展，4G 将面临更多杀手级应用的机遇和挑战。从 2G 到 3G，通讯技术的革命是主要的驱动力；从 3G 到 4G，其动力明显来自消费者对移动通讯的需求升级。

世界电信业几乎是跑步进入 4G 时代的，甚至连技术标准都没有确定就提前开始商用。2009 年下半年，美国和日本的运营商率先启动了大规模的 LTE 商用。2010 年 1 月 18 日，俄罗斯电信巨头 Vota 公司率先推出 4G 无线互联网服务。进入 2011 年，欧洲的主要国家也开始商用 LTE，中国和印度也加快了自己跟进的脚步。到了 2013，全球已有一百多个运营商开始运营 4G 网络。

2010 年 11 月 14 日，美国波音公司为美国移动通信运营巨头 LightSquared 发射了一颗代号为"空中大地 1 号"的高功率通信卫星。这标志着：美国的通讯即将迎来一场革命，成千上万的美国人将享受由新型卫星提供的第四代移动通信技术（4G）网络。这颗新型卫星拥有一座直径长达 22 米的天线反射器，能够处理各类复杂的通信信号，同时还能为众多无线数码通信设备，如手机、掌上电脑、上网本等提供更大的网络带宽。相对于 3G 网络，美国的 4G 网络所能提供的网速是过去的几十倍，而且其提供的超高速无线网络讯号将覆盖整个美国。有了"空中大地 1 号"，美国的移动通信运营商 LightSquaared 就能让所有的美国客户随时随地享受 4G-LTE 无线宽带。为了配合在太空运行的"空中大地 1 号"，美国还将在地面建造 4 座大型 4G 网络基站。这些地面网络基站将与"空中大地 1 号"共同组成美国首批天基 4G 网络系统。

从 2010 年开始，日本开始了大规模普及 4G 网络的时代。2011 年 1 月 25 日，韩国经济部宣称，国有的电子通信研究院已经成功地在实验室外试验 LTE-Advanced 系统。该技术符合 4G 移动通讯技术 95% 的要求。这个系统是全球首个 4G 网络系统。到了下半年，比利时也开通了首个移动通讯 4G 网络。2011 年 10 月，法国在其西部城市布雷斯特正式开通了该国第一个 4G 网络实验平台。

嗅觉灵敏的手机生产商为了抢占市场先机，纷纷推出 4G 概念的手机。比如美国的斯普林特通信公司及时推出了由中国台湾手机制造商宏达公司生产的"超音速"(Supersonic)4G 手机，并在全球数十个地区提供应用全球微波互联接入技术 (Wimax) 的 4G 网络服务，以此大幅度地增加了用户数量。

早在上海世博会期间，世博园的"TD-LTE 制式规模试验网"就率先采用了具有自主知识产权的我国的 4G 标准。准 4G 的三维实景技术结合 360 度图像采集、定位、处理、传输和播放等技术，以图片形式无缝拼接成影像，可以为游客全面还原真实世界的实景。这个演示网最具代表性的 4G 应用，就是远程控制世博园的视频监控系统，依靠 4G 高速网络，能够在北京轻松地控制上海世博园的监控画面，并且能够同时和对方的工作人员进行语音互动。中国移动通过这一演示网，在上海世博会期间举办了多次移动高清会议，进行了移动高清视频监控、移动高清视频点播和便携视传等演示业务。同时，高速上网卡、天线海宝等信息业务也让参观者得到了体验。

世博会后，这一试验网络的覆盖范围达到 500 平方公里，很快就实现了中心城区的基本覆盖。之后，在 2011 年 8 月举行的深圳大运会期间，因为运用了符合国际 4G 标准的 TD － LTE 无线通信技术，人们可以用手机等终端观看精彩赛事的高清画面。

2011 年 3 月上旬，中国移动启动了 TD-LTE 试验终端采购工作，并在下半年推出 TD-LTE 上网卡，上网峰值速度达到每秒上百兆。从 2012 年下半年开始，中移动全面启动了 4G 网络建设。在北京、上海、杭州、南京、广州、深圳、厦门、香港等城市加速建设 TD-LTE 规模试验网。2013 年 2 月，中移动在广州、深圳两地同步启动了最大规模的 4G 体验，实测结果表明，4G 的下载速度是 3G 的 10 倍。现两地中心区的 4G 网络覆盖已经达到 3G 覆盖水平。到 2013 年底，中移动建成了 20 万个 TD-LTE 网络的基站，从而形成覆盖我国 100 多个城市和 5 亿多人口的世界上最大的 4G 网络。中移动还计划在全球推动建成 27 个 TD-LTE 试验网，这将加速中国主导的"新一代宽带无线移动通讯网"走出国门，形成国际化产业链。2013 年 7 月 18 日，中国电信也在南京开通了其首个 4G 试验网。预计到 2014 年年底，我国的 4G 网络将基本覆盖有需求的地区；到 2016 年，我国的 4G 用户将达到 6000 万人，占到世界 4G 用户总数的 40%。

在中国的移动通讯领域，尤肖虎被称为"中国 4G 掌门人"。从 1992 年开始，他临危受命，带领自己的科研团队，连续攻克了三代移动通讯的难关。2012 年，尤肖虎团队完成的"宽带移动通信容量逼近传输技术及产业化应用"项目荣获国家技术发明一等奖。尤肖虎形象地比喻说："2G 是顺风耳，3G 是千里眼，4G 是一种真正的宽带技术，它让手机变成了一个移动的电脑。"

早在 20 世纪 90 年代，人们就开始讨论 3G 了，但到了 2008 年，2G 的流量还大于 3G，实际上，直到 2010 年 3G 才真正被大众所接受。目前，我国 3G 市场渐趋成熟，但不少专家以及通讯企业的掌门人，则将注意力放在了下一代通讯标准——4G（LTE）上。2010 年 10 月 13 日，国际电信联盟 4G 标准遴选工作会议在重庆举行。由我国电信企业自主研发的以 TD-LTE 网络为基础的标准草案，提交会议审议。TD-LTE 技术已经非常成熟，并且可以实现从 3G 到 4G 的平稳升级，受到很多国家电信运营商的青睐。欧洲的沃达丰、日本的 DoCoMo 和软银，美国的 Verizon 都计划采用 TD-LTE 搭建 4G 网络。

国际电信联盟确定的第四代移动通讯标准，包括美国主导的 WIMAX 和欧洲主导的 FDD- LTE。在 2G 时代，因为核心技术都是外国研制的，我国主要是引进消化，算是一个学习者；而到了 3G 时代，我们已经成为参与者，TD-SCDMA 成为 3G 的标准之一；伴随着 4G 的到来，我们已经成为领先者，在技术标准上，我国主导完成的 4G 标准 TD-LTE Advanced 成为业界耀眼的明星。2013 年年底，中国工信部正式向中国移动、中国电信和中国联通放发了 FDD-LTE 制式的 4G 牌照。路透社分析说，中国将很快进入 4G 时代，

4G 网络不仅会拉动中国的相关产业，还会在全球范围内掀起投资浪潮。

　　根据国际电信联盟公布的数据，在未来的 10 到 20 年内，有超过 120 家的电信运营商将建立 4G 网络，这一市场的规模将是 6000 亿美元。预计到 2015 年，全球将进入 4G 时代。移动互联网引发的是一种颠覆性的变革，也会成为业界增长的最主要的动力。4G 将促进 ICT（信息、通信和技术的融合）领域的变革，包括传统的通信、计算机、集成电路、软件等，这些领域都将呈现一个明显的网络化的趋势。

　　如果说，3G 是高速公路，那么，TD-LTE 就是磁浮列车，速度更快。当 4G 网络建成后，人们通过手机就可以参加 3D 远程视频会议，与朋友和家人进行视频聊天。一位体验者说："用 TD-LTE 网络下载一首 7M 大小的高品质歌曲用时不到 1 秒，下载一部大英百科全书不到 8 分钟，下载一部 40G 容量的蓝光 3D 影片也不到两小时。"在"蜗牛"变为"飞鸟"的 LTE 时代，网络视频、高速下载、车控导航，以及突发新闻的现场即摄即传式的直播等，都将变得平常起来，我们将生活在一个任何物品都被"智能化"了的"物联网"世界。

　　具体一点说，有了 4G 以后，新闻媒体可以利用"即摄即传"技术将新闻现场发生的事在第一时间传播出去；手游将突破网速的瓶颈，会有更好的画质和音效；公共汽车上可以安装摄像头，操作室可以实时监控；人们可以把手机与信用卡绑定，出门时可以刷手机消费；坐在车上、走在路上，都可以随时上网，还可以用手机进行视频聊天，参与视频会议……有人甚至预言，在 4G 时代，手机，或是平板手机将可能取代电脑。

　　4G 网络的快速建设，正在掀起新一轮手机的更换潮。在北京的中关村，一些展示 4G 概念的手机卖场已经出现了。他们提供手机销售、零配件销售、信息服务和售后服务。一家店里，分了品牌体验、功能演示和信息下载以及产品增值服务等四个功能区。其中包括手机美容、手机保养等服务项目。2013 年 1 月 10 日至 13 日，一年一度的 CES 大会在美国的拉斯维加斯召开。在这个世界上影响最大的消费类电子技术年展上，来自三星、HTC、索尼的多款 4G 手机亮相。这些 4G 智能手机能为用户提供更好的视觉、声音、速度与游戏的体验。三星的 4G 手机配备了 5.3 英寸的超大屏幕，效果可以和平板电脑相媲美。中国移动也和美国苹果公司"联姻"，在 2014 年初推出了面向移动用户的苹果手机。

美国的斯科特·施奈德在讨论"4G 革命"的专著中认为：4G 已经到来，人们面临的最大问题是，如何通过 4G 创造出一个庞大的无线生态系统。在中国，业界普遍认为，2014 年将会是 4G 手机的"元年"，经过上半年的培育，下半年也许会迎来井喷期。顺利的话，有可能实现"4G 三部曲"：推出高性能的 4G 手机——推出更好玩更有用的手机应用——初步形成互联网化的产业链。在 4G 时代，智能手机可以做到事情比电脑还要多。在中国的移动电子商务领域，马年或许会迎来"二马"（阿里巴巴的马云和腾讯的马化腾）的大决战。

正在风靡全球的 4G 技术，不仅可以提供更好更快更便捷的高速无线上网环境，还会进一步开拓移动互联网业务，极大地推动移动生产办公、移动交通物流、智慧城市与家庭等信息化服务，进而催生出更多的业务形态和服务模式。从社会发展的视角来看，不断更新的移动通讯技术，正在给人们带来真正的沟通自由，并将彻底改变人们的生活方式乃至社会形态。

我国正在强化对具有战略意义的高新技术的前瞻部署，将力攻第五代移动通讯技术。我国工信部业已成立了一个研发小组，其目标是——5G 技术和网络。实际上，欧盟在 2012 年 11 月就宣布启动了名为 METLS（构建 2020 年信息社会的无线移动通讯关键技术）的研发项目，其目标是为建立 5G 移动和无线通讯系统奠定基础。2014 年春，在汉诺威举行的消费电子、信息及通信博览会上，英国首相卡梅伦和德国总理默克尔宣布：英德两国将联手研发 5G 网络，目的是适应"一个快进状态的世界"，"并在未来的伟大创意上居于领先地位"。

5G 到底是什么呢？三星宣布的 5G 技术是一种采用毫米波的传输技术；但欧盟 METLS 项目的负责人认为，5G 不仅要解决传输速度的问题，也不是几个全新的无线接入技术，而是要变"以技术为中心"为"以体验为中心"，就是要通过集成多种无线接入技术，提供极限体验来满足不同的需求。国际上一般认同这样的说法：4G 主要解决了视频技术问题，5G 要提供更为真实的虚拟体验。5G 将与其他无线移动通信技术密切结合，构造新一代无所不在的移动信息网络，满足未来 10 年移动互联网流量增加 1000 倍的发展需求。简言之，5G 旨在实现人与人、人与物以及物与物之间高速、安全和自由的联通，它是一个广带化、智能化、绿色节能的真正意义上的融合网络。5G 带来的网速将是令人诧异的，用它下载一部高画质（HD）的电影 1 秒便可搞定。毫无疑问，"移动智能终端＋宽带＋云"这样一个平台，将成为整个社会和各行各业赖以运转的基础。

哦，到了 2020 年，在 5G 网络中，我们的手机宝贝又会有什么新本领呢？啊，这世界变化得好快呀！

编织在一起的网和笼罩未来的云

从三网合一到物联网，再到云计算、云网络，数字时代的生活可谓精彩纷呈。

一位互联网公司的掌门人这样描述三网融合后的惬意生活：盛夏时节，你带着手机去买西瓜，先把西瓜放在地上，用手拍打几下，手机立刻就会给这个西瓜打分，告诉你这个西瓜是否熟了？瓤口怎么样？你可以用手机给挑好的西瓜拍张照片,发给正在家中等待的朋友,电视屏幕上就会出现这个西瓜,让朋友们评价一番。

有一次，我问一个朋友："什么是移动互联网？"他毫不思索地回答："就是用手机上网呗！"他说得也没有错，但属于狭义上的理解。实际上，移动互联网从一网融合到二网融合，再到三网、N 网融合，其发展路径越来越宽广了。所谓一网融合，指的是通信网络内部固定网络与移动网络的融合；二网融合指的是移动网络与互联网的融合；三网融合指的是通信网、互联网、有线电视网三大网络通过技术改造，为用户提供包括语音、数据、图像和广播电视等综合多媒体信息的全方位服务。三网、N 网的大融合，就是正在发展中的广义的移动互联网。

对老百姓而言，三网融合就是用一根线可以做三件事情：打电话、上网、看电视，而且这三件事可以由一个屏幕完成。智能手机可以看电视、上网，电视机可以上网、打电话，家电也可以用手机或电脑实现远程控制。三网融合后，多个信息传输管道的融汇，可以让你足不出户，就可以享受到诸如麦乐迪、钱柜等专业级的 KTV 服务，坐在沙发上与亲朋好友 K 歌；当然，你出门在外，也可以通过随身携带的移动终端上网看电视。三网融合还意味着三屏融合、三屏互动。2012 年 3 月，三星提出了一个概念："打破界限"。就是希望通过建立智能手机、电视、平板电脑等终端的互联互通，实现跨平台融合。如果建立起了这样的跨界融合的新生态圈，下班路上你在手机上还没有看完的视频内容，回到家里你可以在用电视机继续看。在物联网、云计算的大背景下，三屏互动的情景已经出现在我们的日常生活中：你可以一边看电视节目，一边发微博，还可以同远隔千里的好友进行视频通话；电视机也可以像电脑一样依照需要安装各种功能的软件，你可以很轻松地将电视节目转移到智能手机上。好多视频内容，都可以横跨电脑、手机、电视和 PAD（平板电脑）。远程医疗、远程教育都可以借助三网融合进行实时诊断与交流。小米公司的米联技术展示了手机生态链的雏形：通过"小米盒子"，小米手机可以与其他移动终端联系在一起，实现内容的共享与互动，并在高清电视屏幕上展现出来，由小屏变为大屏。在多屏融合的新模式下，手机、电脑、平板电脑、平板手机、电视，甚至还包括手表、眼镜等可以实现相互通联，由此也缝合了过去屏与屏之间的信息空白。

这是一场真正的"宽带革命"，它带来的将是无处不在的信息生活。三网融合为新媒体产业创造了新的空间，并将促进文化创意产业、信息内容产业、信息服务业和其他现代服务业的快速发展,任何一个行业都会从中受益。目前，全球电子信息技术发展迅速，尤其是在无线技术、三网融合等技术的推动下，电子设备间跨界融合的趋势愈发明显了。同时电子制造业、电子服务业、数字产业等也在加紧整合，这不仅拓宽了原先的产业创新边界，也不断孕育出新的产业，如互联网电视、手机电视等……

放眼未来，三网融合还会变成四网融合，就是把电网也融合进去。网络的融合将极大地促进个人互联终端的融合及多功能化。现在已经出现了包括手机、电视、台式电脑、笔记本电脑、平板电脑在内的终端产品。一机多能正在成为现实，只用一部手机就可以遥控电视机、洗衣机、空调、固定电话、冰箱。这一切都建立在"云计算"的基础之上。苹果手机搭载的全新 iOS5 操作系统，不仅为它带来数百项新的功能，还整合了 iCloud 云服务平台，用户可以通过互联网将自己的各类信息保存到服务器端，所有的 iOS5 设备都可以共享这些信息。国内的联想公司正在实施"四屏策略"，就是以"个人云"服务为基础，实现智能手机、智能电视、平板电脑和轻薄笔记本电脑之间的互联互通，并享有全面的社交网络支持。

　　凯文·凯利是一位了不起的科学预言家，人们叫他"神怪 KK"。在它主办的杂志上，提出了许多充满灵性的趋势性概念，像云计算、物联网、敏捷开发等。他的专著，从《失控》《技术元素》到《科技想要什么》，都把科学领域的技术问题置身于更漫长的人类进化历史和思维哲学的进程之中，通过重视生命的历史来理解机械的未来走向。他预测到，航天飞船、视频电话，都是不可避免的。他认为，随着云计算的普及，电脑、手机都会连接到云端。政治家们都在讨论全球一体化，而云中的生活会让世界各个角落的人都可以共享世界文化，一起讨论同一场足球比赛和同一部电影。

　　全球性的"科技元素"正在重新塑造世界，云计算就是一个活跃的元素。早在上世纪 60 年代，约翰·麦卡锡就提出以公用事业提供水电的方式来向用户提供计算能力。之后的大规模分布式计算、虚拟化技术、Saas 应用软件等等，无一不是朝着云计算的方向迈进的。

　　云计算是一种基于因特网的超级计算模式，代表下一代的因特网计算和数据中心，有望成为继大型计算机、个人计算机、互联网之后的第四次 IT 产业革命。云计算就是云端计算，它有两个重要特征：一个是"端"，就是各种具有上网功能的智能手机、平板电脑等终端；另一个是"云"，就是通过网络把资料信息储存在大型服务器中，而不必留在自己持有的终端里。比如，你可以把过去需要下载并拷贝的音乐储存在云端，想听的时候就用智能手机来播放。真的是，此曲虽从天上来，随时随地可以听。预计到 2020 年，全球会有 80 亿部移动电话，连接到网络的部件将达到 500 亿个。随着社交网络的逐渐成熟、移动带宽的迅速提升、更多的传感设备和移动终端不断接入网络，由此产生的数据及其增长速度都是前所未有的，移动互联网已经进入"大数据"时代。

　　专家指出，云计算和互联网的移动化是未来的发展方向。云技术彻底改变了手机，使其从一个通讯工具变成了连接网络世界的手持设备。比如，当你购物时，你只需按下手机的一个键，手机摄像头就会变成一个条码扫描器；你对准你想要购买的商品扫一下，手机就会告诉你这个商品的相关信息；它还会通过谷歌地图，指引你去一家价格最便宜的商店去购货。对手机一族来说，"云"就是一个"仓库"，需要什么就去提取什么。由于云技术的发展，对终端的要求大大降低了，你只要有一部智能手机，就可以做过去电脑才能做到的事情。云计算让你的手机变得神奇起来，你可以随时随地随身地进行高性能的计算；手机用户也将自己的信息储存在云里，什么时候想提取都极为便利。现在，国内互联网的三巨头百度、阿里巴巴、腾讯先后开放了自己的云平台。腾讯在开放云平台后表示："我们自己一棵棵种树的时代已经过去，我们要提供的是空气和水。"有了这样的"空气和水"，借助云计算、云应用和云平台，手机终端"这一棵棵树"将最大限度地释放出自己的潜力，让互联网扎到自己的树根上，进而呈现出根深叶茂的繁荣景象。毫无疑问，用不了多久，集成移动云服务的新型移动智能终端将会普及开来。

2011 年 6 月 6 日，在旧金山举行的苹果全球开发者大会上，乔布斯发布了应用于苹果产品的下一代操作系统以及全新的云储存服务 iCloud。在用户对使用苹果 iOS 系统的移动设备进行充电时，系统会自动将用户的文档、购买的音乐、应用程序、照相簿和系统设置等进行云端备份，再自动推送到用户的所有设备，用户在苹果的智能手机、平板电脑和台式机上都可以同步获得这些内容。

随着云时代的到来，朵朵白云已经落地。云其实无处不在，Gmail、黑莓手机，还有正在流行的 iPad，本身就是云技术的典型应用。从技术上看，云是个人终端能力与网络系统能力充分结合的产物。在观念上，它是 PC 时代的个人主义和互联网时代集体主义的有效结合。进入云时代，机器的力量与人的智能将充分融合。云计算将会使每一个终端像书本一样便宜，并拥有一台超级计算机的能力，因为背后有宽带支持的超级云为你服务。不管是个人电脑还是智能手机，只要能上网，就可以变成超级计算机。

当云技术应用在手机终端时，就出现了所谓的"云手机"。E 云手机是根据上海电信云技术研究需求以及世博的实际应用场景，针对世博信息服务，以预装云技术客户端软件的方式向用户提供的定制手机。在 e 云手机内置的"云宝盒"客户端上就部署了包括新浪爱问、世博信息搜索、腾讯社区、天地数码动漫、湘财证券、上游棋牌、e 云储存等 7 类应用。E 云储存是 e 云手机的一个特点，通过 e 云储存，用户可以边拍边传，不必担心容量不够的问题了。所有手机内的照片、影像以及录制的音乐，都可以通过手机备份到网络硬盘中，需要的时候通过手机下载就行了。这就相当于随身携带了一个移动硬盘，通过 3G 网络，用户下载什么也非常迅捷方便。在世博之后，e 云手机继续为用户提供移动互联网内容与应用。充分发挥云计算的技术特点，用户无须进行下载安装等复杂的操作，便可通过手机上网实现远端的各项应用的增减与配置，使得 e 云手机对用户办公、生活、娱乐的信息服务延伸到后博时代。2011 年夏天，"阿里云"手机面世了。这款手机的操作系统为"云智能 OC"，共集成了 13 款云应用。凭借这些云手机，我们就可以惬意地进行"云中漫步"，享受"云服务"：如果你迷路了？好办。打开手机的 GPS，按一个键就可以迅速找到目的地、地图和路况信息，这些都不需要装在用户的手机里，因为它们就躺在服务提供商的"云"里。凭借"音乐云"的服务，用户可以将储存在云端的音乐，下载到手机等多种设备上进行播放分享，无须再用 U 盘拷来拷去的费时费力了……

怀揣已经在云上的手机，《新周刊》的记者于青这样畅想未来："探测器、医学检测仪、钱包、密保与安全等一些 App，将会出现在我们的手机终端上，并将把带宽推到一个我们无法想象的高度。同时云就可以化身为公司、政府、个人、移动生活，等等。云被机器和人共同使用，分散在社区、人群以及各种群组之中，而在这其中永远不变的背景就是终端与网络的通信……另外，通过云，对诸如汽车与运输托盘、各种商品与其成分之间建立起物对物交流系统，也将一路延伸到每一个人每一天必须消费的商品——小到一罐烘豆，或者一盒烤玉米片……"

"中国云"的国家规划正在浮出水面。作为试点，北京、上海、深圳、杭州和无锡，已经展开云计算的创新发展的示范工作。北京有"祥云"工程，上海有"云海计划"，深圳建立了"云计算国际联合实验室"，无锡启用了"中国物联网云计算中心"，广州有"天云计划"，重庆在建设"云计算试验区"……中国已经初步形成以环渤海、长三角、珠三角为核心，成渝、东北等重点区域快速发展的基本空间格局。云技术抹平了过去由大型硬件设施将信息领域分而治之的局面，应用程序也打破了长期以来运营商对无线增值业务发展的掣肘。

作为网络文化的观察者和发言人，凯文·凯利曾这样阐述其"一台机器"的概念："我说的这一台机器，就是遍布世界的可以上网的 20 多亿台个人电脑，40 多亿部手机，还有所有的数据服务器。这些东西通过线路和无线电连接起来，构成了一个庞大的虚拟机器。有人称它为'云'，有人称它为'Wed 3.0'，还有人把它看成是人类的'外脑'。不管叫什么，它对我们的社会和经济，都变得越来越重要了。在现代生活中，我们再也离不开它了。"他认为，当全球 60 亿人都有一部智能手机时，这个世界就会完全改变了，变成了一个数据的海洋。在滚滚而来的数据流里，就连每一个生命的点点滴滴都会被记录下来。例如，每一个人的血压、脉搏的数据，都会成为海洋中的一簇簇浪花。

他在继续思考互联网的未来："至于未来，我们会置身于云环境之中：到那个时候，你不必提着笔记本电脑跑来跑去，也没有必要出门时在口袋里装上一部手机了。因为我们不再需要物理层的东西来连接网络，你只要进入云环境，这些东西就知道你是谁？电视会认识你，还知道你喜欢看什么节目；电话机也认识你，还知道你喜欢和谁通话。"

毫无疑问，互联网、云计算和智能手机等各种移动终端，必将成为未来社会的主角。美国思科系统公司预计，到 2020 年，世界上将有 1/3 的信息在云中保存和传输，地球人人均的连接设备将超过 6 个。IBM 的超级计算机系统沃森（Watson）已经可以战胜人类的智慧，它能够猜中甚至学会人类语言中的反讽。云计算只需要一个小小的芯片，便能让所有的机器设备具备智慧。

在云时代，旧时弱肉强食的"丛林法则"被新的"天空法则"所代替。这个法则的意思是：地球人统统生活在同一个天空下，但生存的维度并不完全重合，飞得高的老鹰有它的天空，飞得低的麻雀也有属于自己的天空。能否成功？取决于每一个人发现需求和分享资源的能力。云战略、云计算、云储存、云服务、云应用、云终端……不知不觉间，我们就会变成腾云驾雾的孙悟空了。

但也有人担忧，当整个云技术系统膨胀成为网络世界的恐龙时，这个庞然大物会不会获得连比尔·盖茨想都不敢想的无上权利？会不会控制我们每一个人的工作和生活方式，并掌握所有人的私密信息？更让人担忧的是，如果发生重大自然灾害或遭受大规模的恐怖袭击，我们的"云端"是否能安然无恙？人类千辛万苦积累下来的信息财富会不会毁于一旦？

应该说，人类正在构筑的信息网络还远远称不上完善。在 2013 年春天的一天，在柏林召开的数字经济大会上，当英国的科学家沃尔弗拉姆正在演示其自创的搜索引擎时，会场上的网络连接突然中断了。参加大会的 1500 名代表敏锐地意识到：不够稳定的网络联系，好像折了翅膀的鸟，它是飞不远的，也是险象环生的。未来，依然充满变数。

游走在虚实之间，有点囧

美国《华盛顿邮报》报道说：杰伊·费拉里蹲在浴缸旁边的梯凳上，浴缸里正在放水，4 岁的女儿坐在里面。突然，他想到一个用 iPhone 跟邻居下棋的好开局，便痴迷其中。"我的脚为什么感觉湿了呢？"他低头一看，自己的脚浸在水里了。扭头一看，女儿正兴高采烈地享受着第一次"海啸"。他很镇静，一只手继续下棋，另一只手关掉水龙头。但他本人和妻子都意识到了这个时刻的荒谬。"老兄"，他告诉自己，"好像有点囧，你干什么呐？"费拉里当时身处华盛顿西北部马诺帕克的家里，但他的妻子可能会说，他实际生活在数字世界里。

你不能假设，我们永远有话告诉别人，我们总有沉默和孤单的时候。餐馆为什么总在播放背景音乐？因为少了音乐就会出现死寂。也是同样的道理，智能手机可以帮助人们补充沉默的空白。数字生活让我们兴奋，甚至亢奋。像费拉里这样的人很多：在看女儿独舞表演时，父亲的注意力却集中在 Twitter 上，和别人进行着激烈的辩论；一帮女人在购物中心闲逛，一个女士却在 Facebook 上讲俏皮话；一个男人在和女友约会，却忙着在美国最大的点评网站 Yelp 上修改自己的鱼肉炸玉米卷；当你驾车时，本该注视前方，你却低头看着自己的手机屏……我们很容易发现，在大街上、地铁里、公园、图书馆、饭馆、会议室……都有人通过手机上线。我们的躯体在这里，而精神却飞到了别的地方，作为一段段信息，在手机信号发射塔之间嗖嗖地飞来飞去。

在不远的未来，手机会是一把钥匙，为人们开启数字世界的大门；它还是一个遥控器，就像乐队指挥手里的指挥棒，指挥人们拥有的所有智能设施。比如你可以用苹果手机遥控无线 HIFI 音响系统，随心所欲地享受你所喜爱的音乐。可以预料，每个人在任何时间、任何地点都会至少带着一部手机，人们使用手机的时间甚至比陪伴家人的时间还要多。

灾难预言家一直在预言：技术进步将把我们变成缩在数字茧里，不敢进入真实世界的宅男宅女。但他们没有预见到 App Store，iPhone 用户已经下载了数十亿条应用程序。时至 2013 年，各种移动设备下载的应用程序达到 70 亿条之多。真的不可思议，地球村有多少人，下载量就有多少。而且，手机应用的下载量比人口的增长还要快得多，这是一个不可抗拒的新潮流。

人类的大脑是宇宙中最强大最复杂的东西，随着意念控制和人机互动的技术日臻成熟，人类的生活将发生革命性的变化。从目前的科技水平看，意念控制主要是用于玩游戏，在多如牛毛的应用程序中，游戏类的高居榜首，然后是音乐、娱乐。但它的潜力是无穷无尽的，可用于放松和训练大脑、参与娱乐游戏和社交网站的活动，帮助人们更好地运动，甚至改善睡眠状态。

或许有人会问：未来的智能手机会像人一样聪明吗？说到底，人类可以期待发现越来越多的智能机器，但机器却无法代替人类。举一个例子，科学家有能力赋予智能手机翻译的功能，但它的作用依然有限。因为人在说话时，脑袋里实际上有一张社会、文化、环境、传统等构成的"文化地图"，并反映到语气、姿势和表情上来。这一特长，智能手机是难以模仿的。

一位俄罗斯的工程师说：我和妻子有了第一个宝宝以后，就一直用手机来记录他的成长过程。从孩子呱呱坠地时的第一声啼哭到牙牙学语，从襁褓中"小老头"的形象到唱童谣时的笑颜，从坐起来、爬行到学步，全都是用手机录音录像，并制作成"宝宝视频"到微博里与亲友分享。美国人迈克尔·内桑森观察了手机对小孩的影响，他的孩子 6 个月的时候就喜欢玩手机，9 个月时会用小手为 iPhone 解锁，一岁时已经意识到手机可以为他拍照并主动摆好姿势，18 个月时就会通过视频聊天问候远方的爷爷奶奶。在这种近距离的耳濡目染中，这一代的孩子已经将手机当成了玩具，这些孩子也因此成为"电子娃娃""小屏奴"……

小小的手机，成了我们形影不离的伴侣。当你早晨吻别妻子去上班的时候，口袋里却揣着一部手机。有人说："10 年前做梦都想有手机；10 年后做梦都想扔手机。但谁又能真的离开手机、没有手机的日子不是日子。"詹姆斯是一个美国小伙子，他不止一次地扔过手机，可总是一扔出去就捡回来。当然，他持有的是一部不怕摔的手机，外壳是用橡胶制作的。

有人这样描述中国"手机控"的生活：清晨，从睡梦中醒来，首先想到的是打开手机，看一看微博，检查一下私信，接着浏览手机报的新闻。挤上地铁以后，立刻开始玩起了《水果忍者》的游戏。在上班的时间，也不时利用手机联系用户，一会儿发短信，一会进行视频通话，还抽空看看股市的走势。中午，一边看着韩剧《来自星星的我》，一边吃着盒饭，还用微信的"摇一摇"，看附近有什么朋友，然后抓紧时间读微小说。下午不太忙，就通过手机购物软件，去浏览网上花花绿绿的商品，还把中意的商品照片传给朋友看。在回家的路上，照例是玩游戏，只不过换了《植物大战僵尸》。回到家，有了电视和电脑，暂且冷落了手机，但一躺到床上，还是忍不住拿起手机，和异性朋友你一条我一条地来回发短信，直到困得迷迷糊糊的，才扔下手机睡觉。有人发微博调侃："百年前躺着吸鸦片，百年后躺着玩手机……"躺着"吸鸦片"和"玩手机"不仅姿态相似，也都是上瘾的表现哦！

阿凌是一个 IT 工程师，他在乘坐地铁时，发现年轻人大多数是低着头一门心思地摆弄手机。这些人，就是所谓的"低头族"。阿凌说："前几年，地铁车厢里最时髦的是敲击放在大腿上的笔记本电脑，后来是两耳塞着耳麦听音乐；眼下最时髦的又是玩智能手机啦。"

羽小然是一个房产策划人，他说，在无比拥挤的公交路上，幸好有手机忠诚陪伴，"手掌握住机身，手机灵活触动，可与各路朋友天高海阔指点江山，可登录微博抒发脑中万丈豪情，可下载电子书穿越万水千山浏览古今中外……"

会计师晓果的感受是："回到家准备给包包'减负'，第一要保留的物品，不是钱包，也不是钥匙，而是——手机。只要有手机，就能在第一时间找到送钱包和钥匙的人。什么最重要？当然是与外界的联系，让你不至于成为茫茫人海中的孤岛。"晓果感慨道，"手机，真是这个世界了不起的发明！"

确实，对很多人来说，手机成了须臾不可分离的"宝贝"，有一个正在谈恋爱的年轻人甚至这样说："我可以几天不见女朋友，但是不能一天不见手机。"一个在外企工作的小伙子说："清晨，是手机铃声将我从梦中唤醒，醒来后第一眼就看手机有没有未接电话和没有看的信息，然后一整天手机都不离身，只要有点空闲，我就拿起手机，要么更新微博，要么收发短信，要么上网浏览，要么打打游戏，直到入眠前，手里一直拿着手机。"连小学生也是这样，不少人上学时必带的三样东西是：房门钥匙、校园卡和手机。

人们不禁要问：是我们拥有了手机，还是手机"绑架"了我们。

说到"绑架"，马伯庸就写过一篇叫作《微博绑匪》的文章，说他有一个朋友，"本来是一个亲切和善的人，说话慢条斯理。可最近一年多来，她整个人变了，变得很焦躁，说话急吼吼的，一点耐心也没有"。原来马伯庸的这位朋友在装了手机客户端以后，她的生活"已经快被微博给绑架了"，等车时她"捧着手机不停地刷刷刷"，就餐时"拿着手机拍拍拍然后发发发"，看到"微博最新的段子哈哈哈"……我也有一个朋友，他有一部新浪微博手机，即使退出了应用软件，系统仍然会在后台自动运行微博软件，一旦有人转发、评论他的博文，或者系统有什么消息，手机就会不断发出提示音或震动起来。这样的手机真可谓"微博绑匪"，其"永远在线"的"执着"，让你时时神不守舍。

微信是一个新"绑匪"，有打油诗为证："商女不知亡国恨，一天到晚玩微信；夜夜思君不见君，原来君在玩微信；亲朋好友如想问，就说我在玩微信；垂死病中惊坐起，今天还没玩微信；人生自古谁无死，来世接着玩微信……"

是的，手机常常让我们神不守舍，甚至有点神经兮兮的。有人形象地描述了这种状态："一次我和老爸打手机，脑袋一热开始找手机，翻遍了所有的衣袋也没找到，于是瞬间石化（发呆状）。稍醒悟时沮丧地对老爸说，手机好像给偷了。我爸在那头也急得要命，问我怎么丢的，在哪儿丢的，说得我都要哭了。我急老爸也急，老爸就说回家再说吧……挂断那一刻，我发涨的脑袋冷静了，原来手机就攥在手里呢。回家一看，老爸还坐在那里干着急，手里还攥着他那部老手机……"

在移动互联网时代，许多人也许是"被移动"的，很晚才用上手机，而且只使用其基本功能，像打个电话、发个短信什么的。但不久就产生了手机依赖症，手机变成了形影不离的东西。可人们对这个离不开的玩意儿，那是又爱又恨，它在带给你方便的时候也会为你带来麻烦，你收到的短信越来越多的成了垃圾短信。但无论如何，那句广告语没错——移动改变了我们的生活。

《淄博晚报》上刊登过蒋方舟写的一篇文章，标题是《移不动引发的一连串惨案》。他说自己上初中时因为缺钱，一直没有买手机。朋友问他："你怎么连手机都没有？"他称自己是一个卢德主义者。卢德是一个纺织工人，在工业革命来临时，为了反抗机器而捣毁了纺织机。蒋方舟上高中之后，终于有了第一部手机，很快他发现，即使身处地狱，有了手机，日子也变得好过一点了。通过手机短信，他可以在围城般的校园里获知同学的绯闻、试题答案、参加电台的 K 歌节目，深夜还会收到短信："我是苦闷而迷茫的高中生，只想找人说说话。"但即使如此，蒋方舟还是有意降低对手机的依赖程度，"目的是为了保证自己残留些许的生存能力——少了手机我仍然能活下去"。可后来发生的事让他感到，没了手机生活也移不动了。他丢了手机，10 分钟后去火车站接一队没有见过面的同学，还要安排他们的食宿，次日还要去外地采访，可没了手机怎么联系？这使他感到："生活就被猝不及防地按下了暂停键"，"手机就是我的身份，没有了它，我既无法证明我是我，也无法实现我是我。我只是一个在公共场合哭到打嗝的没有名字也没有目的地的人"。更不堪的是，丢失手机引发了一连串的惨案，他丧失了许多工作机会，扼杀了一些暧昧关系，借用母亲的手机又引起了身份错乱。他总结道，"移不动的生活是悲惨的"。

一个远离家乡的游子说，他从大学毕业后就一直在外地工作。过去和在农村的父母联系很不容易。有一次，电话打到村委会，他的母亲急忙从家里往过跑，匆忙中跌了一跤，还崴了脚，这让他后悔不已。现在好了，有了手机，随时可以相互问候。最近，他送给老人一部有可视通话功能的老年手机，将 1、2、3 三个很大的键分别设定为他和媳妇以及孩子的手机号码，老人想找谁，按一个键就妥了。

现在，我们带着手机行走，带着手机工作和谈恋爱，带着手机吃饭和睡觉。移动性是否已经成为人类生活的常态？在我们曾经有过的生活场景中，在人与物的关系上，还有什么比手机更亲昵呢？想想吧，钢笔、手绢、打火机，还有钥匙和钱包，还有……不论什么，我们即使随时带着它，也不会带着它上床睡觉。唯有手机，它总是与你形影不离。2012 年的一项社会调查结果显示，有 27% 的中国受访者说若要做出选择的话，宁愿放弃性爱也不愿意放弃手机。而在似乎看重情色的日本人那里，这个比例竟然接近半数。苍井空的经纪人在微博上"吐槽"，说苍井空"除了工作，剩下的时间都在玩游戏，"还请求道，"可不可以陪我聊会儿天嘛。"欧美也一样，林恩是《花花公子》的封面女郎，也是一个"重度推特成瘾"者。她意外死在浴缸时，手里还拿着一部手机呢，真可谓玩手机至死的典型人物。

　　克莱·舍基在《未来是湿的》一书中指出，互联网和新的技术革命打造了一个"分享的世界"，人人都可以获得"分享"带来的"红利"。网络不再是精英群体的专利，它像水、电、液化气一样，变成了人人可用的日常用品。几乎所有的人都在使用电脑和智能手机，上网越来越容易，工作也越来越方便，现实生活和虚拟空间的边界也越来越模糊。韩寒在《碎片》一文中写道："我买了两个手机，装了两个号码，生怕错过一个电话，结果错过了更多电话。我装了卫星电话……结果发现自己很久没有抬头看那些繁星。"我们谁也说不清楚：自己是在现实中还是在虚拟的世界里？

　　于是人们在虚与实之间游走，在移动和移不动中徘徊，常常被搞得神魂颠倒。一位研究睡眠的专家说，越来越多的人在熟睡中使用手机并发送短信，但醒来时却不记得这回事啦。

　　林宥嘉在《慢一点》中发出了这样的感慨："梦如果上网下载，就能实现；爱如果按下按键，就永远。是很方便，但这样，会不会太可怜。要这么随便，把人生，弄得像一碗泡面。"感慨归感慨，我们已经被罩在网里。有人提出了这样一个问题：假如我们离开了手机，生活将会怎样？没有了手机，我们会成为孤岛中的野人吗？

　　"手机微时代"大大地改变了大学校园的生活。在吉林大学，学生们研发的"微信"平台具有四大功能：早起签到、一分钟讲堂、正能量站和空教室查询。现在的大学生们，谈情说爱用 QQ，找工作上微信看信息，干什么都要拿出手机"动动手指"。于是乎，有些人腻烦了！不久前，在湖北长江大学的校园里，同寝室的 4 位男生一起关掉电脑和手机，不刷微博，不玩微信，不打电话，过了一周的"断网"生活。他们当然不会真的离开手机与网络，只是考验了一下自我约束的能力。假如真的没有了手机，我们将会失去便捷的生活，我们再也不能随时随地地倾听亲友的声音，也不能随时随地地看到世界各地丰富多彩的生活了。

　　不过，在世界的一些角落，真的有手机的"禁地"。在去往九寨沟的路上，有一家名为"山菜王"的餐馆，餐馆内墙上写着一首打油诗："花衣裳，红脸庞；青稞酒，山寨王。羌寨是我家，永不接电话。"在美国东北部的佛蒙特州山区，有一群不联网的人，如果你想打电话，只能去一个种土豆和养骆驼的交汇点，那是大山里唯一有手机信号的地方。更绝的是在美国西北部的蒙大拿温泉镇，连手机信号也没有。有的居民也有手机，但必须跑到至少 15 英里之外的地方才能使用。但在移动与被移动的时代，居民们也产生了矛盾，他们面对的一个问题是：我们要不要建立一座手机信号发射塔？温泉镇有 544 位居民，现在看来，支持建塔的人越来越多了。

在现代社会里，消费者被铺天盖地的资讯所包围，当他们置身于商场这种喧嚣的环境时，更希望得到哪怕是片刻的宁静。于是，伦敦著名的百货商店 Selfridges 开展了"拒绝喧嚣"（No Noise）活动，在商场内设立了"寂静屋"，顾客须放下手机等电子产品才可入内。意大利也在火车上设立了"寂静车厢"，进入其内的乘客必须将手机关闭或设置为静音状态；但不少人只待了一会儿就焦急起来，想着自己的手机是不是有未接来电和重要的短信。

蔡雨艳在《天下的妈妈都是矛盾的》一文中，以一个母亲对儿子的口吻，表达出了人们对手机欲舍难舍的心态："当你上高中时，我给你买了手机，告诉你上课时千万不要开手机，怕你的心都放在手机上，怕你只顾玩游戏而耽误学习。可是，如果联系不上你，我更怕会发生什么不好的事情。所以，我又告诉你，下课后别忘了开机。"西班牙人贾妮尔·霍夫曼，是一个有 5 个孩子的母亲。她有着与蔡雨艳一样的担心，所以在给 13 岁的大儿子买了一部苹果手机时，还附带约法 18 章，并告诫儿子说，"要学会过不用手机的生活"。

一个美国记者说："我 77 岁的老母亲用 iPhone 写起邮件来毫不费力，但她还是会问我：'我的电子邮件地址在电脑上能用吗？'"显然，步履蹒跚的老年人也想跟上数码时代的步伐。日本 65 岁以上的老人将近 1/4，为了让老年人适应数字生活，日本最大的移动电话公司使用富士通开发的技术，推出了不同版本的老年智能手机。日本有不少老年学习团队，他们人老心不老，积极地探索着新奇的虚拟世界。

不管怎么说，怎么想，我们已经离不开手机了。不经意间，我们的生活变成了移动的生活，移动通讯、移动读书、移动写作、移动教学、移动社交、移动试验、移动娱乐、移动会议、移动办公、移动交易，甚至在移动中做家务。借助神奇的技术，数字信息已经成为现实空间位置的直接映射，虚拟空间则随着现实空间的变化而适时转换，二者如影相随，其边界变得越来越模糊了。人类未来的生活，就是游走于虚与实之间的生活，或者说是一种似虚亦真、似实亦幻的生活。

手机的演进还在继续，它还会为我们带来更多的惊喜或者忧虑。如今，全息 3D 影像技术可以让一个已故艺术家在舞台上"复活"。科学家说，在移动网络世界，人的生存状态时刻被监视着、记录着、拷贝着，并以数字化的形态获得永生。依靠这些数据，很容易寻觅到一个人的生活踪迹，甚至思想轨迹，并进而实现数字人格的复活。

爽！从你创造到我创造

自打人类学会制造工具之后，出现了难以计数的各式工具。三百六十行，行行都有自己的工具；但只有手机称得上是"工具之王"，因为它是一个跨行业使用的万能工具。手机是迄今为止最摩登也是最为普及的一个工具，甚至有人预言，手机是人类最后一个普及性的工具。

智能手机与移动互联网，正在深刻地改变着人类生活甚至人本身。移动互联网时代也是一个"个体时代"，借助智能手机等移动终端，每个人都变成了自信满满的创造者。学者谢天勇撰文指出："从信息传播者角度来看，手机将传统大众媒体垄断的传播权还给了独立自主的社会个体，开启了全民媒体化时代；从信息接受者角度来看，手机把同质化的受众群体还原成差异化的社会个体，为个性化的大众传播创造实现的可能性；从信息传播方式角度来看，手机将单向、延时、固定的传播转变为互动、实时、移动的传播，为参与传播的个体提供接近人际传播的互动式信息服务。"简而言之，媒介变革关键词是：个体、移动、创造。

移动通讯与云计算的结合，让人们开始享受到自由自在的"云生活"。从古到今，对云的隐喻便是对自由的隐喻，人们渴望摆脱种种束缚，过无拘无束的日子。现在，借助一部与互联网连接的智能手机，每一个人都可以建立个人信息的门户平台和多元社会的交往平台，从而完成个人信息与公众信息的交流与集散。在亿万人共有的虚拟世界，每一个进入其间的人，都可以拥有自己的一块地盘，自己的一片云。这个时代的特点就是，在网络空间人人平等，每个人都拥有自主权，选什么，用什么，做什么，说什么，买什么，卖什么……统统自己做主！过去难于在传统媒体发声的绝大多数人，在这里获得了话语权。只要你愿意，不怕你写来不成文章，说来支离破碎，这里门槛很低，你可以随便进入，发表你的观点，抒发你的情感，参与公共事务的讨论。大量艺术类 App 应用的出现，还让缺乏系统训练的人拥有了艺术创作的可能，他们利用这些神奇的移动软件谱曲、作画，设计自己心仪的衣服和住宅……

手机像一个不断变化着的万花筒，微博、QQ、陌陌、微信什么的，新奇的东西接踵而至。这些应用软件的普及，让获取信息更为快捷，让社交行为更为便利，让网络发声更为容易。进入"微时代"以后，自嘲为"屌丝"的人们惊喜地发现，在这个巨大的社交型信息场域里，从你创造到我创造，智能手机的超强功能使得我们每一个人都可能成为"创造者"。过去发表作品，当编辑记者，都需要一个准入资格，而现在这一切都颠覆了。野驴是一类保护动物，在中蒙边境，它们逐水草而居，自由往来于两国，不需要办理护照签证。在网络空间，人人都有了"野驴的自由"，你可以随心所欲地通过手机这个可携式平台进行平民化记录，并向网上发作品，如果有运气的话，碰巧看到央视大楼起火，碰到小约翰·欣克利刺杀里根总统，你就会立马成为一线记者，发出即时报道。只要你是一个有心人，非职业记者也可以创作出高质量的新闻作品。举一个例子吧：流传于网络的成都公交车爆燃的视频，因为"太冷静、太逼真，也太靠近"，以至"天涯"上出现了大量分析拍摄者是谁的热文。网络赋予了每一个人自主创作的权利，许多人也同时成为网络的建设者。越来越多的人开始热衷于手机应用的研究和创作，他们中的多数人并非为了营利，实际上也赚不到什么钱，只是觉得好玩而已。

比如，多如过江之鲫的博客写作，尤其是微博和短信写作，呈现出从未有过的盛大景象。几乎每个人都成了写家。《文学网景》一书的作者于洋做了这样生动的描述："无论大鱼小鱼，在网络世界里自由漫步，发问与应答、痛苦与欢乐，都是悄然无声。岸上的人听不见他们发言，它们的话是说给自己和朋友们听的。那些声音发自孤寂的内心深处，在浩渺的空间寻找遥远的回声。网络写作者的初衷也许仅仅只是为了诉说，他（她）们只忠实于个人的认知，鄙视名誉欲求和利益企图——这是最重要和最宝贵的。"网络写作的关键词就是"自由"。这是网络时代人们满足自由诉求的自然选择的方式。没有什么形式的羁绊，怎么写都行；也没有什么主题上的限制，写什么都行。更重要的是，没有编辑，没有审稿的人，拥有发表和传播的自由。尤其是微博、微信与短信的写作，可以随心所欲，可以顺手拈来，并通常以第一人称"我"

来行文, 可以了无拘束地宣泄自己的情感, 并实现网上的零障碍交流。那种感觉, 真爽!

在博客、微信的世界, "我"可以最大化地超越物质和精神的限制, 最大限度地减少生命的外在束缚, 更多可能地实现生命的内在选择——无论何时何地, 都不影响其发表和交流——我欲自由则自由至矣! 写作不再是限制性从属性的, 而是无拘无束的游戏, 而是自由自在的表达。它观照着写作者的内心需要, 向众多未曾谋面的博友倾诉尘封已久的感情、不得释放的思想、有待印证的观点……它是个体生命的经验表达, 它是一种自由的宣泄! 个人的自由宣泄, 往往还会引发网络共振现象, 甚至核裂变的反应。一条信息发出去, 也许会引起数不清的关注和转发。一些看似不起眼的微言论、微行为、微形态, 最终可能汇聚成排山倒海的力量。

无论怎么看, 网络的发展也是一个了不起的大进步。千百年来, 专制与压迫让老百姓窒息。有民谣为证: "从前中国有皇帝, 不许百姓放个屁; 皇帝随便打官儿, 当官的随便打衙役; 衙役下乡了不得, 打骂百姓出毒气; 百姓里面也分级, 富的就把穷的打, 老哩随便打小的; 到处打得哭啼啼, 冤死没人敢评理。" 在虚拟世界, 人们获得了现实生活中无法得到的自由, 怯懦者变得胆大起来, 因为"没有人知道你是条狗", 你可猖狂狂吠, 尽情宣泄心中之块垒。且听听大哲学家柏拉图的话, 像不像今日手机一族的告白: "人生短短几十年, 不要给自己留下什么遗憾, 想笑就笑, 想哭就哭, 该爱的时候就去爱! "

当然, 也有人发出这样的疑问: "如果每个人都有自己的传声筒, 谁还有时间来聆听? "有的学者认为, 无处不在的网络和人人都有的手机, 最终会削弱个体的自由。因为自由的本质是有能力选择, 而技术却决定了我们的选择, 最终它会摧毁控制思维和自主思维的能力。你可以选择上网的时间和方式, 但技术却限定你必须以特定的方式来使用互联网。就像发明钟表和绘制地图一样, 技术本身并不是中立的, 它会改变社会规则, 影响文明的选择。此外, 互联网在不断地制造所谓的"微人物", 有人因此陷入对"自我"的痴迷。现在人们看重的是一个人加工一条信息的效率, 不再重视可供沉思的、开放的思想。问题在于, 只有没有功利性的思想, 才会激发出真正的创造力。

有识之士也指出, 网络传播, 尤其是人手一部的智能手机, 让信息传播的速度越来越快，传播的范围越来越广，但是"快传播"的同时还需要"慢思考"，就是给人们了解、判断真相留一点时间。

无疑，网络传播是一把双刃剑，它让人类体验到了全新的数字化生活，并孕育出自由、平等、共享、互助等现代伦理精神；但同时也带来了"技术控制自由"的风险，还有"信息垃圾""网络诈骗""网络谣言"等"系列风险"。

确实，微博为新生代展示个性提供了合适的平台，有利于激发人们的民主参与意识，便于行使现代社会公民的话语权，但其负面影响也是不容忽视的。

在让人眼花缭乱的微博世界中，令有识之士担忧的是，所谓"人肉搜索"经常侵犯公民的个人隐私，网上还有许多歪曲事实的诽谤和用于粗鲁的个人攻击，其文风与"文革"中的大字报如出一辙。这样一种非理性的甚至带有破坏性的所谓自由，与真正的民主大相径庭。

心惊胆战的人如此描述道："月光很好。失眠。赵家的狗又在狂吠，一定有什么事情发生。"

网上的舆论像一个民意的"自由市场"，卖什么的都有，质量也参差不齐。网上的民主，有这样几个特点：一是逛市场的多，买东西的少。多数人就是浏览一遍，围观一阵而已。二是非理性的东西多。市场上的东西没保证，因为门槛低，什么都拿来叫卖，很多是伪劣商品。三是从众性，如果有人要买什么，尤其是受到意见领袖、大 V 的煽动，大家就一哄而上，抢购一空。形成一种强的更强弱的更弱的马太效应。四是逆反心理，管理人员也好，买货的也好，你推荐的我偏不买。因为很多年轻人，把这里当作显示叛逆的地方。还有一个是扩散性。有意见领袖设置话题，有网络推手推波助澜，一旦形成声势，传播起来真是快得很，影响也像滚雪球般越来越大。

在网络的舆论场上，所有的信息都没有经过良好的预加工，新闻语言具有评论性和情绪化的特征，好多网上读者略过了分析和理解的过程，在预设立场的强力干预下，对一件事情不是"顶"就是"踩"，而且使用的评论语言简单甚至粗暴。在现实生活中，你发表一个观点，一般不会有人当场驳你的面子扫你的兴，至少不会有人歇斯底里地骂娘，可到了网上，这种骂娘倒成了寻常的事情，甚至贵为副省长亦不能免俗。微时代的话语空间，多是匿名表达和碎片化书写，现实生活中的"抬杠"和"掐架"，在这里蔓延成一种极端化的负面情绪。来自德国的留学生雷克在微博上感叹道："我说中国还有些不完美，就被骂个'臭老外'。我说中国的发展方向是对的，就被骂个'洋五毛'。我说在家里换了一个灯泡而已，又被骂个'没内涵的傻瓜'。"20世纪最伟大的哲学家伯特兰•罗素有句名言："在这个日益紧密相联的世界，我们必须学会容忍彼此。我们必须学会接受这样一个事实：总会有人说出我们不想听的话。"看来，在网络时代，我们学着在网上说话的同时，也要学会听那些我们不想听的话，即使被骂得狗血喷头也能气定神闲。

在网络的舆论场，整体上呈现割裂的姿态，网民们站队互掐，骂人的分贝越来越高，以致回归原始丛林法则，出现了中国政法大学副教授吴丹江（网名吴法天）与四川电视台女记者周燕"约架"的事件，网上骂架转移到现实社会中挥动老拳。这说明，公民理性和网络的文明程度亟待提高。

的确，我们应当追求自由，但自由是什么？《法国人权宣言》说：自由就是指你有权做你一切无害于他人的事情。自由的网民，不应该做伤害他人的事情。有些人故意在网上散布虚假信息以攻击他人，尤其是名人，如涉及到柴静的"受贿门"。那不是真正的自由。我们处在一个满载信息的晕眩世界，每一个人都成了"被信息者"。经过技术对媒介的改造，进入我们视觉的是各种图片、符号和文字混搭在一起的信息，我们看到的和心里想着的，都是喧哗和躁动的东西。信息甚至成为一种暴力，搅乱了我们的生活。2013年，歌手吴虹飞竟然在微博上发布要"炸居委会"等言论。有一位香港学者认为，互联网就像AK47手枪一样，不仅价格低廉，还容易操作，如果社会底层的人都拥有了这种武器，迟早会天下大乱。

国外有一个例子：有人在网上造谣说，冰岛政府要把国家储备的黄金统统运到国外去，号召所有的冰岛人第二天去机场封锁跑道。结果，许多听信谣言的人在一夜之间就集合起来，他们封锁了跑道，直到所有的人都几近冻僵，才知道是子虚乌有的事情。这些冰岛人非常爱国也非常勇敢，但却做了件让天下人笑话的蠢事。国内也不断出现网络谣言，如：2007年10月18日，一场暴风雨袭击了济南市市区，当人们在舜网论坛讨论"银座商场进水是否淹死人"时，有一个在婚纱影楼工作的23岁的女孩，坚持认为肯定有人死了，只不过真相没有被公布。这个网名叫"红钻帝国"的网民，很快就被以散布谣言为由治安拘留。2013 年下半年，国家加大了对网络造谣传谣不法行为的打击力度。的确，网络不是垃圾场，手机不是出气筒，微博、微信也不是"谣言聚散地"。当"发声的自由"变得乱象横生，处在霍布斯所说的"人人敌对的无政府状态"时，人们就需要达成一种共识，寻求一种秩序；网络世界迟早也会朝着从约翰·洛克的个人自由到卢梭的社会契约方向发展。

在数字时代，在经常被描写为无等级、无边界、自由流动无限制的虚拟空间，体系、边界、法律和声誉等传统价值依然十分重要。不少人认为手机是阴暗的产品，因为什么？因为在阳光下看不清屏幕上的东西。这是一句脑筋急转弯式的玩笑话。从 2010 年 9 月 1 日开始，我国的手机实名制启动；2013 年全面实施。同时，各地陆续对微博平台实行实名制，加强对社交网络和即时通讯工具的管理，规范网上信息传播秩序。

形形色色的实名制在便于管理的同时也为人们带来困扰。人们因工作、生活的各个环节而留下的个人信息，都容易被集成于一个信息库，进而成为牟利的资源。不管你愿意还是不愿意，我们都会收到大量的骚扰电话和垃圾短信。有人担忧：物联网之后会不会有"人联网"，每个人所有的个人信息，包括生理特征、每时每刻的行踪，乃至隐私，都可以从这个网上获知，私人生活的空间丧失殆尽，只是公共生活的一个个性样本而已。

中国有世界上最多的网民和手机族，中国的互联网也是世界上最大的网络世界。尽管有的论坛板砖满天飞，有的网站充满了混乱和负面的信息，网络犯罪的现象也时有发生，但随着积极正确的引导，尤其是 2011 年以来，不断涌现的政务微博和强势介入网络的主流媒体，正在逐步成为时政新闻主要的信息源、话题和议程的设置者，网络的正能量越来越强大。2012 年以来，在网民之手的点击下，"最美"之花盛开。在"最美"的传播中，智能手机起到了很大作用。无论身处何时何地，只要带着一部手机，人们就会把看到的"最美"人物、"最美"场景拍摄下来，并即时将图片和文字信息传到网上。就这样，"托举哥"周冲、为救人而被火车轧断腿的警校学生李博亚等一大批"最美"人物出现了。这就是网上的正能量。

尽管在虚拟空间里，到处蔓延着怨愤的吐槽和负面的情绪，但人们绝不会失去表达快乐的愿望和能力，当你看到闺蜜从微信上发来的晒幸福的自拍照时，当你在手机上看到一则小笑话时，你一定会感到开心的。不管怎么说，我们还是该乐观些。法国的哲学家马歇尔·塞尔的新书《拇指姑娘》，描述了数码时代的一代新人，其书名来自安徒生的同名童话，确实是意味深长。他认为，当普通人同精英人物一样，可以将化学、生物和核问题讲得头头是道的时候，他们也可以创造知识，并建立起新的知识民主，发明出一种共同的生活方式来。他热情地呼吁：要信任"拇指姑娘""拇指男孩"这样的新人类。

❶掌上风景线
Palm Scenery

手机上网的姿态：永远都在线

1983 年的第一天，美国的"阿帕网"正式向外界开放，电脑之间可以通过新的因特网协议互相传输数据。1992 年，图书管理员吉恩·阿穆尔·波莉创造了"网络冲浪"一词。她当时正在编写《新手上网指南》，看到鼠标垫上有一幅海上冲浪的图，便有了灵感。"冲浪"这个词，中国人也觉得好爽！人们靠着一台 486 电脑、一个调制解调器和一根电话线，开始体验最初的网上冲浪生活。随着上网工具的不断更新演进，现在人们手里有一部轻薄的智能手机，就可以惬意地上网冲浪了！

据统计，我国的电脑用户平均在 PC 旁边 3 个小时，而手机用户携带手机平均达到 16 个小时；手机接触用户的时间已经大大超过电脑，移动互联网的市场也远远大于传统电脑互联网。现在，智能移动互联网的终端越来越多，除了智能手机，还有平板电脑、电子阅读器、车载导航设备等。有研究显示，到 2016 年全球宽带互联网接入 80% 将采用无线方式。爱立信的当家人卫翰斯认为，到了 2020 年，接入移动宽带的设备将达到 500 亿个，其中许多来自教育、医疗、交通和媒体行业。卫翰斯说："除了智能手机和笔记本电脑，未来将有越来越多的机器通过移动网络实现互联，宽带不仅在制造新的商业模式、推动经济转型过程中扮演关键角色，还将通过改变我们的工作和生活方式全面减少碳排放。"

在正在到来的宽带时代，越来越多的移动设备接入了互联网。由于移动通讯网络的普及，智能手机可以随时随地接入无线网络，依照个人的需求便利地分享互联网的海量资源。从摩托罗拉、诺基亚、三星，到 iPhone，人们手中的手机，在不经意间变得更为强大了。如今的手机，其实就是一个小巧、便携的互联网接入终端设备，网民和手机一族将会融为一体。实际上，各方争斗的就是用户接入互联网的方式。Google 喊着："网络与手机相遇！"苹果叫着："你口袋里的互联网"。摩根士丹利在一份互联网的研究报告中指出了未来网络趋势的 3 个关键词：移动、社交和广告。毫无疑问，智能手机是最能满足这三个关键词的设备。移动设备的剧增，使得互联网的"地址簿"不得不扩容，2012 年 6 月 6 日，互联网启动了 IPv6。近乎无限的空间地址、端到端的安全、不必通过代理服务器即可实现外网发现和地址交换……IPv6 的这些优势，让"人人拥有一个自己的网络系统、随时随地能和其他网络快速联网对接"成为现实，有的专家称其为互联网的"第三次浪潮"。

随着智能手机的普及，越来越多的手机用户变成了手机网民。到 2014 年上半年，我国手机网民的数量已经超过了 6 亿，25 岁～35 岁的人群是手机上网的主要群体。每 5 个网民中就有 4 个用手机上网，大大超越了 PC 网民。有一个现象值得注意，我国有一半以上的手机用户从未用过个人电脑，而是直接用手机上网的。另一项调查显示，中国网民每周手机上网时长约 13 个小时；八成手机网民每天至少使用手机上网一次，近六成手机网民每天使用手机上网多次。手机网民对手机上网应用的使用深度也在进一步提升：手机即时通讯、手机网络新闻和手机搜索排在前三位。IDC 数据显示，近年来，全球智能手机的出货量已经远远超过 PC，而且差距越来越大。在全球范围内，"MobileFirst"规律越来越明显：越来越多的人通过智能手机等移动终端上网，手机已经取代 PC 成为第一上网终端。

由于手机上网的普及，信息传播的物理通道已经发生了结构性变化。一项社会调查也表明，2013 年，中国智能手机的社会渗透率已经达到 55%。各种各样的手机应用程序，让人的多元社会需求不断得以满足和延伸。

在移动中或者移动后上网，可选择的终端有：笔记本电脑、超级移动个人电脑（UMPC）、移动互联网终端（MID）、上网本、平板电脑……但在车里，在地铁里，抽空上网查一下目的地和行车路线，或者发一个微博，浏览一下最新消息，使用智能手机是最方便的了。随着技术的进步，各国民航也将陆续开通无线上网。也就是说，带上一部手机，你飞在天上也可以上网了。

中国 3G 市场的现状是，移动、联通、电信三足鼎立，都有属于自己的网络。不论你选择进入哪家的网络，必须有一部符合技术要求，能够与其相匹配的手机。我国推出 3G 以来，移动、联通和电信三大运营商为争夺市场，不惜以低价高流量甚至不限流量等诱人条件，吸引用户入网或转向 3G 业务。但随着用户的激增，3G 上网卡吃掉了大部分带宽，所以我们还期待着 3G 网络的不断扩容升级。4G 手机在高速移动状态下传输速率可达 100MBPs，整体比 3G 快 50 倍。借助 4G 移动通讯网络，用户能更流畅地使用手机上网，或完成一些需要更快传输速率和更高传输性能的任务，像视频通话等。这一技术不仅可以用在手机上，同样也可以用在平板电脑上，实现超高速的无线冲浪体验。

目前，手机上网主要有三种形式：WAP 上网、浏览器上网和客户端上网。三者相比较，客户端具有使用方便、直观，节省流量的特点，因而，无线互联网行业的产品主要采取客户端上网的形式。

在网民上网场景从 PC 向手机迁移的过程中，互联网业界的巨头纷纷朝着移动的方向衔枚疾进。比如国内的手机浏览器市场就是巨头云集，腾讯、百度、奇虎 360、搜狗、华为、中国移动等，都有属于自己的浏览器。浏览器市场竞争的目的，就是为了争夺移动互联网的入口。除了广泛类信息的入口浏览器，还有细分类信息的入口，比如新闻客户端、漫画控等；以及各种App 的入口，像各类手机管家、手机助手等。现在，在手机地图、应用搜索、手机安全等各个用户的刚性需求方面，都打响了移动互联网的"手机助手"争夺战；再就是交易类入口，像大众点评、美团、微信、微博等。伴随马年而来的围绕移动支付的你争我夺，实际上也是对移动互联网入口的争夺。随着应用场景的不断丰富，移动支付将强势介入人们生活的方方面面；锁定了支付，就在很大程度上赢得了用户。实际上，就移动互联网而言，并没有一个绝对的统一的入口，在应用层、工具层、系统层等方面都有某一种入口。所谓"入口"一般具备三个特征：一是良好的产品与服务；二是受众范围广；三是使用频率高，黏度大。

以网页形式传输数据的万维网，有过两个时期两种模式，即早期静态的只读网页的 Web1.0 和可以上载和传播、支持社交网站的 Web2.0。现在，层出不穷的新的移动终端的开发与应用都需要新的技术层面和理念层面的支持，当我们还沉浸于 Web2.0 的风景时，下一代网络模式 Web3.0 已呼之欲出了。Web3.0 被喻为"语义网"，它是基于用户行为、习惯和信息的聚合而构建的互联网平台，具有个性化、按需设置、人性化、友好界面、简单易用等核心元素，标示着互联网发展的新趋势。简言之，Web3.0 就是基于语义网络的个性化服务。这种新模式更加智能化，能够更好地实现"人与人、人与机器的交流"。说得再白点儿，当你在网上搜寻"晚餐吃什么时"，它了解你的饮食习惯，会向你就近推荐一家你会中意的饭馆。Web3.0 的网络模式将实现不同终端的兼容，使得从个人电脑到手机、PDA、机顶盒等各种终端用户都可以享受到上网冲浪的便捷。有了这种模式，网站内的信息可以直接和其他网站的相关信息进行交互，能通过第三方信息平台同时对多家网站的信息进行整合使用；用户可以在互联网上拥有自己的数据，并能在不同网站上使用；完全基于 Web，用浏览器即可实现复杂系统程序才能实现的系统功能。对网民来说，每个用户都拥有了一个基于个人浏览记录的网络档案，Web3.0 将根据这个档案为每个用户量身定制一套浏览体验。比如，用户看到的新浪新闻首页只有个人感兴趣的新闻出现，不感兴趣的东西不再出现。用户可以按需聚合网络信息、创制个人门户，在自己的个人门户里就可以浏览网页和下载软件，体现高度的个性化。

网络搜索变革的势头也不可阻挡。搜狗的王小川说："传统搜索到了无线上，98% 是在做 App。"在移动互联网时代，每一个用户的手机上都有好几屏的 App，每个 App 都是独立的入口，并实现一个特定的服务，移动搜索的个性化特征将越来越明显。

伴随着网速的提升和云计算技术的落地，手机一族移动着，生活着，娱乐着，消费着，移动的生活越来越丰富多彩。马年春节，一位在北京工作的白领，搭朋友的车回老家西安探亲，他兴奋地说："一路上，我时不时地用手机上网、拍照，拍到好的风景就发到微信上和亲友分享。算下来，这一趟手机上网的开销最多，但我觉得很划算！"

美国记者克里斯蒂娜·拉森这样描述中国的"智能手机一代"："每天中午，北京郊区一家服装厂的工人们会从红色大门里蜂拥而出，享受午餐时段一小时宝贵的自由。他们大多十八九岁，或是二十岁出头，住在厂区设施简单的宿舍内。他们当中大多数在炎热的夏天出来闲逛，一手拿着一瓶水，一手拿着智能手机，利用这点空闲时间享受网络生活。"

在美职篮新赛季开打后不久，火箭队的林书豪因伤休息两周。他不在现场时，就靠一部上网手机观看比赛，了解队友和对手的情况。林书豪说，有了手机，无论在哪里，我好像都没有离开赛场。

爱立信预计，到 2018 年，全球移动用户将超过 90 亿，智能手机用户将超过 30 亿。数以几十亿计的手机网民意味着什么？它昭示着手机小小的屏幕正在改变着人类的生活方式，它也预示着以手机为平台的产品和服务将喷涌而来。我们已经跨入了互联网手机时代的门槛，入目而来的是新的社会文化图景。手机上网的姿态是：永远都在线！

"麦特卡尔夫定律"的首创者鲍勃·麦特卡尔夫认为，互联网时代的下一个"夺命应用"就是"永远在线"。简言之，就是随时随地随意地上网，达到信息无所不在、沟通无所不在的境地。还有什么东西比移动互联更能保证人们"永远在线"呢？没有，真的没有！于是，"奔移"的浪潮澎湃而来。在这激动人心的"奔移"大变革面前，你会尝试着去扮演一个创新的角色吗？

微博，从谷仓的故事开始

1952 年，美国人 E.B. 怀特写了一本书，叫《夏洛的网》。在这本书里，他讲述了一个"谷仓"的故事：在缅因州一个叫北布鲁克林的村庄，有一个叫 Wilbur(微博) 的人被囚禁在一个古老的谷仓里，在黑暗与绝望中，他的女朋友夏洛将他搭救出来。夏洛是一名网管员，她在网上写了 4 篇最早的博文：《好猪》《了不起》《光彩照人》和《谦卑》，引起了人们对 Wilbur 的关注，并最终通过网上舆论的力量，让 Wilbur 重获自由。

这是一个关于微博的预言，也深刻地道出了微博的意义。当 Wilbur 处在黑暗中，尤其是得知自己将被养胖后宰杀，还会成为圣诞节餐桌上的腌肉和火腿时，他大声哭叫："我不想死！我还想躺在灿烂的阳光下呼吸清新的空气。"于是，夏洛来了！怀特的意思是：正是因为有了无数的"夏洛"，"微博"才成了一个温暖的存在。

半个世纪以后，有关"微博"的预言果然"成了一个温暖的存在"。2009 年，西方评选出的"最热英文词汇"是 Twitter，中国人叫作"微博"。什么是微博？微博是微型博客（micro-blogging）的简称，是由博客演变而来的一种新媒体，是一个基于用户关系的信息分享、传播以及获取的平台，用户可以通过WEB、WAP 以及各种客户端组建个人社区，以 140 字左右的文字更新信息，并实现及时分享。微博的功能有：微博广场、找人、话题、投票、微直播、短消息、通知、邀请、搜索、标签、收藏、热门排行、评论、转发等。最重要的是用户可以在微博上选择想要关注的对象，实时跟随、评论或转发其信息，形成更加简洁、快速的信息反馈。

　　说起微博的历史，不能不提到杰克·多尔西，他是 Twitter（推特）的两个联合创始人之一，被誉为"推神"。有关微博的最初构想源于手机短信，杰克一直在琢磨：如果把短信和博客结合起来，会是一个什么效果呢？他的这个原始想法，后来就形成了全球的第一个微博平台——Twitter，并且大获成功。"140"个字——将手机短信和互联网的博客结合在了一起，演化成为高度社会化的传播平台。

　　国内的先行者是王兴创建的"饭否"，源于古典名句"廉颇老矣，尚能饭否"。为什么叫这么一个奇怪的名字呢？因为它倡导的是一种"唠嗑"的精神，就像北方人见面常说"吃了吗"，非常平易近人。饭否网自己的定义是："饭否是一个 140 字的迷你博客。在这里你可以告诉大家你在做什么，可以随便看看大家都在做什么，也可以关注一下有趣的人。"中国第一个微博网站——饭否网是 2007 年 5 月建立的，之后，新浪快马加鞭，网易、人民网紧随其后，开心网、搜狐等也开始在微博上给力。到了 2013 年，中国的微博独立用户就井喷式地达到了 2.6 亿左右。

　　微博整合了多种传播平台，用户既可以通过微博网站和 IM 发布信息，也可以在手机等移动设备上发布信息，这充分体现了使用的便捷性和应用的广泛性。在微博这个自媒体平台上，手机的介入至关重要，它使得其成为限制最少，使用最方便和传播最快的媒体。微博老大 Twitter 谋求与手机生产商合作，以便将其手机客户端固化在手机中。2011 年 7 月，正式进入大陆市场的手机生产厂商 HTC（宏达电）发布了主打网络社交功能的手机，该手机内置的客户端包括新浪微博。微博与手机生产商的合作，实现了随时随地发布微博信息，让用户使用起来更为方便。在中国，苹果的火热和微博的兴起密切相关。苹果的用户很快就能发现，微博在 iPhone 上是最好用的。iPhone 对微博的优化极大地推动了微博的发展，苹果与微博的结合，就构成了"苹果控"的生活。国内的微博平台，都在着力于移动化，积极推出自己的手机客户端。比如搜狐微博推出了支持语音输入的 iPhone 特别版，还有搜狗输入的 iPhone 特别版、搜狐拍客等一系列手机客户端。随着 3G 的普及，微博手机用户的比例持续增加。手机媒体在信息传播中已发挥着不可替代的作用，其更为便捷的传播优势和媒体价值还会持续释放。在微信发飙之前，微博一直是最大的手机应用领域，中国有近 70% 的微博用户使用手机终端访问微博。

　　文化学者梁文道说过，他不愿意跟人在外面吃饭，因为人们坐在饭桌前不是聊天，而是低着头用手机发微博。虽然这是梁先生的牢骚话，但也佐证了一个现实：微博加上手机，极大地推动了信息传播和人与人之间的交流。通过微博平台，我们可以用手机把路上发生的信息即时发到网上。手机和微博嫁接媒体的速度比卫星通讯车还快，不仅能像卫星通讯车那样多媒体直播，还能实现多媒体的接收和转发，以及与 follow 你的 followers 和被 follow 的 followers 交流。网络在信息领域的超现实功能，使得网络社团膨胀式地发展起来。如果一个号召被一级一级的 followers 响应，就会产生一呼百应的线下效果。IT 的新技术——微博，其力量就在于牵扯着比 PC 网民多得多的手机网民。在你掌握了微博的各种功能之后，手机能让你随时随地、随心所欲地上微博。只要你善于捕捉自己身边有意思的事物，你就能为网上微博提供独到的实时的有价值的信息。微博还可以承载许多适用于手机的移动互联网应用，例如基于位置的服务，就是将地理位置信息经由手机用户与现实生活中的场景联系起来。我的一个朋友是"微博控"，他特意买了一部新浪微博手机——微客，这款手机的机身下面有一个特设的按钮，你轻轻一摁，就可以一键快启"新浪微博"。在我国的"玉兔"休眠与苏醒的交替过程中，这位朋友总是将"月球车玉兔"的博文在第一时间转发给我。

可以说，手机就是我们的"随身博客"，不受时间、地点、写作格式的限制，我们可以通过手机随意上传新的内容，及时更新自己的微博页面。这种便捷的信息呈现形式，非常适应现代人忙碌生活状态下的碎片化情感表达方式。便捷的书写方式、以秒计算的更新速度、"我手写我心"的个性化表达，让越来越多的人热衷于微博。由于进入其中的门槛低，普通人在这里可以轻而易举地获得话语权，每一个人都可能成为影响信息传播和流动的关键节点。微博因其便捷、实时和高效传播等特点，正在深刻地影响和改变着人们的生活。在中国，借助智能手机这样便利的工具，微博的发展像洪水一般猛烈，它已经形成了一个大众能够自觉参与的空间，信息和意见的流动更加自由。在永远不能消除的凌乱表象下，微博建立起了中国的民间话语系统。

如果说科学技术是冷冰冰的，甚至一直在忽视人的存在。那么，博客就是冬天的暖炉炭火，它让人们围炉而坐，回归本心，回归自我，探寻通向精神家园的道路。"织围脖"是网友对写微博的诙谐叫法。起初，情窦初开的少男少女们热衷于"织围脖"，像真的给恋人织围脖一样，包含着一种美好的情感。现在，微博越来越热了，不论老少都拿着手机、电脑、IPAD"织围脖"，不管张三李四，逢人便问："你有微博吗？加我关注。"那些被称为"微博控"

的人，有了手机，无论是上班还是下了班，只要有点空闲就开始"织围脖"、刷微博，在关注许多人的同时也被许多人所关注，一旦找到一个大家都感兴趣的话题，就七嘴八舌地讨论起来，最后还会发发私信。微博是个人的，更是大家的。美国人詹尼丝斯·特纳说："网络像是在透明中运转的大脑，激情、忧虑、愤怒在脑中酝酿，博客就是群体情感的集中爆发……说到底，人们在网上寻找的实际上是一个'和自己想法一致，却比自己更善于表达的人'。"

微博是一个彰显个性的平台，允许你自由地创建有特色的内容。在这个平台上，只有会展示自己、推销自己，会交朋友的，才能吸引人。赵凝在文章中说："在微博里干什么的都有。有人热衷于写'名言'，希望流传开来。有人热衷于给他们家小狗拍照片，那些狗狗都很上相。有人爱贴自己的大头照，女生大都低着头，画个大眼圈，那样显得眼特大、脸特小。脸再小也得把眼睛装下吧？有人爱给别人的微博留言，有人爱说些自以为高深的话，有人爱给刚吃完的一碗面条拍照，有人对着自己的新鞋猛拍。"作者的结论是，"开一扇小窗，让别人能看到你，这就是'微博'。"小荷撰文说："如果你试图了解一个人的生活，那么你就去看他的微博；如果你试图了解一个人的癖好，那么就请关注他转发的微博；如果你试图了解一个人的追求，那么就看看他关注了谁；如果你想彻底打败一个人，那么方法更简单，在微博上跟他宣战吧！"

在经历了 3 个世纪的工业文明之后，当人类进入 21 世纪时，博客写作成为网络时代人们满足自由诉求的最新方式之一。博客写作基本上都是第一人称"我"在叙述，这种以我为主体的呼声既是情感抒发的需要，也是情感交流的期待。作家张抗抗说："无论大鱼小鱼，在网络世界里自由漫步，发问与应答、痛苦与快乐，都是悄然无声。岸上的人听不见他们发言，它们的话是说给自己和朋友们听的。那些声音发自孤寂的内心深处，在浩渺的空间寻找遥远的回声。网络写作者的初衷也许仅仅只是为了诉说，他们只忠实于个人的认知，鄙视欲求和利益企图——这是最重要和最宝贵的。"

现在，微博已经超越网络论坛，成为中国的第二大舆情源头，仅次于新闻媒体报道。当微博成为主导社会意向的主要舆论空间时，一种新的权力结构正在电子编码信息和网络中的文字和图像中形成，并表现出一种重塑社会的力量。上海的谢耕耘教授曾深为感慨地说："一种传播媒体普及到 5000 万人，收音机用了 38 年，电视机用了 13 年，互联网用了 4 年，而微博只用了 14 个月。"

人们上微博通常干什么？《中国青年报》社会调查中心的调查表明：最多的是"了解最新资讯"（73.5%），其次是"参与感兴趣的话题讨论"（66.6%），再次是"了解朋友动态并保持联系"（52.1%）；以后的排序是，"发布自己的近况、感想（50.5%），"关注明星、名人"（49.8%），"关注各行专家、拓展知识面"（39.4%），"提出问题，寻求建议"（38.6%），"消磨时间"（37.1%），"关注官方微博"（30.6%），"扩大社交圈"（30.1%），"关注客户等工作合作伙伴动态"（22.7%）等。

微博用户最喜欢的应用是什么？调查显示，排在前四位的是：评论、关注、热门话题和转发。显然，微博的主要角色其实就是以人为中心的自媒体，最主要作用就是传播人们感兴趣的资讯。如果你对某位博主或某一话题感兴趣的话，你就会关注该博主或该话题的作者，成为其"粉丝（Fans）"，并对其转载或评论，而关注这位网民的"粉丝"又可以看到该网民所转载或评论的内容……经过无数次的关注后，往往会形成一种裂变效应，被普遍关注的微博话题就会放大为社会热点。微博，像是一个可以撬动世界的微小杠杆，具有造成飓风和海啸的蝴蝶效应。

微博正在悄然改变着名人与大众的沟通方式。如果你对王菲的印象是"不苟言笑"，那么你不妨去看看她的微博。天后也有一颗平常心和她独有的幽默，不仅亮出小女儿李嫣的可爱照片，还跟郭德纲隔空"对唱相声"。"轻轻的一个雷，已经打通我的筋。深深的一段贫，叫我撕裂到如今。"在王菲的微博页面上，时有改编过的歌词，调侃的意味很浓。

在 2011 年 1 月 12 时 58 分 7 秒那一瞬间，体育明星"翔飞人"——刘翔在腾讯微博的"听众"（即关注他的人）人数超过了 1000 万，成为当时的全球微博主第一人。1000 万是一个什么概念？它是我国发行量最大的报纸《参考消息》2010 年发行量的近 3 倍。但更厉害的是女明星姚晨，她被称为"微博女王"，其微博粉丝号称有 1.6 亿人。微博是一个人的媒体吗？电影导演冯小刚就是这么认为的："我终于有了自己的'报纸'……它就是我的'冯通社'。"

不断"膨胀着的"微博，不仅是私人小圈子的交际潮物，还可以成为公民普遍参与的社会公器。自从我们进入所谓的微博时代以来，发生了许多微博大事件：上海高层住宅大火事件、"我爸是李刚"事件、"360 大战

QQ"事件、唐骏"学历门"事件、"表哥""房叔""房嫂"事件、重庆不雅视频事件、薛蛮子嫖娼事件、上海"裸照门"事件……出现了许多大 V：潘石屹、张朝阳、任志强、姚晨、周立波、方舟子、王菲、冯小刚……还产生了许多"微系列"的新概念：微博外交、微博小说、微直播、微评论、微生活、微创意等。从 2010 年起，微博展现出了越来越多的社会功能。现在，各级政府部门和各类社会机构，几乎都建立起了自己的官方微博，并将其作为联系社会各界的必备工具。2013 年 8 月下旬，济南中院在微博上直播了薄熙来一案的庭审过程。有人发帖子说："没想到审判薄熙来这么精彩曲折，就像看进口大片。"外电则评论说，中国史无前例地使用了中国版推特向全国网民报道审判过程，表现了对社交新媒体的高度重视。

微博在中国更具有社会性，那些不肯沉默的人将微小的声音汇集成巨大的力量。2011 年年初，有一部网上视频作品说："岂能因声音微小而不呐喊？"在一个个喊冤求助的帖子后面，在一条条发泄情绪的微博后面，反映的是一幅微缩的社会图景。2010 年 9 月 30 日，美国的《福布斯》杂志评论说："就现在而言，中国人已经发现了一种针对地方腐败的新工具，那就是微博。"在"我爸是李刚"事件中，关于李刚拥有 5 套房产等隐情被曝光。现在，网民爆料的首选媒体就是微博。微博已经成为舆论监督的阵地，它质疑一切可以质疑的人和事，名人被晒在了阳光下。从 2013 年 5 月开始，电影导演张艺谋超生的话题在微博上持续发酵，直到张大导演公开认错并认罚才算了事。微博不止监督名人，也监督着每一个人。

微博像是一个江湖好汉，在惩恶的同时也在尽力扬善。进入 2010 年，在微博上展开的公益事业，成为一种全新的慈善方式——"微公益"。除了捐款救灾，微博寻人、保护动物等等，都成为其重要组成部分。2011 年，旨在汇聚每一个人微笑善意的微公益，借助微博的力量，让民间公益进入主流慈善事业之中。被誉为"当代雷锋"的郭明义说："微博给了我一个更加广阔的平台，用爱心去帮助更多有困难的人，去带动更多愿意帮助别人的人，同时把自己的快乐和幸福传递给更多人。"

140 字的信息，对很多人来说，就是碎片化的信息，也许不那么重要。但对于陕西矿工钟光伟来说，微博就是生命。在山西大同煤矿的长期劳作，让他患上了矽肺，并拖欠了不少医药费，无奈之下，他将自己的境遇用微博发到网上，于是有人帮他打官司，有人带他去做手术，还有人为他送来了生活用品。

2010 年 11 月 17 日 20 时 30 分，一篇名为《妈妈，你在哪里？》的短文通过微博引起了万人关注。原来，在深圳做保安的孙志林因车祸失忆，当时他身上没有带手机和身份证，其滞留医院长达一年之久，家人对方寻找也没有音信。在一位热心网友将其照片随同博文发到微博后，共有 1 万多人转发了这条微博，最终帮助孙志林找到了亲人。

2011 年春节，中国社会科学院的于建嵘教授发起了微博"随手拍"拯救被拐儿童的行动，短短两周，该微博共收到来自全国各地的 1700 多张乞讨儿童的照片，从而引起了一场寻子热潮。

乌鲁木齐市有个名叫刘发的个体户，依靠卖鹅维持生计。2013 年 2 月 3 日，他发了一条帖子，讲述了因妻子罹患白血病而造成的家庭困境。让他想不到的是，好心人纷纷赐以援手，竟出现了"全城买鹅"的感人一幕。这一情景与此前发生在郑州的"全城吃面"的情景前后辉映，成为网络时代的"最美"情景。

辽宁抚顺雷锋精神研究所建立了一个"雷锋博客"，这个博客和郭明义的实名微博一样，都成了弘扬雷锋精神的平台，捐骨髓、献血、助学、扶贫……南京也有一个"中国好人微博群"，近几年不断生成和传递着网上、掌上的正能量。

微博正从一个分享个人心情的记事本，发展为便捷高效的舆论平台。越来越多的人发现，微博这个互动平台，可以做越来越多的事情。举一个例子吧：2010 年 11 月初，盛大文学 CEO 侯小强连发 6 篇微博，呼吁起诉百度侵权。两天内，包括作家郑渊洁、出版人路金波等名人，纷纷在微博上力挺维权。任志强认为："从广告到骂人，从花花草草到谈情说爱，从国家大事到阿猫阿狗，天下之大，（微博）无所不能。" 似乎无所不能的微博，让人们趋之若鹜。一时间，好玩的人、话痨、传媒人、挨踢精英、知道分子、大学教授、意见领袖、艺人明星……都在忙于"织围脖"了。

微博以它随时随地分享见闻、交流情感而被广泛接受，可当微博占据了你的生活，使你变得焦躁不安时，你是否意识到自己成了"微博控"，也就是被微博控制的人。"控"字来自英文"Complex"，即情结、极度喜欢的意思。比起谈话来，微博上的语言因为没有表情和手势，难免夸张一些。在情绪的澎湃度上，它会更加强烈一些。但不少人也因微博成瘾，每天一打开电脑就真奔微博的页面，反复打开微博，反复刷新页面，还要发上十来条微博。这些人其实已经出于不能自抑的行为状态，患上了微博强迫症。

为什么会出现如此众多的围脖控呢？因为微博提供了太多的可能性，一不小心发个照片，就可能成为"微名人"；也许你发个问或者说个观点，就会成为网上热议的焦点；一不留神说句话，回帖就可能成为名人微博的沙发，与明星亲密接触。正如安迪·沃霍尔所言："每个人都可能在15分钟内出名"，"每个人都能出名15分钟"。对迷恋微博的人来说，"我博故我在"。也就是说，微博能给人带来满足感甚至成就感。

由于微博受到字数的限制，涵盖的信息有限，很难成为理性辩论的理想方式。有人辩解说，"宣泄比压抑更健康"。进入微博的人，吐槽、爆料、抱怨、谩骂，攻击性很强，不会放弃对任何负面事件的直播，实际上借助微博实现了虚拟的街头表达。微博的文本更具有感染性和情绪化，微博的认知圈甚至会打压理性的声音。所谓"生气发脾气，赌气发神经，出气发微博"。在微博的世界里，由于其操作简便、传播迅捷，容易弱化思考能力，引发跟随效应。随着"转发键"的随意使用，"微谣言"就会瘟疫一样传播开来。它像网上的大字报，简短却有煽动性，病毒性的传播令人生畏。以致有人感叹道："我们已经不知道该相信什么，更准确地说，我们已经不知道还该不该相信'相信'了。"好在微博也有其自我纠正的功能，只要人们守住道德底线，谣言随时可以被澄清。

微博上还有一些丑陋的"癖好者"，例如有的恋童癖竟将性侵儿童的图片发出来，还有什么"大叔找'正太'"、"富婆求帅哥"的帖子……让人见之呕吐。

有的学者这样描述微博："这个世界什么样，微博就什么样。每个人都会通过微博来描述所处的世界。那些零碎的片段组合起来的，就是一种复杂多样的真实。"手机的影响力、微博的影响力，其实就是科技对世界的影响力。小小的手机，小小的微博，把个人和群体、虚拟与现实、时间和空间，都联系起来。微博将会对中国产生什么样的影响？很多人相信："围观改变中国"。

微博达人李开复在一次演讲中引用了互联网之父蒂姆·伯纳斯 - 李的一句名言："如果互联网美好，那是因为现实美好；如果互联网丑陋，那是因为现实的丑陋。"微博也是如此。

移动互联网的普及，碎片化阅读习惯的形成，使得简单快捷的微博客大行其道。在重大公共事件发生时，微博不仅提供了大量信息，还往往主导着舆论的走向，可谓出尽了风头。但是，它的缺陷也是很明显的，首先是受到字数的限制，信息量也随之受到限制；更重要的是，海量的微博信息往往会将真正有价值的信息在短时间内淹没在其中。于是介于微博和博客之间的"轻微博"（LightBlogging）出现了。Tumblr 是轻微博的代表，主要依靠"标签"（Tag）进行内容组织和筛选后的呈现。其特点是，通过建立"发掘"（Explore），以标签的形式来展示不同的内容。轻博客：以恰到好处的长度表达引人入胜的思想。实际上，轻微博的生态环境，主要是以更人性化的方式与读者在沟通。在轻微博网站，如果你是个有心人，能够发现和提供有价值的新闻，你也有机会被提升为编辑。

在中国，由于微信等即时通讯类应用"直线飘红"，微博也出现了下行的拐点，2013 年约有一成的用户停止使用微博平台。新加坡《海峡时报》评论说，在中国，微信抢走了微博的风头。听一听人们的口头禅吧——过去是"关注我吧"，现在是"加我吧"；过去是"快转发"，现在是"快点赞"；人们似乎觉得"朋友圈"更温暖、更亲近，微信也更实用、更好玩。实际上，"喜新厌旧"是创新时代的常态，谁能说得清，微信后面又会冒出什么新鲜玩意呢！

从全球范围来看，微博的影响还是最大的，它几乎无处不在。在梵蒂冈的城墙里，教皇本笃十六世先后用英语、西班牙语、法语、拉丁文等语言开设了推特账号。2013 年 1 月 20 日，教皇发了他用拉丁文写的第一条微博：上帝让所有的信徒"不住地祷告，做善事，敬爱神并谦恭地与他同行"。我想到的是，教皇也和微博同在同行啦。哦，这个世界好奇妙！

第五媒体时代：屌丝也可以当记者

"SOLOMO"（social、local、mobile 的缩写合成词）——这是一个最新的国际流行词，SO 指社会化，LO 指本地服务或本土文化，MO 指移动通讯；

社会化的媒体加上本土文化，借助移动互联网，就形成了一种新的媒介和传播潮流。

20多年来，网络信息的形态也在不断变化着：我们先是看到了"雅虎式"的新闻门户服务形态，接着是"谷歌式"的资讯搜索服务形态，现在又是"脸谱式"的借助人际关系链接传播信息的服务形态；基本上是"各领风骚十来年"。对此，网友张晨初晓做了这样的戏谑式描述："十年生死两茫茫，百度兴，谷歌亡。360出，卡巴话凄凉。纵使相逢应不识，推特死，脸书墙。人人开心忽还乡，马化腾，山寨王。淘宝亲，团购亡。视频跟着拼，论坛靠色狼，微信帮上床。导航网，已无常，全靠微博忙，纸媒泪千行。"

如今，作为互联网与移动通信联姻的产物——智能手机以其独有的便携性、即时性，以及充满个性和便于互动的先天优势，在改变着我们日常生活的同时，也在改变着舆论传播的方式。手机作为一种媒体，是以手机作为视听终端、手机上网为平台的个性化信息传播载体。手机是带着体温的媒体，人们可以浏览根据个人的兴趣和需要订制的新闻。有人说手机已经成为继报刊、广播、电视和互联网之后的"第五媒体"。据说一位报纸的总编辑对此深有感慨，在一次选题会议上，他举起自己的苹果手机对大家说：这里面装着整个地球啊！

随着手机设备和iPad的普及，移动应用的发展正在彻底改变人们消费新闻的方式。Instapaper是一款保存网页以便稍后阅读的程序，用户可以通过iPad或者iPhone进行离线阅读。My6Sense这款手机应用程序，可以过滤用户的RSS订阅，给用户提供最重要的新闻信息。通过社交网络基于位置、本地化和兴趣群体的新闻信息服务也在兴起。现在，主流媒体的内容大量出现在苹果、安卓等移动终端上。在苹果手机的应用商店里，用户可以很方便地下载《泰晤士报》、BBC等各家媒体的专属应用程序，指尖一点就能随时获取各类新闻信息。只要有一部手机，人们就可以轻易地成为"知道分子"——不一定是知识分子，但什么都知道。凡是令人震惊的事，在非常短暂的时间，满世界的人都晓得了。"原来刘项不读书"，有了手机就知道。2013年的一项调查显示：超过半数的美国人是在手机、平板电脑等移动设备上获得新闻、天气、交通、餐馆等信息的。美国记者保罗·法里说："我们有了智能手机，早上起来躺在床上就可以浏览法国的《世界报》或德国的《明镜周刊》，我们不用在报摊上弯着腰寻找当月的《智族GQ》了……"

旅居美国纽约的张杰，回国后还是习惯于通过手机来了解新闻。他撰文写道："每次回国，我都会使用在北京注册的手机。每天几乎同一时间，我的手机都会收到一条短信息，题目是《百姓身边》。每每读到这些北京百姓身边的信息，我都会精神为之一振，有时还会情不自禁地读给周围的朋友听。如：火车提速了，老年人的医保提高了……这些无一不是老百姓关切的大事。"

我国早在 2G 时代，媒体就开始与电信运营商合作了。从 2005 年开始，手机报的种类、用户的数量以及手机报产业带来的经济效益与日俱增、迅猛发展。手机报主要有两大类，一类是运营商自行编发的，另一类是依托传统媒体品牌生成的。从内容上看，大致可分为 12 类，分别是：时事新闻、财经、教育、科技、生活、体育、文学、文娱、游戏 / 动漫、娱乐、娱乐 / 体育、品牌专刊。其中新闻类的大约占到 3/4。全网手机报用户最多的是中国移动的《新闻早晚报》。

到了 3G 时代，媒体以内容提供商、应用提供商的身份，深度参与到手机报的产业链条中。被人们称为"拇指媒体"和"影子媒体"的手机报，其内容可谓五花八门，有国内外时事资讯、财经文化体育和娱乐新闻，还有生活类实用信息；有专门提供饭后茶余的谈资，还有明星八卦的娱乐信息；涵盖政治、经济、科学、教育、文化、体育、娱乐、军事和日常生活的方方面面。手机报还针对不同人群推出个性化产品，比如股民常读的"上证快讯""财经 365"，文艺青年喜爱的"电影爱好者"，年轻父母偏好的"育儿天地"等。还有的手机报试图通过社区式交流，增加用户黏性。

除了手机报，数字化的杂志也越来越多。《New Yorker》数字杂志特意用一段视频来表现它对人们阅读生活的影响——清晨，从梦乡里醒来的人，第一件事就是趴在床上滑动屏幕，浏览世界各地的新闻；起床后在盥洗室里，一边刷牙一边看页面上链接的视频画面；在上班路上，在工间休息时，在咖啡馆里，人们随时可以读刊评刊，并把自己的看法传到社交网站与其他人分享；有心的人还会客串一把记者，为数字期刊编辑室提供新闻线索，并上传自己用手机拍摄的图片……在我国，虽然手机杂志还不普及，但在 Viva 的手机杂志平台上已经拥有了 1000 多万的用户。Viva 与全国 1500 多家报刊社开展新媒体合作，实现了杂志图文、音频、视频的混排，平均每天推出 5 本以上的手机杂志。

在我国，无论是传统媒体还是网络媒体，都越来越看重移动端的用户和新闻资讯资源：一方面，传统媒体纷纷以新闻客户端的形式入驻网络媒体，或整合资源打造全媒体形态。2014 年面世的《留学》杂志，就是一本全媒体杂志。主办人介绍说："除了手里的 96 页纸，还有'光明留学网'、新浪微博、微信、易信渠道——所有这些将严丝合缝地嵌在移动互联设备上。"另一方面，网络媒体主动开放平台，积极寻求与其他媒体的合作，并开始"收编"众多的自媒体。腾讯在打通技术壁垒之后，将新闻客户端、微信和手机 QQ 等渠道整合在一起，正在搭建一个更为便利的阅读平台；用户不仅可以即时获得新闻资讯，还可以针对热点事件即时进行评说与互动。

随着智能手机的普及，近年来又出现了新的新闻信息传播渠道，最时髦的是"新闻客户端"。苹果公司利用 App Store 与众多国际媒体合作，其平台上已经拥有了上千种报刊的内容。苹果用户只要预装或下载新闻客户端软件，就可以离线或在线阅读你所关注的新闻信息。近年来，我国的移动新闻客户端发展迅猛。首先是传统纸媒利用内容优势，纷纷推出报纸类新闻客户端。2009 年 10 月，《南方周末》开发了 iOS 系统手机客户端，将"这里，读懂中国"延伸到了手机阅读，以应用程序方式将报纸每周的头条和重要栏目的内容，以最简单的文字标题列表方式展现在手机屏幕上。其次是门户网站开发的新闻客户端，比如网易为手机用户提供全天候的滚动式的即时新闻，搜狐把受众锁定在草根用户，百度则利用其搜索引擎技术为手机用户提供海量的新闻信息。再就是一些特色鲜明的新闻客户端，如新华社的多媒体新闻栏目《中国网事》，是国内首个集文字、图片、视频、微博于一体的"融媒体"新闻客户端；还有倡导"体验精致阅读"的扎克（ZAKER），以及许多社交网站的新闻客户端。

新一代智能手机同时具备了覆盖面广、随身携带、个性化、互动等新媒体传播特点，不仅可以实现整个互联网功能的延伸，还可以结合移动位置信息、语音识别、手势识别等感知信息，提供比桌面电脑更丰富、更人性化的功能。除了传统的新闻形式，还出现了个性、互动、附加终端感知信息等愈加丰富的新闻形式，如新闻彩铃彩信、图说新闻、铃听新闻、多媒体掌上新闻等。我们在手机屏上看到的新闻，是音视频、各种图表、状态更新、编读互动的糅合体。在智能手机平台上，用户可以订制自己关心的频道和多媒体形式，信息提供者也可以跟踪用户的阅读习惯，进而推送与用户位置信息相关的信息产品。如应用 BNO News，就可以在第一时间将重大突发新闻发送给用户。

这些传统媒体无法实现的行为，第五媒体都能够轻松实现。在移动互联网上，呈现出了现场同期声、多平台、秒互动、弱把关、泛关联的跨时空、跨媒介层的融合性报道。手机像是一个威力无穷的搅拌器，让媒体形式的界限越来越模糊，搅来搅去，让"媒介融合"成为一种不可逆转的趋势。

纵观全球，美联社、路透社、法新社等西方主流媒体，已经全面介入博客、播客、手机电视、3G 移动电话、WAP、PDA、即时信息、数字版权交易等新媒体领域。CNN、BBC 和新华通讯社等国际大媒体，都在智能手机平台上部署了自己的应用软件。2010 年 9 月 1 日上午 10 时，"手机新华网"3G手机版（3g.news.cn）上线运行。"手机新华网"通过智能搜索与自动转换技术，将桌面页面自动转换成适合不同类型手机终端的浏览页面。新华社发布的主要新闻信息内容均能在手机上同步展示，并实现对中国移动、中国联通和中国电信三大运营商用户的全面覆盖。只要你有一部智能手机，就能随时随地地获取到新华社发布的消息。

美国的摄影记者迈克尔·克里斯托弗·布朗凭借一部苹果手机，跑遍了刚果的矿区，用隐蔽的方式拍摄了许多珍贵的新闻图片。他认为：手机有助于你隐藏真实的身份，记录下更为真实的场景；而且，你也不必再为笨重的设备分心，而一心关注那些正在发生的新闻事件。

一个记者只要有手机，就可随时随地、畅通无阻地将采访所得以微博形式发布出来。2009 年 3 月，美国广播公司通过微博采访美国前总统候选人麦凯恩，这种新型采访方式在网上引发了大讨论，关注程度大大超出了采访内容本身。由于受字符数量的限制，微博开创了一个短新闻写作的时代。140个字虽然不能容纳太多新闻描述词，但足以准确而清晰地描述新闻事件，反而有助于公众快速捕捉更多有用的新闻信息。对大众而言，过去的"受众时代"已经在向"微众时代"转变。现在，用手机上微博了解新闻，发表意见，发布照片，和朋友们讨论热点话题，已经成为一种时尚。许多青年人喜欢微博，特别关注"有报天天读""三联生活周刊"的微博，有的甚至利用其来获取信息，不再看网站新闻了。

摄像手机带来了颠覆性的力量，所有的事件都可以记录在案。通常，视频的现场是最具冲击力的，也是最直接、最真实的画面，即使是以最简单、最原始的方式展现出来，依然具有令人震撼的艺术效果。由于手机体积很小，很容易带入一些保密场合，一些非记者身份的人，也可能抓拍到现场画面。伊拉克处决萨达姆时，一名不知名的保安用手机拍下了当时的视频资料，很快就传播到了世界各地。

进入 4G 时代，媒体迎来了新的发展机遇。之前带宽的限制将不复存在，过去的"照片即拍即传"也升级为"视频即摄即传"，记者和"准记者"都可以利用 4G 手机或带有 4G 模块的其他终端设备拍摄新闻图片与视频，并在短短几秒钟上传至接收系统。现在的新闻直播间或转播车都可以简化为随身携带的一体化设备，并实现新闻直播的"快速出击"。新闻机构也可以运用 4G 技术建立高效的报道指挥系统，借助 4G 网络和手机实现与分散记者的即时双向沟通。

微博与手机相互借力，成为信息场上的最强者。因为微博，手机的短信功能演化成了即时文字报道，手机的照相功能演化成了即时图片报道，手机的录像功能演化成了即时"电视报道"，手机的录音功能演化成了即时"广播报道"。从这个意义上讲，手机和微博的嫁接媒体是融合了各种媒体表现形式的"融媒体"。

美国传播学家马克·波斯特认为，由于互联网等电子媒介的迅猛发展，交流的信息模式促成了语言模式的彻底重构，它将"人们熟知的现代主体被以信息方式置换成一个多重的、散播的和去中心化的主体"。过去，由于社会地位的不同，以及事实上存在的社会影响力的差异，人们的话语权也是有大有小的。但是上网手机和微博的出现，改变了人微言轻的状况，140 字以内的篇幅和发布的即时性，大大降低了民众表达意见的门槛。在微博平台上，每个普通人都是媒体，你是信息的源头，也是信息的接受者，还是信息的传播者。凭借具有摄影、摄像、录音、绘画、文字操作以及下载、上传等多种功能的手机，每个人都可能客串一把记者，报道你采访到的或者是偶尔获得的新闻事件和新闻人物，尤其是偶然遇到的突发性新闻。如果在某个突发事件现场，许多人用自己的手机和大脑向微博表述，那么网上呈现的就是集合式的描述场景，必定也是最接近事实真相和事件全貌的。如果你喜好的话，还可以当草根时事评论员，通过一部手机，就可以在网上盘点时事，纵论家事国事天下事。普通人的点评和建议中也一定会有真知灼见，不论你是什么人，只要你提供的信息和发表的意见足够吸引人，就会被更多的人一级一级地转发。而许多人短时间内集中转发，就会使得 followers 雪崩式地增长，所以，微博客的 SNS、即时通讯更能凝聚网民的力量。在微博的地界上，围观就是一种力量，经过无数次的转发和链接后，微小的个人意见也会形成强烈的社会共鸣。

　　微博技术让手机变成了名副其实的大众媒体。它传播的特点是"精准"。为什么呢？因为手机凭借微博平台把无线网络与有线网络嫁接起来，让 follow 你和你 follow 的 followers 看到你发的信息。Follow 你和你 follow 的人往往是对你和你发的信息感兴趣的人，而且每一 follower 的转发，联系的也是具有同样兴趣点的人。如此精准的传达，也许涉及到的是"窄众"，但都是有效受众。伦敦奥运会举行时，与伦敦相差 8 个时区的中国，出现了一个叫作"伦敦奥运新闻"的微博账号，结果一呼百应，很快就吸引了百万之众，他们一边看比赛，一边进行评论、转发和收藏。

　　事实上，用手机上微博的"新媒体人"，他们的发稿数量和频次，都是传统老记望尘莫及的。有一个事例可以说明这一点：在甘肃舟曲泥石流灾害发生后，重庆理工大学外语学院大二学生王凯，以 "ayne" 为名发的微博成了网友甚至媒体了解灾情的重要信息源。仅 2010 年 8 月 9 日一天的时间，他就发了 100 多条关于灾情情况的微博，在网上迅速传播开来。

　　Twitter 是社交网络实时信息的最典型代表，其本身具有的即时性，使之成为一个突发事件的新闻平台。2008 年 12 月美国丹佛国际机场飞机脱离跑道事件、2009 年 1 月美国航班遭飞鸟撞击迫降纽约哈德孙河面，2013 年韩国客机在美国机场发生事故等，都是用户通过 Twitter 平台率先发布的。

　　如今，任何事件的目击者都能抓拍现场见闻，并且能不经过新闻媒体的过滤和时效延迟就向熟人圈甚至整个世界展示。普通人拍摄的手机照片或视频，也许画面是粗糙的，但它向人们展示的新闻事件是最及时的，也是最真实的。在记者们抵达现场之时，这些画面已经展示出来啦，呀！这里发生了突发事件。比如在美国，随着飞机降落到底特律，圣诞节炸机未遂事件的嫌犯奥马尔·法鲁克·阿卜杜勒·穆塔拉布的形象已经通过手机传播开来。在重视第一手新闻的时代，只要你是一个有心人，你又恰好遇到了新闻事件，就可以通过手机联系网络，发出自己的报道。在所谓的自媒体时代，新闻的传播形态往往是以个人为中心向四周扩散的。2012 年 8 月轰动世界的"英国王子裸照"事件，就是参与淫乱聚会的几名女孩用手机拍摄后又转给小报记者的。

移动媒体正迅速地改变着人类的传播方式，伦敦奥运会就是一个有说服力的例子。奥运会报道的"战火"从版面、遥控器转移到"指尖上"来，无论是 iOS，还是 android，都涌现出海量的与奥运会有关的应用程序；如果你使用苹果应用商店免费提供的一款软件，就可以便利地观看比赛的直播和回放的视频。有人说，移动互联网俨然成为伦敦奥运会的第 301 项赛事。

在中国，腾讯的微信通过在线沟通应用，建立起了一个开放平台，事实上成为移动互联网的一个"超级入口"。借助微信公众账户的信息推送功能和 6 亿多用户，自媒体迅速成为传媒界的热词。自媒体像一条条精力充沛的小鱼儿，在大众媒体的石缝里钻来钻去的，不少人玩票搞新闻并乐此不疲。

搜狐的张朝阳曾率领多名下属前往青海攀登岗什卡雪峰，他强烈地感受到，每个登山队员都是现场记者，大家时不时地低头摆弄手机，前方与后方的人在微博上七嘴八舌地聊着。拉尔夫·霍佩是一位德国人，他曾当过记者。他认为，在新的信息传播系统中，过去那种记者将不复存在，如今，每一个人都是自聘的大众记者。好了，我们应该得出一个结论了：指尖上的新闻属于每一个使用手机的人；只要你愿意，你就可以当记者！

"我拍故我在"的手机自拍照

这也许是一个令人伤感的场景：著名摄影记者史蒂夫·麦克里，独自站立在安葬着美国退伍军人的帕克森墓地，他的神情显得有些落寞。在他 40 多年的记者生涯里，曾用柯达胶片拍摄过 80 多万张照片。此刻，他端起了相机，用柯达公司送给他的最后一卷 Kodachrome 胶片，拍下了墓地里装点着红黄两色花朵的雕像，为即将终结的胶片时代留下了最后的记忆。对此，中国的电影导演冯小刚在其微博里感叹道："一个时代翻篇了，挥之不去的是胶片留在心里的味道。"

胶片时代结束了，数码时代开始了。如同当年有了美国伊斯曼公司的傻瓜相机和柯达胶卷，照相从一小部分人掌握的"专业技术"变成了任何人只要"按下快门"便能享受"开心一刻"一样，有了具有照相功能的数码手机，现在人人都可以做摄影师，做摄像记者。

前不久，我看到了周礼写的《手机壁纸》一文，开头就说："自从手机有了贴图的功能后，大家纷纷把自己喜欢的照片设置为手机屏幕的壁纸，只要一打开手机就能看到自己心爱的人亲切的容颜，让人倍感温馨。"接下来，他讲述了一个很温馨的故事，"记得去年过年时，母亲看到我手机上女儿的照片，她非常好奇，问我是怎么弄上去的？"后来，作者在给母亲检查手机故障时，"惊奇地发现母亲的手机也设置了个性壁纸，一看，竟是我的照片"；"望着母亲满脸的皱纹、两鬓的银丝、佝偻的身影，我突然发现母亲老了，我真应该加倍孝敬她"。故事是这样结尾的，"从那以后，我将自己手机的壁纸换成了母亲的照片。"

我周围的不少朋友是"围脖控""微信控"。他们认为，微博也好，微信也好，第一个好处就是发个图片很便利。前不久，我去一个电影演员家里，大家在院里举行烧烤派对，玩的时候随意拍了一些照片。烧烤还在如火如荼地进行着，我的手机铃声响了，一看正是我现场饕餮的照片。原来女主人刚把这些照片传到她的微博上，有的朋友看到了，又通过微信给我转发过来。现在，许多人都热衷"晒照片"，在微信朋友圈甚至在网络公共空间直播自己的生活，实际上他们晒的是各种心理诉求。有的是为了宣泄压力，有的是为了分享快乐，还有借机炫耀、表达自恋甚至以丑示人的。

手机摄影作品确实便于传递。文华是在珠海工作的白领丽人，最近她放弃了已经使用了 5 年的数码相机，只是带着一部手机走南闯北。她说："我的手机拍照功能一级棒，走到哪里都能拍，拍了靓照，连数据线都不用插，就可以传到网上和亲友们分享。这么方便，谁还愿意带着沉重的相机出门呢？"顺便插一句：万维网的设计者蒂姆·伯纳斯－李也是第一个在网上上传图片的人，那是在 1962 年，他传了一张女生四重唱组合的照片。

摄影是一门艺术，现在人人都抱着一个手机拍照，还可以利用"照片编辑"软件进行"美容"甚至"移花接木"。有一款"Make It 3D"的应用，还可以拍照并合成具有 3D 效果的照片。还有一种"漫画相机"软件，可以帮助人们拍出具有漫画风格的图像来。App 创作团队"美图秀秀"结合多年美化图片的经验，以高清自拍＋自动美颜为特色，专门为女性用户推出了一款"美颜手机"。用户只需要按一个键，就可以实现自己想要的照片美容效果。

对这种便利式的手机拍照，香港专栏作家陶杰表示了自己的担忧，他认为，"手机与相机二合一为 iPhone，加上 Facebook 社交网站的出现，是人类文明的一个分水岭"，人类进入了一个"诸相非相的集体失语时代"。他进一步解释说，"电子网络创造的快餐文化，人手一机，指尖轻轻一触，其实也消灭了摄影，当人人都拥有了相机，当一切都可以拍摄，当图片可以由计算机任意涂抹，摄影失去了意义，像佛法所称的'诸相非相'，镜头里的世界，只剩下一片空妄。电子高科技看似令人类拥有了一切，也令人在幻觉中失去了真实的存在，人类文明的前路令人怵步。"

不少人预测，手机最终会取代数码相机。为了避免这样的结局，索尼、尼康、佳能、三星都推出了新款智能相机。如佳能推出了加入 WiFi 和 NFC（近场通讯）功能的数控相机。这些搭载了智能操作系统的产品，其实都在向"智能手机"靠近，可以用来玩游戏、听音乐、看电影、发微博，还能通过 3G、4G 网络传送图片，有的还有与智能手机联动的功能。专家稼辛评论说："以索尼为代表的相机制造商对智能手机围城的困境，做出了妥协的答复。"也许大家都明白，最终相机还是抵挡不过会拍照的手机。

移动的影像：从手机视频到微电影

你在乘坐北京地铁时，不经意间就会发现：不少人正盯着手机或平板电脑，饶有兴致地在看美剧《纸牌屋》。是的，随着移动通讯设备的更新换代，手机视频用户呈现出不断膨胀的发展趋势。相关调查表明，半数以上的体验用户对手机视频显示出浓厚的兴趣。尤其是年轻人，更倾向于通过互联网、智能手机看电视、看电影、看网络上的各色视频，一个全新的移动观影时代正在到来。

手机电视是基于移动通讯网络或广播电视网络，可以在具有操作系统和视频功能的智能移动终端上收看音视频节目的新型移动媒体业务。目前，我国手机电视主要有两大类：一是基于移动通讯网络的手机电视，也就是 3G、4G，其特点是点播服务与互动性强；二是使用广播电视网络的 CMMB，其特点是带宽充足，画面清晰，用户也不需要支付流量费。

CMMB 是英文 China Mobile Multimedia Broadcasting 的缩略语简称，

意为"中国移动多媒体广播"，就是"中国数字手机电视"。CMMB 采用卫星和地面结合的无线广播方式，主要面向 7 英寸以下小屏幕、小尺寸的移动便携终端，诸如手机、PDA、MP3、MP4、数码相机等手持终端以及车载电视等终端，满足人们随时随地看电视、听广播的需求。当三网合一、媒体交互真正实现之日，手机同时也具备了多媒体影音系统的全功能。

有一种"左眼技术"，可以根据每一幅画面的结构自动调整锐度、亮度和饱和度，让手机的视频画面变得清晰鲜活。我的一位朋友手里的夏普 SH800M 有可旋转的大屏，翻开屏幕，点击手机电视图标，选择自己喜欢的频道就能随时观看。国外已经出现了"口袋投影机"，名字叫"Pico-Projector"，大小和手机差不多，可以装在口袋里随身携带。如果这种袖珍型投影机和手机配合使用，或者干脆合二为一，小玩意、大屏幕就成为现实，不仅可以满足一般人影音娱乐的需要，还可以满足小型会议和商务演示的需要。

用手机上网看电视，只是一个开端；将手机与电视真正结合在一起的是——手机电视。它使用无线数字信号，与卫星电视同步，可以让人们能以便捷的方式收看丰富多彩的各种电视节目。近几年，国内手机电视的发展势头异常迅猛。现已有 CCTV、新华视讯、东方龙、人民视讯等多家机构持有国家颁发的手机电视视听许可证，各地的 CP（内容提供商）也陆续上线，加上部分门户网站、网络媒体以及旗下的二级、三级 CP，我国手机用户已经可以看到数百家机构提供的电视节目。

2005 年伊始，国内第一个手机视频频道——"新华视讯"正式在中国联通的 CDMA1X 平台上线播出。2009 年 9 月 1 日新华社手机电视台正式开播，进入 2010 年，先后实现了在中国电信、中国移动平台上的收费运营。该电视台分直播频道和点播频道。直播频道 24 小时滚动播出海内外新闻资讯节目，并随时接入对重大事件和突发事件的现场直播报道。中央电视台的手机电视则通过苹果公司 5000 万部 iPhone，成功覆盖了 142 个国家的 iPhone 手机用户。

手机摄像和社交网站的交汇，让视频分享网站 YouTube 成为一个大热门。YouTube 的官方数字显示，2012 年以来，各地网民上传的有关战争的视频就超过了 100 万件。身处战场的人通过手机就能拍摄和上传真实的视频资料，全球的观众都能在 YouTube 上看到发生在叙利亚等地的"全程视频战争"。

　　国内也有人以 YouTube 的运营模式为蓝本，开始创建视频分享网站。2006 这一年，被人们称为"中国网络视频元年"。现在，有许多手机用户就是通过登录视频网站 WAP 站点，或是下载爱奇艺、PPTV 的客户端应用，通过 WLAN（无线局域网）或 PPTV 在线视频软件来观看形形色色的视频内容。

　　近几年，在 Wifi 技术的支持下，新视频与老电视的争夺战愈演愈烈。在新视频的场景里，智能手机成为新族群的标配。他们热衷的是属于草根的"UGC"（指用户自制上传），在国内外都很活跃；但像《老男孩》这样火爆的作品少之又少，大多数被贬斥为"垃圾流量""工业废水"。在美国，以民间用户自制视频起家的 Youtube，一手支持用户自主上传，一手扶植专业的视频制作公司，走上了一条"朝野合力"的发展路径。国内的优酷、土豆等视频网站，也在效仿 Youtube 的路子，在设法从"视频垃圾"中淘宝的同时，通过 UGC 与电商的结合、联合原创视频团队、挖掘实用生活信息等手段，极力寻找 UGC 的可持续盈利的模式。

　　现在通过手机看视频节目，变得越来越方便了；而亿万部上网手机也为网络视频的发展提供了新的动力。现在，网播电视剧已经成为电视节目市场的新宠。乐视、土豆、优酷、酷六、激动等网站纷纷购买节目。2010 年在上海电视节上，土豆网带来了中国首部网络自制剧《欢迎爱光临》，它标志着网络视频已经开始从平台提供商向兼具内容出品方的转化。网络不仅是观影的一个重要渠道，也是大众影评的重要场域。时光网、现象网、银海网等专门的电影网站，能够提供丰富的电影讯息，并成为影迷集中发表观点的地方。各大门户网站都有聚拢影迷的地方，如网易的"我爱电影"、新浪的"影行天下"、Tom 的"影视沙龙"等；而西祠胡同的"后窗看电影"、天涯社区的"影视评论"、豆瓣网的"电影小组"等，属于综合性论坛的电影版，吸引了专业素养比较高的电影人和影迷。由于手机的介入，这种评论变得更快捷也更平民化了。

　　越来越多的 PC 端的视频用户正在不断地向移动端转移，手机族正在成为网络视频用户的"新鲜血液"，移动中的眼球像夜空中闪烁的星星，为视频产业展现出美丽的发展图景。无论是苹果平台，还是安卓和微软，都在寻求与视频联姻。比如在苹果新的 IOS 的系统里面，其中文版本都内置了优酷土豆。暴风影音、PPS 等手机客户端也很火热。"快播"在苹果 App Store 上线后，短短十几个小时就攀升至苹果系手机和平板电脑应用软件排名的首位；百度在强化爱奇艺的同时，顺着"快播＋伦理片"的路子，推出了"百度影音"。面对"快播"式的"截杀"，优酷土豆、腾讯视频、搜狐视频在讨伐盗版行为的同时，也频频出招，以争夺移动端用户的眼球。在 2013 年，我国移动视频的播放量突破了 1 个亿，来到了商业化的临界点；数字也表明，到 2014 年初，我国利用手机端在线收看或下载视频的用户已经达到 2.5 亿。让人期待的是，步入三网合一、多屏互联时代，人们将会获得更为优质和惬意的视频体验。

手机微视频已经成为一种时尚。美国在 2011 年就出现了"移动短视频社交应用"产品，这一应用可以帮助用户即时摄取、即刻生产并快速分享 30 秒以内的自拍视频。后来又出现了 Now This News 等主打短视频新闻的网站。国内新浪微博的 4.0 版客户端，内置了"秒拍"，该应用支持手机用户实时分享 10 秒的短视频；腾讯也迅疾跟进，推出了便于好友互动的短视频应用"微视"。

手机越来越强的摄像功能，激发了普通人的"拍摄"冲动和兴趣。手持一部手机，就可以随时随地拍摄地球上发生的任何事情，并能在几秒钟之内将你获取的信息以视频图像的形式传送出去。这样一来，普通人获得了影像纪录的话语权，甚至变为记者，变成电视人、电影人。我们可以大胆地预测，随着智能手机的普及，影像拍摄的疆界将成为不设防的疆界，大批闯入者的到来，会颠覆业界的基本秩序。这些闯入者的武器就是——智能手机。智能手机是他们便携式的摄录设备，也是草根记者的电子新闻采集工具。

2013 年，美剧《纸牌屋》成了一个样板，它带来的启示是：网络视频"拍什么""怎么拍""给谁看"，都可以在云计算的支持下"算出来"。国内的视频网站，纷纷玩起了"自制剧"。站在 4G 时代的门槛前，整个网络视频界又处在新的躁动之中。移动端来势凶猛，视频网站的移动互联网流量开始暴涨。优酷土豆集团称，将大力推动包括手机屏在内的多屏战略，同时发力自制内容，打造属于自己的内容生态圈。新浪微博也宣布 2014 年将斥巨资支持用户的原创作品。通过《屌丝男士》《极品女士》尝到甜头的搜狐视频，更宣称 2014 年是"原创视频元年"，准备力挺来自草根的原创视频作品。

移动互联网时代为微视频的传播创造出了难以想象的快捷和便利。数字时代的"微元素"、娱乐的"速食消费"，以及阅读和观看的"碎片化"，让名之为"微影"的艺术样式横空出世。"微影"指的是利用手机、相机、摄像机等数码产品拍摄出来的具有故事情节的视频短片，一般在网络上传播，便于人们利用手机等便携式终端在零碎时间观看。北师大的周星教授认为，微电影具有"微影""微平""微力"和"微名"四个特征，就是具有电影的结构，短小却精致；以网络作为传播平台；投入少，成本低；大多属于草根创作。"四微"最重要的当属包括手机为终端的"微平台传播"。首师大的盖琪女士认为，微平台传播的特征是："传播内容的碎片化，传播行为的去中心化，传播频率的几何级数化，传播架构的超级链接化。"

韩国的著名导演朴赞郁利用 iPhone 拍了一部电影《夜钓》，这部 30 分钟时长的超现实影片既有喜剧色彩又充满惊悚元素，讲述了一个中年男子在夜间垂钓时从河水里钓到一名女子的故事，表现了充满盛衰沉浮的无常生活。他说："与一部精心策划的电影相比，这是个全新的经历。随意和下意识的拍摄带来了惊喜。人们有了更多的选择。"

在欧美地区，微电影成为文艺片导演抒发情怀的便利载体。早在 2002 年，宝马公司就邀请吴宇森、托尼·斯科特等知名导演分别执导制作了 8 部时长为 15 分钟的微电影。在微电影的制作上，欧美以特效见长，而日本人擅长讲故事，喜欢拍摄表现纯爱或悬疑的作品。值得关注的是，韩国著名导演朴赞郁拍摄的《波澜万丈》，把手机的摄像功能发挥到了极致。现在，国外已经出现了艺术水准很高的微电影，像法国的微电影《调音师》，片长 13 分钟，却糅合了神秘、惊悚、悬疑、推理等多种元素，极具艺术张力。还有一部 5 分钟的《3X3》，讲述一个很生活化的故事，幽默中让人励志。

而在国内，微电影一开始就"被广告化"了。2010 年秋，优酷和某汽车商合作拍摄的《老男孩》，带着汽车的 Logo 画面走红网络，这让广告商发现了微电影的商业空间，但走入商业一途后，大多微电影作品成了长广告。胡戈这样说："广告商告诉你，我有这么一个产品或者是品牌，围绕这个，你来出一个剧本，拍一个微电影。"在这种情况下，很难保证微电影的品质。由于能够拍摄视频的智能手机和相关编辑软件越来越普及，许多人都想过一把"导演瘾"；为了满足粗俗的"窥奇欲"，不少粗制滥造的所谓"微电影"充满了"性"和闹剧式的情节。如果你打开视频网站的微电影版面，就会发现，热播区里充斥着《一夜情深》《开房 144》《坐台》这样的低俗之作。

现在说微电影有点玄虚，你很难说哪些是微电影，哪些是微电视剧，哪些是微型纪录片？在分不清界限的情况下，应该通称为"微视频作品"。还有一个概念是"手机电影"，尽管已经有了手机电影节之类的活动，但究其内涵，一时尚不明了。唯一可以肯定的是，其播放终端是手机。

不过，移动的影像终究会变得清晰起来，即使你还是偏好传统影视的形式，也难免会受到新媒体文化的影响。一个最好的例子是陈凯歌，当微电影的雏形《一个馒头引发的血案》出现时，一直置身于象牙塔里的这位贵族导演，当时对这种恶搞短片嗤之以鼻。可过了六七年，陈凯歌却不得不直面网络文化，他在拍《搜索》时低姿态上阵，也开始自我嘲笑，甚至整蛊卖萌，嘴里还不时说些"二""苦B""屌丝逆袭"等热词。我们希望陈凯歌这样的老导演关注微视频，关注手机电影，更期待专门拍摄小屏幕电影的导演"应运而生"。

未来的移动端视频究竟会有多么奇妙呢？HTC 和 LG 已经推出了裸眼 3D 屏幕手机。随着这项技术的完善，我们可以不用戴眼镜，就能欣赏到 3D 电影和其他 3D 视频作品；甚至穿越时空，看到你曾在梦中出现过的三维图像……

"手指革命"引发的短信潮与段子文化

1992 年 12 月 3 日，世界上的第一条手机短信从英国的纽伯里发了出去。当时"沃达丰"（Vodafone）是世界上最大的流动通讯网络公司，它的董事理查德·贾维斯在一部笨重的移动电话上收到一条祝贺圣诞节快乐的短信——"Happy Christmas"；但这条短信是工程师尼尔·帕普沃思从台式电脑上发出的，直到两年后，诺基亚公司才推出了第一款能够发送短信的手机。

手机短信为人们提供了一个人际交流的新空间。这种不需要第三方传递、不受时空限制、收费又低廉的沟通方式深受年轻人的欢迎，乃至引发了一场"手指革命"，全球各地的人每秒钟要发送数十万条用各种文字写成的短信。

英国人每秒钟要发送 4000 多条短信，如果按 6900 万手机用户计算，人均每月发 70 条短信。英国人发现，有 40% 的人会保留手机内的浪漫信息，近一半人渴望调情的信息和诗篇。27 岁的梅丽莎·汤普森是英国一家保险公司的女职员，2010年夏天，她与男友正在逛街，发现三星公司正在进行手机产品的推广活动。现场工作人员邀请汤普森尝试挑战输入短信的速度纪录。结果，汤普森使用一款三星Galaxy S系列智能手机，仅用了25.94秒就完成了规定内容的输入，打破了美国青年富兰克林·佩奇创造的35.54秒的纪录，由此成为世界短信第一快手。这让汤普森感到惊喜，她说："我平时就习惯回发短信，每天要给我的男朋友克里斯发40条到50条，所以我们俩都知道，我发短信的速度很快。"挑战纪录的短信内容共有26个单词，话语复杂，还很拗口。但三星新款手机的SWYPE快速英文输入法非常好用，使用者在指尖不离开触屏的情况下可以连续输入文字。

美国人也不甘落后。美国密歇根大学和皮尤研究中心发起的"皮尤互联网与美国人生活调查项目"发布的一项调查显示，青少年的大部分通讯联络都是通过短信来完成的，尽管他们也大量使用电子邮件和社交网。研究还发现了其中的奥秘：手机短信具有良好的私密性，因此也就成为传达私密信息的理想手段。美国尼尔森市场研究机构的调查显示，美国青少年除去睡觉之外，每小时发短信的次数平均在6次以上。他们认为，比起通话来，发短信更快捷也更有意思。美国加利福尼亚州有一个20岁的年轻人，名字叫尼克·阿法纳西耶夫，在电影《变形金刚3》里，人们可以看到他的演出，他参演的影片已超过了50部。尼克拥有全美最长的舌头，他可以轻松地用舌头舔到自己的眼睛。他的一个绝活就是用舌头在手机上打字，然后熟练地发出去。他开玩笑说："开车手没空时，用舌头就可以发短信。"

很多韩国人喜欢用手机发短信，一是因为电话费高，二是因为韩文书写体系十分适合于数字化应用。韩国的手机键盘只有约10个字符，韩文字母有24个元音和辅音来组成音节，但通过基本字母的组合，能打出所有的元音和辅音。在手机上输入韩文，比任何一种文字都要快。另外就是社会原因：韩国人也是非常重视人脉关系的，只看一下手机上的快速拨号列表，就能推断出用户的个人生活质量和社会地位。

最爱发短信的是立陶宛人，每年人均发送量达到惊人的3000条。现在，发短信已经成为欧美许多年轻人的一种生活状态，有的甚至沉溺于其中不得自拔，英语中还出现了一些与之相关的新词汇，比如："Texing"就是发手机短信；"Intexticated"是指因读或写手机短信而使注意力分散的状态；"drexing"是指在喝酒时发送短信的行为。

自 1998 年中国开通短信以来，一场手指革命席卷至今。我们中国人虽然经历了从鸿雁传书到手机短信的变化，但 "纸、笔、信"传统沟通方式的三要素依然存在，只不过纸换成了电子屏，笔换成了智能笔或手指，信变成了短信。"短信"这个名字本身，就流露出中国人对传统书信的留恋。时至今日，用短信拜年已经成为中国的新年俗。有人开玩笑说："家书抵万金，短信只二毛。"近几年的春节期间，拜年短信的发送量越来越多，2013 年的蛇年春节达到创纪录的 311.7 亿条。当然，节日短信也带给人们不少烦恼。尤其是逢年过节时，面对批量模板化、千篇一律的转来转去的问候短信，你发不发，纠结；怎么发，头疼；会不会，矛盾。网友 "蓝色火焰"的意见是："如果能自己编段小俏皮话最好，那怕是简单的问候过节好，也是一种诚意。"听从 "蓝色火焰"的建议，逢年过节，我总是自拟一段短信来问候亲友。2014 年春节，我用网络热词写了一首七言诗体拜年短信："长发及腰屌丝笑，大妈逆袭黄金潮。马年一到马上好，土鳖撑着土豪跑。微博未衰微信俏，4G又把 3G 超。人艰不拆点赞高，喜大普奔乐陶陶。"

从短信拜年拓展开来，手机短信这一快捷有效的信息传播方式，业已成为亲朋好友、同事、同学之间沟通交流的重要手段，并随之构成全新的人际交往圈。"段子交往"不仅在公众中流行，也得到不少公务员的认同。不同的 "段子"表达了不同的心态、情感，从另一个角度上反映了舆情和民意。据《人民论坛》记者观察，当前 "段子交往"呈现三个趋势：参与群体越来越广；收发频次越来越多；内容越来越精彩。这种中国式的大众文化现象，引起了人们的普遍关注。

有一个叫罗伟国的作者写了一篇文章《手机短信息》，罗列了手机短信的五大好处：一是联系便捷。"何须鸿雁传音讯，手机短信四五秒"；二是费用便宜；三是表述随意；四是培养文才；五是锻炼手指。作者年过半百，对朋友谈到自己的体会："新试短信练手笔，指僵速慢笑煞你。言有不当请见谅，朋友老朽莫嫌弃。"

使用文字的人际交往，有其特殊的作用。有些话，口头说不好意思，也不会说有文采的话，还是用文字表达好。过去是书信来往，现在是手机短信。有一则劝人节制酒量的短信这样说："为什么给你发短信？因为不想见你。为什么不想见你？因为不敢看你的脸。为什么不敢看你的脸？因为昨天你刚把酒吐完。"

今天，亲友间用短信交流感情、互相问候，已经是我们生活的一个组成部分了。逢年过节，如果收到亲友自己撰写的问候短信，你会感到十分欣慰，留在收信箱里久久不愿删去。短信的形式很多，它可以是一段美文，也可以是诗词，更多的是幽默段子。但其中承载的情谊和文化气息，让我们的生活增添了不少亮色和暖意。在跨越 2012 年、2013 年的"诗词中国"大赛中，短信的参与量数以亿计。

短信一代不像婴儿潮一代那么喜欢煲电话粥。根据美国尼尔森公司的研究表明，在过去的几年里，在 18 到 34 岁的年龄段里，每月使用电话的时长在减少；同期这个人群发送短信的数量却增加了 1 倍以上。年轻人说，他们避免使用语音电话，因为它的即时性剥夺了他们的掌控感，而他们在使用短信、电子邮件时有一种掌控感。他们甚至抱怨说，语音电话本质上是不礼貌的，比收到短信的提示音更干扰人。20 岁的凯文·洛克是乔治·梅森大学的大三学生。他说，他很少和同学打电话，担心被认为没有礼貌或者打扰别人。同学们通常会先发一则短信，预约聊天的时间。他们会写道："我能在某某时刻给你打电话吗？"专家说，人们往往厌烦接打预料之外的电话，而使用短信和电子邮件，年轻人们都会注意交流的方式。通讯方式的不同令年轻人与他们的父母产生了认知上的差异。演讲培训师比尔德说：我的侄女琳赛在马里兰大学上课时，我从来没有接到过她的电话。不过比尔德了解交谈方式发生的变化。32 岁的马加加·金图，不在父母身边时，喜欢用短信联系。他说："我妈妈认为我不想接她的电话。有一天，我在工作时她打来电话，我说："你不必打电话，给我发短信好吗？"她说："什么？你不喜欢接我电话吗？你不喜欢听见我的声音吗？"26 岁的赖斯娜说：她的父母经常用他们认为紧急、但她不认为这样的问题来打扰她。

台湾的《中国时报》发过郝誉翔的一篇文章，作者认为简讯（即"短信"）是"电子时代的浪漫书信"，"它不像电话那么张狂，一直响着铃，逼你回应，也不像电子邮件那么迂回，还得要上网透过电脑。它总是恰到好处，字数不多也不少，符合现代人不长不短，有点黏又不会太黏的感情。"作者接着说，"而人们从口中说出的话，总是会忘记，像一阵轻烟消失在风里，但是文字不会，他们铁证如山，一旦被写成简讯了，那便被牢牢地记忆在手机里。如果我们把一个人手机储存的简讯打开，一则一则阅读下来，就会发现它们有前因，有后果，起承转合，就像是在阅读一本小说。不，比读小说还要精彩，因为其中情节暧昧，线索若隐若现，而形式扑朔迷离，有密码，有谎言，也有真心，而每个字眼都是一则隐喻，又或者，原来都是一出出最精彩的通俗剧。"因此作者认为，"简讯是偷窥一个人的最好捷径"，因为它隐藏着"在现实以外的另一个秘密人生"。

短信文学是手机普及的伴生物。只要你有一部手机，哪怕是最简单最便宜最老式的手机，你就可以写短信。在短信的平台上，不论尊卑，阿猫阿狗都可以担当主角。从一定意义上讲，短信属于草根，就是一种"低层文学"，你可以听到瓜棚菜田里的笑声、来自脚手架和矿井里的呼喊。早在五四时期，就有人鼓吹"平民文学"，后来又有人倡导"民众文学"，主张"到兵间去，民间去，工厂间去"。鲁迅等人掀起过"文学大众化"运动；延安也开展过文学通俗化的运动；80年代，还涌现出"新写实"的小说创作思潮。但有谁会想到，真正让文学回归大众的竟然得益于手机的普及和短信的兴起。短信以及其他类型的手机微文学，正在改变着文学发展的走势。

大多由草根创作的短信作品，注重描述普通人的日常生活并抒发其体验的感觉，是一种新媒体时代的民间文学。其特点是老百姓写老百姓看；写的是自己的生活，谈的是自己的感受，用的是通俗的方式。自我叙述呈现的是本色，细节入手注重的是真实，通俗表达体现的是质朴。比如有这样一则描述打工仔生活的短信："将家捎于脊背／在人群的缝隙间喘息／保持生存状态／陌生的目光如冻河／你是一尾无助的游鱼／索寻暖流的方向／蛰居霓虹灯的背面／看不见家乡的星星和月亮／乡愁是我沉重的唯一行李／注定明天又是风雨飘摇／你必须用信心做砖／满满地敲打／无门的墙。"

"古有唐诗三百首，今有短信红段子"。亿万群众参与的短信红段子文化是记录与传承中华文明的最佳形式。所谓红段子，原来是指区别于黄段子、灰段子的手机短信。更准确地讲，应该是具有先进性、思想性和知识性，内容健康向上，形式短小精悍、效果催人奋进的短信。广东移动是有意识地开发红段子的滥觞地，自2005年起，他们每年都会举办红段子创作大赛。广东移动建立了一个手机用户公开发表作品且人人都可以参与投票的平台（www.hongduanzi.com）。这些创意直接培育了原本并不被广泛接受的彩铃、炫铃等增值业务市场。红段子就是利用手机用户喜欢的形式尝试让主流文化占领手机和网络媒体阵地。红段子发多了，就会变成一种舆情，并形成对黄段子、灰段子的一种矫正力量。来自媒体的报道称：一则"中国之崛起，民族之振兴，你我齐手创，共建辉煌天"的段子，被移动用户相互转发了15

万次之多，被称为当年最牛的红段子。

事实上，主流文化的缺位，不仅是话语权的缺位，也是市场的缺位。在探讨如何解决主流文化价值观缺位问题的进程中，红段子以独特的身份登临了网络文化舞台。从它产生的来源来看，它是由信息服务企业推出的一项品牌业务，不仅完全符合市场运作规律，而且完全符合大众传媒的要求。这项业务在内容上，第一次在网络媒体上将主流文化鲜明化、主题化、系列化。

总体上讲，中国人喜欢发短信，西方人喜欢打电话。为什么呢？首先是因为资费。在中国发短信很便宜。另外就是文化背景的原因。汉语作为独特的表意符号系统，为短信的创作、传播与流行提供了得天独厚的条件。中国人写起段子来似乎是水到渠成的事，因为限制信息字节的手机短信，与言简意赅的汉语似乎有着一种天然的联系；而在英语世界，短信则是对书写传统的一种挑战，因为西方文学长于叙事辩论而短于凝缩提炼。西方段子和中国段子，在传播方式上也大不相同。中国人主要是点对点的传播，而美国人则通过 Twitter 传播，是一对多的传播。一般说来，Twitter 的段子比普通手机的段子，娱乐性要强一些。

段子文化正在影响和改变着人类传统的交流方式和日常生活模式，逐渐成为一种社会风尚。早在 2009 年，江苏睢宁就通过媒体向社会公布了从县委书记、县长到机关各委办局 700 多名领导干部的手机号码。老百姓有意见，可以直接给书记发短信；48 小时得不到回复，相关人员就会被问责。"八一路的绿化带里竟然立了一块 4 米多高的广告牌，太出格了。请王书记百忙之中抽点时间查看一下。"这是县委书记王天琦收到的一条短信。不到两天时间，城管局就去拆除了这块广告牌。在睢宁流传着一句民谣："官员日子不好过，老百姓日子才好过。"短信平台从听民声、解民怨走向了聚民意、集民智，为促进社会和谐发展发挥了不可替代的重要作用。

在中国，好多人开始用微信发祝福的信息了，因为除了文字之外，微信还能带动画效果，可以发语音信息，在 Wifi 条件下还可以视频通话。还有一个原因，作为一个 App 应用，微信使用的是 3G 流量，资费更为便宜。有人说短信会被微信之类的新技术所代替，其实只不过是换了一种形式而已，段子文化是不会轻易衰老的。

　　电子邮件、短信、微信的兴起，让我们一遍遍地刷屏，不停地用指尖敲打和触摸，而懒得去看望远方的亲友，甚至写一封信。如此一来，世界各地的邮局变得"门庭冷落车马稀"，传统业务一落千丈。没有了传统的书信，我们在路边也看不到绿色的邮筒和悬挂着的信箱了，这让一些人怅然若有所失。当然，这些过时的东西也许会作为艺术品保留下来。在法国巴黎南部的 St.-Martin-D'Abbat，人称"信箱村庄"。在这里，人们能看到许多"个性信箱"：面包师的信箱往往是磨房或者烤炉形状的；喜欢宠物的人家，他们的信箱有的像小狗有的像猫咪；还有别出心裁的，古古梅尔家信箱的造型是一个大大的臀部……这些信箱，都是村民们根据自己的喜好自行设计并制作的。为了保持"信箱村庄"美好形象，村民们还特意组织了一个 St.-Martin-D'Abbat 协会，并开通了自己的网站。协会定期接待游客，组织各种信箱的设计比赛，村里一直保持着一种不断创新的信箱文化氛围。

　　过着恬淡舒适生活的瑞士人，依然喜欢通过写信寄信的老方式与人联系。人们挂在嘴边的话，还是"我给您寄信"，或是"您给我们寄信"。在普通人的生活中，写信依然是一项日常内容。他们有事就写信，感觉重要点的事情，还要寄一封挂号信呢。同在一条街上的两个部门，也要通过邮局来传递过往文书。在瑞士人的心目中，信件联系与美好的自然风光和安逸的生活是最为协调的。中国诗人北岛在其诗作《日子》里也表达了对往日书信的眷恋："用抽屉锁住自己的秘密／在喜爱的书上留下批语／信投进邮箱／默默地站一会儿……"

　　过去，人们盼着亲友来信；如今，手机短信却困扰着人们。那些不请自来的广告短信，庸俗低下的短信垃圾，让被动接受者感到烦恼不已。《新民晚报》刊登过童孟侯的一篇文章，题为《手机短信吓煞人》，文章写道："一个有手机的人，一年收到几百上千条短信属于毛毛雨，可是这里面总有很多条是让收信人晕头转向的……比如我曾收到过一条简单的短信：'有买《发》《飘》的请找吴经理，1876444……'我捉摸：《飘》，我是晓得的……可是《发》我就吃不准了……正当我皱着眉头看手机时，一位同事说：你脑子怎么不转弯，连起来读嘛！哦哟，原来是'发票'啊！"让作者感到心惊肉跳的是这样的短信："如要购买仿真手枪请打 19804056……高小姐，有售子弹，可以近距离击倒目标。"作者调侃着说："我何以心跳气喘？怪只怪近年来心脏之坚强度每况愈下，好吧，就当看恐怖片，看过算了。"

　　美国《财富》双周刊载文说，多项研究发现，因为缺少表情、姿势等活生生的情感交流，比起口头交流来，通过短信表达的信息只有五成，甚至连这一半的信息都会被接受者漠视和误读。我们在短信里，看不到那种敞开心扉的真情流露，也感受不到难以掩饰的喜怒悲哀。在商务交往中，短信的效果更是大打折扣。美国《商业伦理报》的一篇论文认为，与面对面交流、视频会议、语音聊天相比，人们更容易通过短信撒谎。因为"短信"属于"匮乏媒介"，它并不能有效传达丰富的情感线索，而这些线索有可能引起人们对欺骗行为的警觉。那些发诈骗短信的人，说话不会磕磕巴巴，眼神也不会四处躲闪，双手也不会颤抖。

　　美国人尼尔·弗格森认为短信会使人变得越来越愚蠢。他在一篇文章中描述道：一个孩子刚刚拿起波提切利的《博士来拜》，就听到了一阵嗡嗡声，这是手机的短信提示铃声。就是这样，孩子们无法静下心来读一本完整的书，不断发出和接收到的短信，把人们的时间和思考都切割成鸡零狗碎的。尼尔庆幸自己还在读书，因为当时"手机还没有像杜鹃鸟一样在年轻人的手掌里做窝"。他悲观地预测到，"在人类居住的地球被巨大的小行星撞击或是被超级海啸吞噬的那一瞬间，数百根灵巧的手指将敲出人类说给自己的最后一句蠢话——永别了。

进入"第四屏"娱乐时代

　　我的一个朋友是"手游控"。马年到了，我给他家打拜年电话，他妻子说，嗨，他又在玩鸟呢？我问，还在玩《愤怒的小鸟》吗？回答说，不，他在玩"像素鸟"呢！终于和这位朋友搭上话了，他兴致勃勃告诉我，《Flappy Bird》（像素鸟）是一款最新潮的手机游戏。在微信的朋友圈里，他也喜欢炫耀他的玩鸟成绩。

　　游戏是人类的一种本能需要，从孩提起到老年，游戏是人们最重要的娱乐方式。从古到今，不论你是玩剪刀石头布，还是多米诺骨牌，都能获得一种愉悦感。然而，传统的游戏无论多么复杂，也不可能像电子游戏一样变幻出无限的可能来。

　　1958 年，世界上第一款电子游戏在纽约长岛诞生了，它的名字叫《双人网球》。到了 1961 年，麻省理工学院的学生史蒂夫·拉塞尔开发出了真正具有人机交互性的电子游戏《空间大战》。30 年之后，日本任天堂的掌上游戏机 Game Boy 开始风靡一时，虽然只有《俄罗斯方块》一款游戏，还是让玩家们乐此不疲。正是日产的任天堂红白机，开启了我国电子游戏的序幕。经历了家用机、单机游戏和网络游戏之后，随着智能手机和平板电脑的逐渐普及，以及各大移动终端操作系统的日趋完善，更多的人希望随时随地地体验高清游戏的快感，游戏的空间正在朝着移动化、轻量级的方向发展。人们过去疯玩游戏机，现在呢，一有闲空就会拿出随身携带的 PSP、手机玩游戏。由于大多智能手机的操作系统都是开放的，这就让普通游戏开发者获得了公平竞争的机会，当玩家手中的手机代替了 Game Boy 塑料盒子的时候，手机就成了移动游戏机。游戏的内容也越来越丰富了，包括竞速赛车、角色扮演、休闲益智、模拟养成、成人娱乐等多种类型，《水果忍者》《捕鱼达人》《百万亚瑟王》《触碰美女》《虚拟城市》《飞机大战》等接踵而来，移动游戏正在成为新的时尚热点。

　　手机大热，让电子游戏更火了！首先是手机硬件的升级。过去的手机，比起 PSP、NDS 等掌上游戏机来，在屏幕尺寸、显示效果、处理速度与操作便利性方面，都存在着较大的差距。现在，大屏幕、高分辨率的智能手机，能够展现更为清晰的画面；通过多点触摸技术进行负载的游戏操作，也改善了用户基于手机进行游戏操作的体验；安卓系统三维游戏的效果已经接近个人电脑。不断出现的新技术一直在为电子游戏"变脸"。"OLED"是一种显示技术，无须背光灯。一些新的应用可以利用变形屏幕的物理弹性实现特殊效果，玩家可以通过倾斜和扭曲屏幕来改变游戏的要素。聪明的手机游戏商，根据手机硬件配置的变迁，顺势建立手游开源平台，着力开发适合主流智能机型的优秀游戏。

　　国外的手机游戏强调竞技、火爆、动作，画面精致细腻；反观国内的手机游戏，大多设计理念落后，还没有形成自己的风格。为了改变国产手机游戏滞后的状况，明智的手游开发商正在寻求突破，比如：移动游戏基地倡导"泛游戏"的理念，通过游戏类型、题材、形态、平台、接触的泛化，致力于打造中国最大的绿色游戏中心。他们凭借"游戏方舟"的展台设计、愤怒的小鸟现场 PK 赛、轻度联网游戏体验以及丰富多彩的互动游戏，吸引了许多年轻的电子游戏玩家。

　　国际市场研究机构 IDC 发布的分析数据显示，在未来的 5 年，中国手机网络游戏市场将迎来爆发期。从盈利模式上来看，手机网络游戏充分借鉴了 PC 网络游戏的收费模式，就是道具和服务收费。用户下载和进入游戏本身没有花费，但是为了获得更好的游戏体验，用户就需要购买游戏中的虚拟道具或服务。

随着"三网合一"的步伐加快，网络游戏迎来了新一轮的发展。因为"三网合一"意味着可以在电视、电脑和手机三个屏幕之间的"共享""切换"，随意玩游戏。如果你在家里的电视机上"种菜"，上班路上可用手机接着玩，到了单位，工间休息时可在电脑上继续玩。新一代人觉得应该尽情享受自己的生活，希望工作在本质上能让人得到感情上的满足。在他们看来，工作的时候休息一下，玩玩线上游戏没什么不好，他们会把游戏当作发泄的一种方式。这代人是在互动中长大的，他们以一种轻松的心态，把娱乐也融入工作、学习和社会生活中。在手机上玩游戏，更有一种随心所欲的感觉。在上下班途中，你可以玩玩诸如《连连看》《吃豆人》等小游戏。当你玩腻了以后，随时可以卸载，再装上新鲜的游戏软件。

当我们拿到一部新手机的时候，起初只是接打电话，收发短信而已，然而不久就会被游戏所吸引。精明的商家看到了电子游戏，尤其是手机游戏的无限商机。《愤怒的小鸟》在成为苹果手机上最热门的游戏之后，很快被推广到其他的手机平台。借助手机的力量，派生出了一个可观的产业链——衣物、玩偶；好莱坞正在着手将其改编成电影，甚至出现了《愤怒的小鸟》主题公园的计划。你知道吗？推出这款游戏的，只是芬兰的一个名不见经传的小公司。在这个公司行将倒闭的时候，公司老板罗维奥从移动互联网的兴起看到了一线生机。随着 iPhone 的问世和 App Store 的出现，罗维奥同所有的游戏开发商一样，获得了直接面对终端用户的机会。这个聪明的人，在合适的时间点推出了合适的产品，于是，他创造了移动游戏领域的一个神话，用区区 10 万欧元的投入，获得了上亿元的丰厚回报。他们再接再厉，不断推出新的版本，最新版的背景是电影《星球大战》的宇宙世界，让"愤怒的小鸟"开打"星球大战"。

在智能型手机 App 的销售平台，每个月都会有 2000 多种游戏上架。澳大利亚迪奥是一个聪明的手机游戏开发商，什么《僵尸时代》《怪兽都市》，以及 2012 年夏天面世的《疯狂喷射机》，都是出自其麾下的人气游戏。迪奥最强悍的 App 游戏是用手指切水果的《水果忍者》，下载量仅次于《愤怒的小鸟》。迪奥的成功秘诀是：精选有"黏性"的游戏，并利用它来制造话题。

2012 年，上海心动游戏开发的《神仙道》苹果 iOS 版成为手游的一匹黑马，月收入逼近 2000 万元。其成功的奥秘是，开发者认识到手机游戏和网页游戏的不同，手游玩家会利用碎片时间不停地去登录，甚至躺在床上接着玩，因而进行了特殊的设置。相对于网络手机游戏，单机手机游戏也在崭露头角。《捕鱼达人 2》《保卫萝卜》《找你妹》《王者之剑》等都取得了不俗的成绩。

现在，苹果、微软都有了自己的游戏中心，谷歌也在打造安卓游戏平台。苹果终端用户通过 Game Center 玩游戏，可以邀请朋友一起玩游戏，查看排行榜；微软提供的 Game Hub 线上服务，可以将其旗下各个平台的游戏互相打通，实现在线对打、邀请玩家和分数排名等功能；而 Google Play 是一个更为开放的游戏平台，许多第三方的游戏开发者希望藉此获得更多的用户。

国内游戏业的巨头，腾讯、网易、畅游、盛大等，也纷纷将目光对准了手游市场。盛大游戏在实施"泛娱乐战略"时，启动了与淘宝账户的全面对接，希望借助电商的流量扭转自己在行业竞争中的颓势。在过去的 2013 年，盛大的情况是端游在滑坡，手游在暴涨，于是他们准备一个月就推出一款手机游戏。在移动网络上"长袖善舞"的腾讯，也在重新布局，力图打造一个涵盖游戏、动漫、文学和影视的互动娱乐平台。腾讯也在走"泛娱乐"的路子，认为游戏是继文学、绘画、雕塑、建筑、音乐、舞蹈、戏剧、电影之后的"第九艺术"。他们借助微信、手机 QQ、QQ 空间的海量用户，仅《天天爱消除》一款游戏就在发布 3 天内获得 2000 多万的下载量；手游《天天酷跑》的玩家超过了 3 个亿；最近，腾讯又玩起了跨界营销的新玩法，将上海通用汽车旗下运动风格的车型植入其《天天飞车》的手游中。从客户端游戏到网页游戏，又到手机游戏，手游一时间成了一块令人垂涎的"肥肉"，诱得华谊兄弟也进军游戏行业，希望"分得一杯羹"。手游行业不仅有大鳄鱼兴风作浪，也有小虾米们不断制造的神话。三五个人，七八条枪，就拉起队伍，几个月就推出一款手游产品。从 2013 年盛夏开始，手游进入了一个火爆的狂欢期。手游，这个被投资界称为"充满了凶猛野性的新物种"，吸引了整个资本市场的目光。不少机构冒着"野蛮生长"背后的风险，借助 4G 的风，企图在 2014 年让手游变得更加凶猛！

专家分析未来的手游趋势，认为社交游戏会是一个热点。微信 5.0 版推出自己的游戏平台后，首先发布了《经典飞机大战》《天天爱消除》两款轻度休闲游戏。一时间，"打飞机"成为时髦，用户在玩游戏时还可以获得朋友的帮助。微信的优势就是利用关系链推广社交游戏。有人分析说，和朋友一起玩游戏，互动性强，还可以满足一种攀比心理；因为微信会生成一个定制化的榜单，挂在朋友圈，当用户看到后，心理上一定会产生争先恐后的感觉。事实上，利用微信平台的手机游戏《疯狂猜图》《谁是卧底》《桌游助手》等都取得了不俗的成绩。风行一时的《智龙迷城》打的是"搜集"牌，这款口袋妖怪类型的游戏能够帮助玩家搜集到越来越多的怪兽。它还利用搭售方式与其他游戏进行交叉推广，例如在有限的时间地牢模式和有特殊意义的收藏怪兽中加入《愤怒的小鸟》、COC 以及《蝙蝠侠：阿甘起源》游戏角色元素。另外，手机触摸和基于位置的服务（LBS）等特性将会成为未来游戏的新亮点；在手机平台上，卡牌和塔防等策略类游戏也有很大的发展空间；还有人试图突破游戏和视频的界限，让手游玩家获得玩游戏和看电影的双重快感；一个新的趋势是跨界合作，例如手游《刀塔女神》就是与茶饮品牌合作推出的"联手产品"。

现在，中国的手游用户已经超过了 3 个亿，年销售额也超过了 100 个亿；它带来的商机是那么诱人，于是出现了"专业智能游戏手机"的概念。2013年夏季，ATET 推出了全球首款配备专业游戏手柄及 KongFu•OS 的智能手机，同时首发了《狂野之血》《现代战争 4》和《地牢猎手 4》三款重度手机游戏；2014 年初，苏州的蜗牛公司也与 TCL 合作，推出了"snail"游戏手机。

由于智能手机的推波助澜，电子游戏的上瘾性表现得更加明显。马伯庸在《下里巴征候群》一文中说："……当我前天偶尔在手机里下载了一款类似口袋妖怪的 JAVA 游戏以后，我连索尼的 PSP 都不玩了，每天在班车上和地铁里不停地按动手机键，正是一位真正的无聊上班族。"手机让更多的人染上了电玩之瘾，它在渐渐地侵蚀着年轻一代的生活。当你发现骨灰玩家为打游戏而废寝忘食、对别人的话充耳不闻，有正经事也拒绝离开游戏界面的时候，你就有理由担心了。有意味的是，最近国外出现了一款新游戏——Zombies,Run! 中文名字叫：僵尸，快跑！它引导人们走出被僵尸占据的虚拟空间，到真实的世界去奔跑！

除了手机游戏，手机音乐、手机动画等，也是非常热络的手机娱乐形式。从 2000 年上市的第一台集成 MP3 的西门子 6688，到 2012 年推出的索尼

LT26i 双核音乐手机，再到 2014 年面世的具有独立音乐播放功能的三星手机，手机播放音乐的效果越来越好，似乎非要废掉音乐播放器不可。我的侄子是一个音乐发烧友，先后换了好几款音乐手机，还有一部苹果个人音乐播放器。最近他又买了一部联想的乐 Phone A500，它拥有震动双喇叭，在小巧的手机空间里，你可以感受到低音炮的震动。它的瓷缸喇叭可以挑战极致高音，完美地演绎 Vitas 海豚音。诸如纳米音腔技术、防破音技术、降噪技术和智能音乐技术，使手机音乐的音质几近完美。我一个朋友的女儿玩的是乐 Phone S560，也是一款音乐智能手机，经常会从她手机里听到《妈妈咪呀》的经典旋律。最近，她又迷上了美国流行歌手嘎嘎女士的《天生完美》，一边用手机听，一边跟着学唱。如今，音乐播放器已经成为智能手机的标配。新出现的 Dj 混音智能手机采用滑盖形式，滑开手机盖之后，它就是一个迷你型的 Dj 操作台，非常方便混音操作。

在电子音乐领域，乔布斯也是一个传奇人物。2003 年，乔布斯推出了 iTunes 音乐商店，让音乐下载发生了根本性的变革。之后，他孕育的苹果系列的平板电脑和手机，都可以方便地下载你想听到的音乐，还可以储存上千首歌曲。即使在浩瀚无际的星空，依然可以听到乔布斯传布的乐曲。你可知道，在乔布斯辞世的那一刻，国际空间站的 3 名宇航员正在用苹果产品欣赏他们喜欢的音乐。得知乔布斯逝世的噩耗后，国际空间站的指令长迈克·福萨姆，从距离地球表面约 360 公里的地方说："人类的每一代人中，都会产生像乔布斯这样怀着伟大梦想的人。他们凭借自己不凡的天赋和超群的能力，使得梦想成真。"年轻时的乔布斯就是一个痴狂的音乐迷，他喜欢披头士，喜欢鲍勃·迪伦，与不少音乐潮人保持着密切的私人联系。乔布斯将他的音乐品味，以及年轻人喜欢的音乐风格，尽可能地体现在他的电子产品中。他不仅引领了流行文化的风潮，还创造了音乐商业运作的模式。对喜欢音乐的人来说，乔布斯的贡献甚至超过了音乐家，他也因此成为全球电子音乐迷的偶像。

苹果公司推出的"iTunes Match"这个在线音乐服务项目，是数字多媒体演进的一个关键步骤，它让音乐云服务成为现实，让每一个用户都拥有了一个大容量云储存硬盘，还省去了备份和上传的烦恼。通过这项服务，你手里拿着一部苹果手机，就能随时随地听到你想听到的音乐，看到你想看到的视频。现在，新版的音乐手机大多内置云音乐播放器，可以随意下载你所喜欢的音乐，比如刚刚流行开来的、美国少女艾莉森·戈尔德的单曲《中餐》，以及中国马年走红的"暖歌"《时间都去哪儿了》。

苹果利用 iCloud 将为全球的音乐爱好者提供更好的服务。苹果用户现在及过去从 iTunes 购买的歌曲，将免费发送到设备上去，他们还会享受到"iTunes Match"新的服务，系统将会查看用户设备和硬盘中以其他方式获得的音乐，并将其储存在电脑服务器上，便于用户随时随地地访问。让用户感到更便利的是，他们在无须与电脑连接的情况下，就可以访问目前储存在不同设备上的音乐、文件和图片。

作为各种音响技术标准的制定者，杜比技术在家庭多媒体娱乐、电影等领域都有广泛的应用。杜比公司也顺应潮流展示了集成有下一代杜比移动娱乐体验技术（Dolby Mobile）的多款移动手机产品。以后的音乐智能手机，还可在连接电视机播放高清电影时，输出高保真的 5.1 声效。

有的智能手机可以下载相关软件，用来编写歌曲。一首用 iPhone 软件创作的歌曲《ABCD Said》，在网上引来了上千万的点击率。随着歌曲一起火爆的张萱妍说，"这首歌是我用手机'玩'出来的"。你还可以利用手机演唱自己喜爱的歌曲，让 Glee 合唱团为你和声。如果你有点走调，他们还能纠正你的音准。当你下载了"手机 K 歌软件"，你还可以玩一个人的 KTV。在手机屏幕上，你可以看到原人原唱的 MV 伴唱画面，还可以看到实时现实的"蓝巨星"模式的评价，晓得自己在节奏、音高、音准上与原唱者的相似度和准确度。还有一款可以生成音乐的 App，使用者在界面上轻击、滑动或者做出其他的手指运动，就能创作出无限美妙的嘻哈乐曲、电子音乐、舞曲和高科技音乐来。

在西方，连从事古典音乐的人也开始尝试如何利用数字媒体和手机来扩大其影响了。美国洛杉矶爱乐乐团成立了专门的数字营销部门，乐团向其官方网站和脸谱网、推特网个人首页上传送有关音乐家的视频、图片和个人故事，以及观众提供的资料，以此联络粉丝并在网上销售音乐会的门票。他们还设计了一款能够创作音乐作品的在线游戏和智能手机应用程序。该乐队鼓励听众在露天音乐会举办期间，利用智能手机收发微博和信息。29 岁的听众帕切克在观看演出时，当《费加罗的婚礼》序曲响起时，就拿出自己的苹果手机，激动地给朋友们发了一条微博："此刻，我正在欣赏月亮在露天剧场后面升起……多么美丽的音乐，多么迷人的夜晚！"据美国《大西洋标准》杂志报道，美国新近出现了"微博音乐会"。只要你用手机下载了"移动交响乐团"的软件，就可以收看音乐会的实况并参与即时互动。一位名叫罗伯特·麦克伦登的年轻记者在收看古典音乐会时，边看边发微博进行评点。事后他在《新闻记录报》上写道："这种体验真爽！它让我从一个单纯的观众变成了一名积极的参与者。"

视频音乐、手机音乐的兴起，让娱乐的风挡也挡不住了。2012 年，随着韩国"鸟叔"的爆红，许多年轻人将他的名曲《江南 Style》下载到手机上，一边播放，一边跳"骑马舞"。到了 2013 年，布鲁克林 DJ 鲍尔改编的电子舞曲《屌丝舞》又风靡开来。《屌丝舞》的开头通常是一个戴着面具的人在跳舞，而在副歌响起时，周围的人们就加入进来，拿着充气长颈鹿之类的东西疯狂地舞之蹈之。

科学家表示，音乐留在脑中的记忆比其他所有的人类经历都要深刻，音乐唤醒情感，情感带来记忆。手机彩铃的魅力也在于音乐。有一个绝望的女孩，曾多次想自杀，后来她把自己圈在卧室里，过着不见天日的孤独生活，家人为之忧心忡忡。后来，女孩的母亲想到一个办法：在女孩生日的那一天，她发动好心的人们给女儿打电话，每个电话前都有好听的手机铃声。当《祝你生日快乐》的铃声响起时，一股股暖流从女儿的心里汩汩流过，她听到了世界上最美的手机铃声，感受到了深沉的母爱和好心人无私的关爱，渐渐地找回了对生活的信心和青春的活力。现在，升级换代的彩铃产品越来越丰富，手机用户可以订制自己的个性彩铃。

不得不承认，中国移动公司是有先见之明的，他们本不生产音乐作品，却利用自己的渠道和用户优势，在成都建起了自己的音乐基地，已储存了280 多万首歌曲供用户下载。虽然每首歌只收取两元钱，一年的总收入也有大几十个亿。有人调侃说，中移动哼着小曲就把钱赚了。腾讯、阿里巴巴和百度也开始投入资金，以获得分销音乐的专有权。现在，还有好多独立音乐人、创作型歌手在虾米网上开辟地盘，希望在这个在线音乐平台上找到自己的"饭碗"和"知音"。可以预知的是，移动数字音乐的发展空间巨大无比。我想，除了下载歌曲、彩铃等简单的方式，以后还可以组织掌上 K 歌活动，倡导"交谊音乐"，一边唱我们自己的歌，一边听朋友的歌，让手机音乐随时随地温暖人心。更为重要的是，音乐一定会成为手机产品的一个重要构成部分。比如手游音乐，不仅可以满足人们一边玩游戏一边听音乐的需求，还通过音乐强化游戏本身的文化内涵和艺术感染力。

谈到《聪明的一休》《美少女战士》，还有宫崎骏，以及秋叶原……我们无不感叹日本动漫的影响力之大、之广。现在，日本动漫又在"漫"向手机屏幕。银之介在《动漫里的日本味》一文中说："面对现代工业文明充斥的僵硬和逼仄，洞悉其中的日本动漫作者用动漫符号表达着他们对社会的观察和审视。而这些观察和审视在动漫中得到展现，并浓缩到了一个个新奇的符号里……"我们似乎可以接着说，"这些新奇的符号在手机的触摸屏上会变得异常活跃，因为它们具有一样的流行文化的基因。"移动网络的不断成熟为手机动漫的发展提供了更好的发展环境。中国传媒大学动画学院院长廖祥忠说："无论在什么地方，手机网络都可以提供最新的动漫节目，世界上每天都在发生的事情和正在上演的故事，都能以动漫的形式呈现于手机上。"动漫具有天生的亲和力，符合手机作品直观简洁的特性，且便于搭载时尚文化。我们可以预见，用手机玩动漫必定会是未来移动地带的亮丽风景线。

韩国有一个名叫李海珍的"技术男"，网上称他为韩国版的"李彦宏＋马化腾"。在创立了世界第五大搜索引擎"Naver"之后，李海珍又杀入移动领域，与金秀凡一起推出了一款免费聊天软件"KaKao Talk"。这款软件的一大特色就是"动漫化"。他们在创意上大胆吸收了日本动漫的元素，将夸张的动漫人物制作成妙趣横生的表情符号，以增加人们在聊天时的情趣。

中国移动的一项发展战略就是，打造手机动漫基地。移动的福建手机动漫基地主打"数字衍生品"概念，"让通信过程动漫化，让手机屏幕动漫化"。也就是利用动漫中的原创人物形象，结合数字信息技术，并经过专业设计，开发出一系列可供售卖的数字信息服务或产品，如动漫主题、动漫头像、动漫彩信等。这样一来，用户来电时，手机上就可以显示出十分可爱的卡通原创头像，通话过程中还可以随时传送各种动漫等，使得手机应用更加精彩。

现在手机动漫已经成为一个热门，但缺乏一个标准，文件格式五花八门，一般都是简单地将影视动漫转为手机动漫。有战略眼光的动漫人，应当针对手机屏幕小和人们利用碎片时间观看的特点，致力于创作真正的手机动漫作品，并打造偶像级的手机动漫形象。

看来，手机真是一个好玩的东西！被称为"娱乐电子王国"的索尼公司，正在开拓着一条娱乐智能手机路线。他们在开发新产品时提出一个极具诱惑力的口号："实现娱乐、电子和情感的完美融合。"索尼的一个具体目标是，推出先于院线在手机上播放的电影。如果你拥有一款索尼的智能手机，就可以方便地连接到索尼的全球娱乐网络，及时下载最新的电影和音乐。

有人总结人们的休闲娱乐生活，认为从电影银幕、电视屏、电脑显示器，到现在的智能手机触摸屏，我们已经进入了"第四屏"娱乐时代。

数字阅读和移动学习平台

早上一醒来，打开手机便可看到手机报奉上的最新消息；工间掏出手机，看看新出炉的微小说或微视频，也是饶有兴味；下班后辅导孩子做作业，如果累了，那就点两下屏幕，"有声读物"可以代替你给孩子讲故事；晚饭后躺在沙发上小憩，正好和远方的亲友通个可视电话；上床后要是睡不着，就用手机上网学学英语……这样一边生活一边学习的日子，是不是很惬意呢？

美国电影《意外的旅客》中有这样一段旁白："单身旅行时，千万不要忘记携带一本书，这样不仅可以排遣旅途中的寂寞，还可以避免邻座喋喋不休的搭讪。"现在人们把旅途中阅读的书叫"途书"。随着移动阅读的风行，读书人以后出门带上一部手机就可以了。

据"百度百科"的解释，数字阅读包括两层含义：一是阅读对象的数字化，也就是阅读的内容是以数字化的方式来呈现的，如电子书、网络小说、电子地图、数码照片、博客、网页等等；二是阅读方式的数字化，就是阅读的载体、终端不是平面的纸张，而是 PC 电脑、掌上电脑（PDA）、MP3、MP4、笔记本电脑、阅读器和手机等带屏幕显示的电子仪器。在这些可以用来阅读和学习的电子仪器中，手机的风头最劲。最新的电子墨水屏手机通过黑白灰来显示文本和图标，且内置电子书店，让手机阅读变得非常舒服惬意。借助手机阅读的人，大多是年轻人，他们的学历和收入，有高的也有低的。他们通常喜欢上手机新闻网站，读手机报，看手机小说。

美国科普作家艾萨克·阿西莫夫在其科幻小说里写道：时间是 2155 年5 月 17 日，一个小男孩发现了一本皱巴巴的书。翻开来看，书页已经发黄，上面印的字都不会动，一点儿也不像平常在荧光屏里看到的字迹有序移动的"书"。小男孩明白了，这就是爷爷曾向他描述过的真正的书。阿西莫夫是在预言，再过 140 多年，我们现在的纸质书就会变成罕见的"文物"了。

美国的图书史专家罗伯特·达恩顿在其专著《阅读的未来》中指出，自从人类掌握了语言以来，信息技术经历了四次重大变革：文字的发明；手抄本的出现；活字印刷术的普及；电子传媒尤其是互联网的兴盛。最近的一次信息技术革命以加速度的方式把我们推向了数字化阅读时代。阿西莫夫的预言没有错，电子书、数字阅读已经成为当代社会的时尚。从"形体＋声音"到"纸张＋写作"，再到"屏幕＋信号"，人类获取知识的模式完成了"三级跳"。而这最后一跳，是最为惊心动魄的。

在电子阅读器出现之前，人们主要靠老式手机和电脑阅读电子书籍。但老式手机屏幕太小，而电脑又不便携带。1998 年，"火箭书"（Rocket E-book）在美国问世了，它标志着"第一代电子书"的诞生。此后，依赖电子墨水和无线互联技术，出现了以亚马逊 Kindle（金读）为代表的第二代电子书，其"终端＋资源"的模式和支持用户以 Wifi 和 3G 等方式无线上网，使得电子书获得了更多的内容支持。从纸质媒介向阅读装置或电子阅读器的演变正在成为一种不可阻挡的趋势。电子阅读器是比其纸质前辈与印刷品更为先进的武器。在一个与普通图书大小和重量相当的电子阅读装置中，可以容纳相当于整座图书馆藏书的约 100 万部电子图书，而且现在的阅读器还有彩色的双屏幕，可以听音乐和上网。目前，电子书阅读主要分为两个流派：一派为传统的液晶显示流，另一派为 E-ink 电子纸阅读器。前者显示效果差，不宜长时间阅读；后者则是根据传统书籍的特点进行设计的，由于电子墨水技术在画面细腻程度上远甚于传统显示器，使得阅读具有了类似纸质读物的感觉。

当亚马逊推出了它的 Kindle 时，它让习惯于阅读纸质媒介的读者面临艰难的抉择，你也许不想放弃往日的阅读习惯，但一个小小的电子装置，相当于随身携带一个图书馆，你怎能不动心呢？如果你是一名新闻工作者，你一定会关注新华视频电子阅读器。其编辑借助新华社的新闻资源和社内外报刊资源，每天都会精编报刊文摘，并以电子文件的形式提供给用户。除了新闻，还有优秀散文、哲理故事等内容，你还能在专题类图片节目中看到新华社独一无二的老照片。想想吧，当重大事件发生时，如果你打算做一个包括文章、图片、评述和资料的专题，你一定会想到 Kindle，想到新华视频电子阅读器。可以肯定的是，论内容的丰富程度，没有一张报纸可以和网络相比拟。

到了 2010 年，当苹果 iPad 和 iPhone 大屏幕智能手机成为第三代电子书阅读终端时，数字阅读才真正风靡起来。能够随时随地接入移动网络的手机，让人们在外出的时候可以方便地阅读。古人说：行万里路，读万卷书。现在有了支持移动阅读的智能手机，一边行路一边读书，真正成为了现实。具有阅读功能的智能手机，非常适合快速浏览，途中阅读。除了上网，它也具有手写触屏输入、字体放大缩小的配合阅读的功能。人们过去看书看报看杂志，渐渐就会变成看手机。

显然，移动阅读终端已经成为数字出版的风向标。从早期的电子词典开始，到现在的手机阅读，时尚的风不停地吹来。先是亚马逊公司的 Kindle 电子阅读器，然后又是苹果公司的平板电脑和智能手机，在手持阅读终端取得革命性的技术突破之后，国外的电子书产业的重点也放在了内容与终端的对接上，通过网络收费下载阅读图书的电子书产业模式已见雏形。而在国内，由于网络上存在着大量的盗版侵权情况，以及免费和微支付阅读情形，使得这种模式很难实现。进入 2011 年，中国的电子阅读器经历了"倒春寒"，总体销量出现了负增长，其中一个重要的原因就是，具有阅读器功能的智能手机强势杀入市场。

对于手机阅读的推广，中国移动、中国电信、中国联通三大手机运营商都可谓不遗余力，近几年都建立了自己的移动阅读基地。2014 年初，中国移动宣布了"和阅读"的产业合作与产品发展新战略，拟加强内容、4G 阅读、一省一报、行业市场、能力开放五大领域的创新，持续推动手机阅读规模发展。

专家预测，光在终端市场上拼杀几乎没有什么出路，要紧的是实现转型，就是从卖终端转为靠内容挣钱。实力超强的汉王正在将注意力转向内容，汉王书城正在引入盛大文学的书籍供移动阅读用户自由下载。现在手机阅读软件越来越多，"iReader 掌阅书城"为人们阅读正版图书提供了种种便利，它还可以自动记录阅读速度；"百阅"可以帮助手机读者分享书摘的乐趣；而"91 熊猫看书"具有男女声朗读功能，"懒人"可以享受到闭着眼睛听书的乐趣。专家预测，用不了多久，市场上会出现专门用于手机阅读的电子版本——手机书。

十年前，美国微软公司的总裁比尔·盖茨在西班牙皇家学院演讲时说："不消灭书本和纸张，我死不瞑目。"数字革命正在颠覆传统的阅读习惯。现在，越来越多的年轻人选择在线阅读或者是移动阅读。年轻读者很乐意接收数字化阅读方式，在读过电子书后，就不会再去买同样内容的书籍了。关于国人阅读方式的一项调查结果表明，接近 1/4 的国民进行过手机阅读。如今，许多人远远离开了书本，不再去品尝"青灯黄卷"的读书滋味了。现在坐地铁，你会发现许多人都掏出手机看电子书，看得不亦乐乎。中国移动的手机阅读业务定位为"打造全新的图书发行渠道"，在其手机阅读库里，有数万本最新、最热的电子书，有小说诗歌、散文，还有漫画，以及各种各样的报刊。移动的手机阅读非常便利，想读什么书，用不着下载在电脑上再拷贝到手机内存里，也用不着花钱买电子阅读器，只要安装一个免费的手机客户端软件或者通过 WAP 上网，就 OK 了。具有电子阅读功能的手机，让这种趋势如同数字摄影取代胶片摄影一样，变得势不可挡。这种便捷、交互的阅读形式，使得人们可最大限度地利用乘车、排队等碎片时间阅读。

网络世界犹如一个信息包，打开它，可以依据个人需要和喜好自由选择，想读什么就读什么。一名经常出差的商人说："我很早就有了汉王电子书，因为它小巧便携，我常在候机、等客户的时候，用它看一些资料，或是一些平时没有时间读的闲书。后来我有了一款智能手机，它兼有电子阅读器的功能，我出门时只用带好手机就行了，感觉更方便了。"另一个年轻的白领也表示："我现在很少看书读报，在家上网阅读，出门在路上就使用手机阅读。想看什么，只要手指触摸几下，就 OK 了。" 你手中的手机，可以轻松地将你带入资讯世界，不管你愿意不愿意，你终究抗拒不了电子阅读的魅力。出版界的专家预测，以后经典阅读，可能还要看纸质的印刷精美的书，好似一种艺术享受；而一般的阅读，比如看流行小说，读新闻，都会使用电子阅读器和智能手机。看看阅读网站的排行榜，就知道什么最火。什么《我与 25 岁美女老总》《斗破苍穹》等都名列前茅。这些电子读物的内容，一般可以分为都市言情、穿越玄幻、武侠游侠、游戏竞技和灵异悬疑等五大类。日本的手机阅读也主要以漫画和《恋空》这类轻小说为主，其中漫画占到 75% 以上的空间。韩国也是以手机小说为主。现在，智能手机阅读模式，极大地推动了将阅读与游戏相结合的路径。在手机阅读图书里，不仅有文字、声音、图片、动漫，还有涂色、歌曲播放、参与式游戏。于是出现了越来越多的另类阅读者，他们只看电子读物，甚至以上脸书（Facebook）、刷微博、看手机来代替传统的阅读。

在网络社会，过去的读书体验已经消失殆尽，具有品味、沉思、回忆和咀嚼这些品质的读书生活，变成了"快捷、快感、快扔"的快餐式读书文化。

伦敦人曾经感慨：当年爱书人聚集的查令十字街 84 号，早已是物是人非，过去清净的书店变成了如今喧闹的咖啡馆。于是国外的一些文化学者，倡导速度时代的慢阅读。许多人也留恋起林语堂在《读书的艺术》中所描绘的读书生活："或许在一个雪夜，坐在炉前，炉上的水壶铿铿作响，身边放一盒淡巴菰（香烟），一个人拿了十数本哲学、经济学、诗歌、传记的书，堆在长椅上，然后闲逸地拿起几本来翻一翻，找到一本爱读的书时，便轻轻点起香烟来吸着……"但是，不管你情愿还是不情愿，读书时代那些"宁静的阅读"和"深邃辽远的对话"早已随风逝去。加利福尼亚大学的专家加里·斯莫尔算是一个乐观派，他认为相比阅读纸质书籍，互联网的使用能刺激更多的大脑区域。他说："人们总是问这是好是坏。我的回答是，技术的列车已经驶出站，它不可能停下来了。"我们已经进入了数字阅读时代。专家预测，纸质书刊迟早会被取代。最先消逝的将是工具书，其次是报纸杂志，最后是学术著作。其实重要的是内容，而不是承载物和阅读方式。不管文字是写在甲骨上、竹简上、羊皮纸上或者宣纸上，还是电脑、阅读器和手机的屏幕上，其传递的内容和人文精神永远不会丢失。诺贝尔文学奖获得者让·马瑞尔·古斯塔夫·勒克莱齐奥说过："我们生活在因特网和虚拟交流的年代，这是好事，但如果没有书面语言和书籍的教导，这些惊奇的发明又有什么价值呢？"

其实，在互联网和手机普及前，我们用来看电视的时间比阅读经典的时间多得多。实际上，正是方便的数字阅读使得我们的学习生活更为丰富，也更为有趣。对喜欢搜集资料的求知者来说，有了连接网络的手机，就可以借助"火狐魔镜"超强的搜索功能，在网上"剪报"。依靠界面上一把"小剪刀"，你可以随意剪取网页上的任何部分的内容。剪下的小页面以小窗口形式浮在桌面上，可以随意开启查阅或关闭，还可对其进行收藏和管理。

未来的智能手机也许会达到"机器学习"的地步，就是基于数据构建模型来模拟人类的智能活动。我们已经看到了科技前沿地带的一些细节，例如语音识别、垃圾邮件的拦截，甚至是淘宝网商品的推荐。当年供职于贝尔实验室的信息论之父香农，曾经研制过可以走出迷宫的"机器鼠"。未来的智能手机会是更有本领的"机器鼠"，具有自我学习功能的手机，迟早还会成为一名称职的老师。

英语有一个新词：M-Learning，它是 mobile learning 的简称，通常译为"移动学习"。这个概念的意思是，在终身学习的思想指导下，利用现代通讯终端，如手机、掌上电脑等设备进行远程学习。它的特点是利用移动通讯装备，可以随时随地地自由地学习。在节奏不断加快的当代社会，人们整块的时间被切割得七零八碎，利用手机这样便利的工具，正好见缝插针地进行阅读与学习。近年来，"碎片式学习"的概念已经悄然流行。

智能手机等移动电子设备和无线网络技术，搭建了一个可以移动的数字教学平台，所有的知识都能一网打尽。网络的交互式流通是开放式的，所有的参与者都可以拥有自己的空间，同时分享他人的资源。在移动学习平台上，可以充分实现优质教育资源的开发、共享与应用，还可以为用户提供个性化的教育服务。美国的教育专家认为：在移动学习平台上，老师可以从传统的改作业和备课等繁重负担中解脱出来，工作效率会更高；家长和学校领导也能够及时得到有关数据和信息，从而有效地帮助孩子学习。往远看，这个平台不仅可以打开各级各类学校的校门，还可以跨越国门，成为各种各样网络公开课所汇聚的知识平台。

苗炜写过一篇文章，叫《互联网上的大学》。他指出，古希腊时期的诡辩术和演说，就是一种古老的传播手段，它本身无所谓是非，重要的是看你如何运用它。时至今日，"网络、社交网站、社会化媒体、微博、电驴、苹果产品及平台就是现在的诡辩术和修辞学，它可以是娱乐致死，但常青藤大学也可以用它来传播知识"。他还认为，"一个产品，一个平台，它的伟大之处在于提供丰富的可能性，孩子们可以把它当成个玩具，成人可以把它当作消遣，但的确有人会把网络、电脑、手持设备当作'自我提升'的工具"。苗炜这样的感慨，是源于他与手机的一段故事："拿到苹果新手机后，我更新了 I-TUNES 软件，然后发现里面多了个 I-TUNESU 的选项，打开一看，我有点惊着了，原来 U 就是大学的意思，这里提供许多大学课程的下载，有哈佛、牛津、麻省理工这样的名牌大学，也有一些不那么有名的大学，提供的课程繁多，有心理学、化学，也有地方史，有视频、音频，还有文档。桑德尔教授的《正义如何运行》赫然排在前列，我把第一集下载到手机中。这段视频大概是互联网上最为流行的课程……我原来是从'电驴'上下载的，现在在手机里保存一份，也算是'经典搜藏'了。"

早在 2006 年，苹果公司就开办了一个学习频道，集中了乔治·华盛顿大学、威斯康辛大学等名校的课程资料，俨然成为一块知识的自由市场。进入 2010 年，国外名校的网上公开课视频悄然走红，它打破了全球教育的壁垒，将知识传播到世界的各个角落。很多人看过耶鲁大学教授谢利·卡根讲授的哲学课《死亡》。一个女孩说："我是通过手机上网听这堂课的。说实在的，我并没有完全听明白，但那个白胡子老头，牛仔裤，白衬衫，帆布鞋，盘腿坐着侃侃而谈，真让我喜欢。"

移动终端是一个非常好的学习工具。无论你身处何处，只要有无线网络覆盖，你就可以通过智能手机接收老师布置的作业，用平板电脑阅读课文，通过云技术下载学校即时提供的所有教育资源。想象一下这样的情景吧：学生们用自己的电子阅读器学习，有什么看不懂的就点击一个由老师讲解的视频，再不懂还可以和辅导老师在网上交流；做作业时马上就知道自己哪里做错了并得到及时纠正。家长无论走到哪里，都会收到手机短信，随时掌握孩子的学习情况，老师也随时掌握学生完成功课的情况，并及时提出建议。韩国首尔的一些学生，在搭乘地铁时用手机来完成作业，回到家就轻松多了。

"你今天上微课了吗？"你听到过这样的问候语吗？微课，是一种时长在 10 分钟之内的视频化的微型课程，具有时间短、内容精、模块化、情景化、半结构化等特点，特别适宜于与智能手机等移动终端相结合。

当移动的风吹来的时候，iPhone、iPad 等"苹果"移动终端，也在教育领域风靡起来。层出不穷的教育类、游戏类软件让不少家长，把一个个"苹果"请来送给 00 后的孩子，在他们眼里，这些"苹果"就是孩子的高级"早教机"。2012 年，苹果公司曾发布过 iBooks 2 软件，掀起了电子教科书的强风暴。在网络化、电子化的成长环境中，00 后们玩起手机，就像我们在童年时玩泥巴、跳猴皮筋一样寻常。许多家长担心，孩子们带着手机上学会耽误功课。其实，通过开发具有教育功能的手机文化产品，能够实现快乐的阅读，使求知成为一件方便而又有趣的事情。国外有人正在研发趣味搜索引擎，目的是引导学生轻松愉快地进入网上的知识天地。由此想到，是不是可以开发掌上益智玩具，比如让学龄前幼童在手机上玩"益智七巧板"。这样一来，手机的用户甚至可以下延到儿童。顺便说一句，我们还应该期待环保型的儿童玩具手机的出现。

毛美娟女士是上海东方幼儿园的院长，在她看来，手机等电子产品，也是孩子们的一种学习工具，要紧的是别让孩子被动地学习。毛美娟举例说，孩子在看书时，要看图，要逐步开始认字，但很多电子书直接讲故事给孩子听，用动画演示给孩子看，将知识"喂"到孩子嘴边，不利于养成孩子主动思考的习惯。

　　"小呀嘛小儿郎，背着那书包上学堂……"这首经典儿歌描述的情景，在无纸化的时代将不复存在，学生们有可能扔掉沉重的书包，而代之以电子阅读器，甚至只需要一部智能手机。不管你情愿不情愿，你已经被推入新的生活当中，数字阅读正在改变着人们的阅读方式、学习方式和教育方式。联合国的一项调查显示，到了 2013 年，已经有包括韩日在内的 60 多个国家已经或正在计划推广电子课本，并将手机作为学习的工具。我们可以大胆地预测，不久的将来还会出现各种类型的移动学校、云端课堂、电子书包、手机课本。如果你在一所移动大学读书，就可以不要去校园，而是在家中，甚至在旅途中接受最新的教育，取得你想要的学位。实际上，印度已经在着手建立包括高等教育在内的移动网络教育系统，为上不起大学的人提供免费的网络课程内容。

　　数字化教育也引起了不少人的忧虑。韩国首尔一所试点小学的数字化计划的负责人权车未说："人们对数字教科书的担忧是，年幼的学生将不再有同样多的时间来体验真实的生活和真实的事物。"为此，那个对"手机控"忧心忡忡的美国人尼尔·弗格森呼吁道：年轻人要关注自己的书架，研读反映人类文明的经典著作，最好是开车到根本接收不到手机信号的偏远乡村去。他热情地发出呼唤："孩子们，欢迎参加读书营！"

虚拟社交：手机控制的圈子

　　这是一个真实的场景：在一所大学的女子宿舍里，住着两个女孩子。就寝之前，她们都在上网，一个用电脑，一个用手机。一个女孩突然对另一个女孩说："我在人人网上给你留言了，快去看看吧。"对方看完后大笑："我回复你了，你也看看吧。"同室而居，面对着面，也没有其他人，有话尽可以说的，却要在社交网站上相互留言，这真是一种怪诞的交流。这样的场景，在同一个屋檐下生活的夫妻之间也存在，于是产生了一个新词——"电子情敌"。

　　日本人曾崎重在《手机文化论》一书中针对这样"怪诞的交流"做了分析："人们一方面害怕寂寞、渴望交流，另一方面又厌倦与人来往；既想摆脱社会与组织的约束，享受独处的乐趣，又想在有情绪的时候随时与人交流。手机恰好满足了这种需求，同时能给人带来生活上的便利。"

你想过有朝一日拥有过百万的朋友吗？其实，你离着这个梦想的实现已近在咫尺。蓬勃发展的各种社交网站，借助无处不在的智能手机，正在彻底改变我们与邻里、熟人、客户、同事，甚至爱人之间的联系方式。这是一种全新的社交和互相陪伴的方式。美国斯坦福大学的教授萨博斯基认为：就整体而言，人类在最近一段时期为自己营造的环境，与我们在进化过程中所适应的那种环境，已经有了极大的差异。他举的一个例子就是"脸谱"："登录到 Facebook 网站，您能随时跟最亲近的人互动，不需要整天跟他们见面待在一起。"

沙发社交 (Sofalizing)，即倚在沙发上跟别人交往。包括：短信、电子邮件、即时讯息、Skype（一种免费电话软件）、Twitter、在线聊天、社交网站上的状态和记录更新等。比如"苹果"从 iPhone4 起就实现了可视电话的功能。因为有了 FaceTime，两部通过 WLAN 连接的 iPhone 机主之间，只要轻轻一点，机主就可以和另一个 iPhone 用户挥手问好，与地球另一端的人相视微笑。可视电话重在创造"面对面"视频通话的温馨人文环境，是一份能给人带来惊喜的特制的"掌上礼物"。无论你和他（她）距离多远，或者是双方都在路上，用这样的手机和亲友聊天交流，一下子就拉近了通话双方的距离，如窗前夜话，如促膝谈心，十分亲切。语音微博已经出现了，视频微博也会随之而来，微博必将进一步缩小社交的距离。微博关注"人"的创新，推动了互联网世界中心的转移。它给人一种"社交的第六感"，拉近了人与人之间的距离，改变了人际交往的传统方式，让你能及时了解你关注的人群当下的生活状况。

从互联网的发展来看，从门户时代到搜索时代，再到社交网站时代，网络社交正方兴未艾；而手机是一种"社交生命线"，是网络社交的自然延伸。英国社会问题研究中心的研究显示：有 75% 的人通过手机闲聊，1/3 的人更是乐此不疲。该中心的姬·霍士认为："手机让我们回到前工业社会时那种更自然的沟通。"3G 手机的视频通话为人们提供了"面对面"沟通的可能性。澳大利亚的一个机构通过调查显示：40% 的人利用手机建立重要的个人关系，其中有 23% 的人借此来谈情说爱。在手机一族急剧膨胀的时候，引导掌上社交的关键是细化人群，以不同的圈子对应社区中形形色色的俱乐部。在虚拟世界的社交中，一种是精神抚慰型的"心灵家园"；另一种是具有慈善性质的助人团体："有事你就说，说了我来做。"

互联网社区经历了以话题为中心的 BBS，以个人展示为中心的博客，发展到现在以关系为中心的 SNS（社会网络服务系统）。由于 SNS 更强调个人动态的展示，对屏幕展现要求不高，因此手机更适合做 SNS 的载体。论坛社区、博客将被移动手机 SNS 所取代，成为人们开展社会交往的重要方式，实现即时通讯功能与 PC 版 MSN 进行整合，自定头像、好友分组、聊天、图片和音视频文件传送，使用户通过手机轻松体验多元化的沟通方式。

新的网络模式 Web3.0 将建立起可信的 SNS，高可信度的信息发布源为以后交际圈的扩展提供了可靠的保障。与此同时，人们在交际的同时，也可以更迅速地找到自己需要的人才，并且可以完全信任这些可信度高的用户提供的信息，利用这些信息进一步扩展自己的交际圈。

网络社交化具有双向融合的特点，更具实用性和工具性。随着智能手机的普及和移动互联网的发展，移动社交化也正在成为新的潮流。目前，社交功能及主流 SNS 客户端几乎成为智能手机的标配。传统社交网站也加速了移动化之路，把手机用户作为目标客户。开心网每个月会发布好几次新版本的手机客户端，相继推出了"位置服务"和"圈子功能"等一系列移动互联网的社交功能。像三星社交手机 S5750E、S7230E 均搭载强大的社交圈功能，融合开心网、人人网等流行的 SNS 社交圈子，用户可以一键登录，关注圈子里好友的心情动态，与自己的网上朋友保持密切的联系。它们还内置国内主流网站的邮件参数，让我们与好友的信息交流无处不能，情感分享无时不在。在移动社交基础工具的争夺上，更是硝烟弥漫。小米的"米聊"、腾讯的"微信"、盛大的"友你"、360 的"口信"、阿里巴巴的"来往"、中移动的"飞信"和"飞聊"……层出不穷。在手机应用商店，米聊等社交应用软件任你选用。腾讯公司 2011 年推出的"微信"更是后来者居上，这款即时通讯工具，支持 20 人之内的群聊，只要开启"查看附近的人"，几分钟就可以帮你找到附近的好友。有的手机设有单独的 Q 键，用户可以一键访问手机 QQ、手机 QQ 空间、腾讯微博等社交网站，方便得很。

有了手机、电脑和网络的强大助力，个体的社交圈不断得以放大。社交网站的兴旺让人们确认：网络除了信息流通的基本功能之外，还能创造人与人联系的便利环境。脸谱等社交网站，正在成为一个社会活动的大舞台，犹如《清明上河图》描绘的社会百态一样，晒自己的，看热闹的，交朋友的，找工作的，做买卖的，寻开心的，亮绝活的……无所不有。在进入这个网上社会时，手机就是你的通行证和向导。只要在脸谱网上发一条信息，几个小时后所有的人都知道了。这种通过人际关系的传播方式，若追溯其渊源，其实就是街头巷尾，或是村里一棵老树下的闲聊，从你的熟人开始到他的熟人那里，一传十，十传百，口口相传，一直传遍天下。只不过人类的祖先没有互联网，也没有移动电话，点对点的交往只能是近距离，而现在即使远隔重洋也可以直接联系。

西班牙生物学家胡安·弗莱雷教授认为：过去我们只属于 3 个社交网络：居住圈、家庭圈和工作圈。这几个圈子可能是互不相交的。但现在人们同时属于多个圈子，而且加入哪个圈子由你自己选择。过去，我们住在何地就和何地的人打交道，现在有了网络有了手机，我们的社交世界扩大了无数倍。弗莱雷还认为，人类的沟通能力是无比强大的。你需要找一所好大学吗？还是要找个好伴侣？最好的办法就是调动起强大的人脉资源。如果你有 100 个好友，而他们每人又拥有另外 100 个好友，在理论上你就可以求助 1 万个人。

真实社会的人际网络，在各种微博网站上也得到了延续。网络用户之间的好友关系在使用微博之前就存在，微博只是拓展了好友之间交流和沟通的空间。首先微博的即时信息共享功能进一步满足了好友交往的需求；其次是基于共享信息形成了比较稳定的关注与被关注的关系。当微博主展示的信息质量较高且形成一定风格后，很可能会形成一个以微博主为中心的松散网络，其成员有相对同质化的兴趣，相互之间自然会产生一定程度的互动。一个有影响的博主，一定是一个勤于思考的人，并善于把个人的思考同大众的思考结合起来。大哲学家康德是一个资深"宅男"，终其一生，未曾到过家乡 60公里以外的地方，但其丰富的内心世界，通过他的著作跨越了无限的时空。如果他也生活在当下的网络时代，一定是一个博主之王，其影响力还会大得多。

新浪微博就是一个玩家的大圈子，数万个粉丝，关注着几百个人，没事时过去瞧瞧，看看人家在关心什么，聊什么话题。一个微博就像是草原上从不上锁的蒙古包，远方的客人可以随时来探访，主人非常好客，从不设防，愿意聆听你从外面带来的消息，也愿意和你唠唠家常。即使主人不在，你也可以随意吃喝，甚至躺在地毯上好好睡一个爽觉。

在中国，现在最时尚的联络方式是，朋友们打开微信，扫一扫二维码。迅速流行的微信，比起微博来私密性更好。因为只有认识的亲朋好友，才会获得"通行证"。这里是一个虚拟的客厅，彼此都是信得过的亲朋好友，聊起来更是畅所欲言。每天刷刷"朋友圈"，已经成为许多人的必修课。国外也有类似微信的网络社交工具，像日本流行的 Line，欧美走俏的 WhatsApp，都可以在无线网络状态下通话和发信息，也可以点对点地发送语音、图片、视频等多媒体信息。当然，我国的微信比"洋微信"火得多。为什么呢？因为中国人喜欢在熟人圈里讨论家事国事天下事，微信朋友圈就是一个理想的圈子。

人们为什么热衷网络社交呢？哈佛大学的研究人员，通过五种不同的大脑成像方式与行为试验方法，得出了一个结论：人们通过网络社交工具谈论自己，并与他人分享自己的想法，大脑中会产生一种类似食物或金钱带来的愉悦感。

在人们感叹人情冷漠时，都市的白领们开始从陌生人那里获得一点慰藉。从熟人社会到陌生人社会，人际传播的模式正在悄然改变，我们也许来到了后窗时代：只和陌生人说话。网上有人倡导贴出你的手机号，以便获得陌生人的问候。一个女孩子收到许多问候短信，她开心地留言："谢谢大家！内心暖暖的。"这个社会的新现象接踵而至：闪玩、秘密网、偶然旅行、六人晚餐、心灵图卡、漂流图书馆、树洞机器人……也许，你有多少秘密世间就有多少陌生人可以收纳。周围遍布眼目口舌的话，不妨打开后窗，和后花园里的路人倾谈片刻，然后抽身走人。需要倾诉的时候，你可以上新浪网微博找树洞机器人，用 140 个字发泄你铺天盖地的恶劣情绪；你要寻找陌生人的路径，那就上秘密网吧！用匿名把心中的秘密发到网上是一种新的减压方式；偶然旅行也是一种新型的网上交友方式，参与者抽签决定去哪个地方，然后立即背上行囊，搭乘半小时内就出发的火车；更浪漫的是参加六人晚餐，同 5 个完全陌生的男女一起吃喝聊天。费孝通说中国是"熟人社会"，现在是不是正在向陌生人社会转型呢？

在因移动互联而孕育出微信、米聊、陌陌等交友型软件之后，人们的社交具有了移动化、随身化的特征，"移动社交"成为了一种时尚。比如，"网上厨房 ecook"为用户搭建了垂直化移动社区，以美食为切入点，通过手机分享智能化烹饪方案。QQ 和微信，"本是同根生"，都属于 LM 通讯工具，面对的用户也差不多，何以先有的 QQ 反而落了下风，因为 QQ 是在 PC 互联网环境中生成的，而微信是在移动互联网环境中脱胎而出的，其助推器就是人类的宝贝——手机。

手机还有一种召集功能。有一种快闪族，一群本来互不相识的人，通过手机或电脑联系，迅速地聚集在一个公共场所，在指定的时间内做完一件通常很无聊的事情后作猢狲散。美洲有一大批快闪族同时也是观鸟族，他们通过手机和社交网站联络。比方说，纽约州的长岛西南角出现了一群雪鸮，几分钟内，各地的观鸟爱好者就得到了信息，他们打开智能手机，顺着电子地图的指引聚拢在一起，在观鸟的过程中感受大自然的美好。

当你寂寞而一时找不到合适的倾诉对象时，你甚至可以用手机与机器人聊天。不少地方的短信营业厅已经实现了非标准指令的模糊匹配，事先预设好了寒暄语模块，涵盖了心情、天气、语气词、节日问候等近万条词汇。一个网友发送给 10086 一条短信，说自己"失恋了"，机器人回复的短信是："也许下一秒，真正的幸福就到来了！"

美国社会学家米勒·麦克皮森认为，因为有了手机，以往人们习惯了的家庭聚会、朋友聚会等传统社交模式，变得不那么重要了；在手机的虚拟世界里，我们在任何地点、任何时间，都可以随意地与外界联系。这样一来，人们处于一个似乎惬意的心理空间，往往懒得再去参与亲友聚会和社会活动，久而久之，直接接触到的人越来越少，反而产生了一种别样的孤独感。专家普遍认为，用"伪技术关系"替代"持久的情感联系"和"面对面的直接接触"是非常危险的，在通过手机连接的互联网的虚拟世界里，难以找寻和体验到人世间的温情。手机毕竟是一个冰冷的工具，即使你处在亲友聚会的场合，而你却不停地摆弄手机，会让在场的人感到你缺乏交流的诚意。国外的研究还发现，因为长期依赖短信，缺乏见面时的那种眼神交流，年轻人会因此变得缺乏同情感，手机让人际关系变得疏离而不是亲密。美国心理学家肯纳斯·乔恩把酷爱手机的青少年称为"活在气泡里的人"。他认为，手机和其他新媒体工具像一个气泡把人们包裹起来，让圈在里面的人把所有的注意力都集中到几英寸的屏幕上。正是这一层气泡，隔绝了自我与外界的真实联系，人们变得更加孤单。

你也许和自己的妻子面对面地坐在一起，两人却埋头不语，都在玩自己的手机；你和自己初恋的情人，不是在花前月下缠绵，而是打手机联系；家庭也好，办公室也好，没有了交谈，即使有了点空闲，也都是忙着摆弄手机。于是网民调侃说："世界上最远的距离不是生与死的距离，而是我坐在你的对面你却在给我发短信。"有人说，手机快要成了一件宗教物品。不知是手指控制着手机，还是手机控制着人们的手指和大脑？

费斯·波普康是美国著名的趋势预测专家，他在《爆米花报告书》中预测了十大趋势，第一个趋势就是"茧居"。日本人把茧居者称为"御宅族"，中国人叫"宅男宅女"。按照科学家的原有设想，科技只是虚拟空间的"物质基础"，网络应是促进人的互动的工具。但因御宅族、SOHO族（在家办公）、电子隐士的兴起，使得人际接触大大减少，而透过全球网络构建的虚拟世界，反过来又进一步虚拟了人际关系，"数字个人""虚拟自我"也同时出现。比尔·盖茨甚至预言，人类将会利用虚拟技术来满足性的需求。也就是说，有可能出现"虚拟性爱"。微博作为一种社交网络，正是通过"Follow"来自我订制信息的，正等于自己钻进了一间信息茧房，限制了自己接收信息的能力，并容易形成网上的小圈子。手机社交实际上是一种"圈内沟通"，囿于稳定的"小团体"反倒影响了社交的广度。研究者在分析了推特上的交流活动后，得出了一个令人沮丧的结论：从互动的角度看，推特上的多数链接其实毫无意义。

现代通讯是不是使我们更孤独了。一个名字叫杰茜卡·贝内特的美国人问："你每天查看几次电子邮件？起床时吗？晚上上床前？起床到上床前看多少次？"她接着说，"如果你和我们许多人一样，那么黑莓手机闪烁的红灯是你每天清晨看到的第一个物件，它表示'你有新邮件'，还有在睡前最后看一眼逐渐熄灭的亮光。它不停地亮，而且没完没了，烦吧，可是我们已经离不开它了。"实际上，我们很多人都患上了杰茜卡·贝内特所描述的手机依赖征。但麻省工学院的教授谢里·特科尔认为，"我们隔着距离给人们发短信。我们利用毫无生气的物件说服自己，即使我们孤身一人，我们也感觉和大家在一起。然而当我们相互陪伴时，我们却让自己置身于一个孤独的情境中，不断地使用移动设备。"他写了一本书，叫《一起孤独》。他认为，通过电脑和手机通讯获得的感觉，比起真实的、面对面的亲密交往还是差得很多。在网上，你可以忽略其他人的感受；在短信里，你可以避免目光接触；但许多研究证明，这一代年轻人的同情心比以往任何时候都少。美国的一项研究也表明，电子联络会伤害人类的社交能力，尤其是人与人面对面交流的能力。

柴岚绮写过一篇《微信时代》的文章，当她"不甘落伍"，开辟了微信新战场之后，似乎在微信的朋友圈里获得了很多愉悦感。但不久，她竟有了这样的感慨："我似乎也马不停蹄地奔波在网络上，似乎在各个地方表达了各种意见，但在真实的世界里，竟也是如此沉默。"

伊维特·威克斯曾是好莱坞的女明星，但她在离世前没有和任何亲友联系，而是宅在家里与粉丝网聊。更为悲惨的是，她死后一年多才被人发现，老太太的尸体已经风干。这件事，在西方被看作是网络时代的一个恐惧符号，并被解读为：网络很繁华，人心却凄凉。

我们很容易看到这样的情景，在亲友聚餐时，人们不再热烈交谈，而是各自摆弄着手机。于是美国出现了一种叫作"phone stack(手机堆)"的游戏。在 AA 制的餐会上，人们将手机堆放在餐桌中央，谁也不许使用，如若违规就要替所有的聚餐者埋单。

美国人萨顿是一个玩具设计师，在家庭聚会时，他发现孩子们都在玩手机，完全没有家庭团圆时的天伦之乐。于是他开发了一种叫作"手机监狱"的特殊工具——它是一个用铁丝制作的"迷你牢房"，里面配有多层床架，可以同时放 6 部手机。有趣的是，像"苹果""黑莓"这些流行的手机，都可以被囚禁起来。刑期从一刻钟到一个小时，其间只有一次"假释"接电话的机会。如果有"越狱"的行为，装置会立刻警铃大作，同时会传出录音声："警报！警报！有人越狱。" 萨顿这样做的意思很明白：你不能总是带着手机，留一点时间，和家人与朋友们在现实中交流吧。

社交网站、智能手机与即时通讯，共同营造了一个新奇的虚拟世界。你一定要明白，这个世界并非化外之地，身处网络时代也应该懂得并遵守网络礼仪。新加坡研究网络礼仪的专家说，如果你以为网络社交是随心所欲的事情，那就大错特错了。有的人在写重要的商务电子文书时，也滥用缩写语和表情符号，让对方认为你没有礼貌。还有的人把私生活的视频或图片一股脑地送上"云端"，也非君子所为。还有，有人常常在半夜给人发短信或者电子邮件，有人喜欢在与人见面谈话时摆弄手机，有人在微博上大爆粗口，有人在网上说肉麻的语言，有人爽约后只用一条短信告知对方……诸如此类的行为，都是没有礼貌的行为。英国的一家礼仪机构的调查显示：约 3/4 的人认为，手机、平板电脑和脸谱、推特等社交媒体，造成了不少人"虚拟世界人格和现实世界人格的分裂"，甚至可能造就"粗鲁的一代"。如果你要做一个文明的网民和手机用户，你必须学习一些网络礼仪，更不能过度依赖手机和网络。

新时代到来的时候，一些老年人难免有一些忧虑。相比电脑，青少年手中的手机更容易使他们和家庭疏远。在电影《小火车站》里，有一段感人至深的画外音，是一个年轻的女子在读她写给狱中的父亲的信："你被关在里面的同时，我被关在外面等你！"我们可以复制一下：一个父亲对儿子说："你被关在网里的同时，我被关在网外等你！"虚拟世界的社交，毕竟代替不了现实生活中的社交，连年轻人也感到不满足，有则"西北风"的短信说："石头上栽葱扎不下根，玻璃上亲嘴急死个人；光发短信见不上个人，害得咱落下个人想人。" 一个不争的事实是，尽管有风有雨，但风雨过后，阳光还会洒在现实生活中，真实的交流比数字的交流更能温暖人心。

拜拜钱包！我们要"刷手机"啦

在瑞典南部的卡尔·古斯塔夫教堂前，牧师们为捐赠者设立了一个读卡器，你要是想发善心，想给教堂捐点钱，刷一下手机就 OK 了。瑞典的一家公司开发了一款新型装置，将它插在智能手机的后面，手机就变成了一个信用卡终端。有人幽默地说："在移动支付时代，劫匪和小偷的生计越来越艰难了，iPhone 断了他们的财路。"

早些年手机银行是这样利用手机进行支付的——一个在城里打工的人，想给乡下的亲人寄钱，最简单的办法就是，买一张电话充值卡，然后给老家电话运营商或者付费公用电话店主打电话，告诉他们充值密码，充好之后再由他们出钱交给你的家人。当这种汇款方式流行起来后，一些公司便开始建立现金转账的手机支付系统了。一旦注册了这个系统，你可以将钱交给指定的机构，收款人将很快地收到一条含有特殊密码的手机短信，并在当地电话运营商那里取款。由于手机用户和充值卡销售商远远多于自动取款机和大大小小的银行，手机账户就成为发展中国家最常见的金融服务项目。MTN 和斯坦必克银行 2009 年 3 月在乌干达推出的手机银行服务，有个充满人情味的宣传词——"送钱回家"。推展 3 个月后，60% 的乌干达人就知道了这项服务。

　　说起来, 支付经历了从存折、银行卡、网银到支付宝的变革, 随着"掌中付"的出现, 我们又进入到支付 5.0 时代。掌中付用户通过三大网络, 在可联网的移动载体上, 如手机、车载设备、xpad (平板电脑的总称) 等, 通过浏览器和客户端方式实现无处不在的付款。美国一家电子企业指出, "移动设备使得任何地方都成了一个商场"。美国的金融专家预计, 到 2015 年, 全球移动支付交易将无处不在。

　　所谓手机支付, 就是借助手机, 通过无线方式进行缴费、购物和转账等支付活动。手机支付分为近程支付和远程支付: 近程支付是指通过射频、红外、蓝牙等通道, 实现与自动售货机、POS 机等终端设备之间的本地通讯; 远程支付则是用手机给网银、电话银行、手机支付系统发出支付指令或借助邮汇等支付工具进行的支付方式。过去尝试性的手机支付业务, 主要是靠 WAP 和发短信的形式进行远程支付的。之后, 一些智能手机, 比如"黑莓"手机, 由于增添了"近距离无线通信"芯片, 就足以与碰触到的物件进行通讯。当这样的手机与为"智能卡"设计的支付终端进行通讯时, 它就可以替代信用卡、借记卡和车票等票据了。手机的主人还可以用手机轻轻地碰触物品的"智能标签", 以获取相关信息。这样一来, 现场交易的"刷手机"便成了水到渠成的事情。

　　"刷手机"就是通过手机上具有 RFID 功能的芯片与终端读写器近距离识别, 进行信息交互并即时完成现场交易。RFID 就是无线射频识别技术, 作为物联网技术的核心, 这一技术的进展也是非常快的。要改变短信形式的近距离支付形式, 需要包括硬件、软件、系统集成、内容服务、运营等在内的整个产业链的良性互动。从发展趋势来看, 以后会从传统方式支付发展到移动支付, 小额支付发展到大额支付, 闭环领域拓展到开环领域。也就是说, 以后你出门时没有必要带钱包, 也没有必要带银行卡, 你的手机可以代替银行卡、公交卡、会员卡、门禁卡等, 它是真正的一卡通。

　　新一代谷歌手机内置用于金融交易的近距离通讯芯片, 芯片存有机主的个人信息, 通过点击手机触屏, 手机便可以把储存的数据传输到商场付款台的读出器上。2010 年 11 月 15 日, 谷歌公司的首席执行官埃里克·施密特在旧金山的一次展示会上说: "你们以后会用上这种能够买东西的手机", 他还预言, "这种手机将最终取代信用卡"。有了这样的"虚拟钱包", 人们只需点击手机即可完成付款。手机是支付终端, 你只要设定默认状态, 你的智能手机就能"永远在线"，一刻不停地在网上获取信息；这样，手机连接到网络后就具备了与移动付费终端一样的服务功能：完成信用卡支付，并在地图上锁定支付地点以及向买家发送"已收到"信息等交易过程。

早在上世纪 90 年代初，手机支付就在美国出现了。随后日韩后来者居上，现在相关产业已经非常成熟。近年来，欧美的手机支付业也在快速发展。从 2011 年 9 月开始，"谷歌钱包"出现了，消费者只要使用支持"近程通讯技术"的安卓系统手机，在非接触式信用卡系统终端前轻轻一挥手机，就可以轻松支付账款。另外还有 Square 等"手机收银台"也正在普及。Square 的刷卡槽是一个小巧的硬件，它会将手机在一秒钟内变成 POS 收款机。目前，中国的手机支付场景，主要集中在超市、商场和便利店。国内最大的第三方支付企业支付宝的支付方式是，用户只要用手机软件扫描商品的二维码，就能及时购买中意的商品；支付宝 2013 年的对账单显示，仅"双 11"一天，其无线支付笔数就高达 4518 万笔。2014 年初发布的支付宝钱包 8.0，标志着国内的所谓"社交金融"已全面微信化，移动支付狂飙突进，不可阻挡。

在欧美地区和亚洲的韩日等国家，人们都开始选择具有移动支付功能的手机。据统计，到 2013 年底，全球已有近两亿用户使用了手机支付的服务。日本的运营商已经将手机支付的 POS 机安装到我国知名的大型商场，日本游客到中国旅行购物时可以直接用手机支付。另如手机门票和其他有价券证，均可用具有支付功能的 SIM 卡，费用从与手机绑定的信用卡中支付。只要随身携带可以上网的手机，就能轻松管理账户、打理财务、缴纳费用。工行手机银行已可以提供基金、国债、外汇、贵金属、理财产品、第三方存管等多项投资理财服务。

一项数据表明，非洲是全球移动支付普及率最高的地区，全球最常使用手机钱包的国家，3/4 都在非洲。最成功的案例在肯尼亚，68% 的肯尼亚成人使用手机钱包，这一比例位居世界第一。2007 年，肯尼亚的电信运营商和英国的沃达丰公司合作建立了手机支付系统 M-Pesa，现已拥有 4200 个服务网点，遍及肯尼亚全国，一直延伸到偏远乡村和城市的贫民窟。

毫无疑问，手机可以代替钱包，类似苹果 iPhone 这样的智能手机，已经开始采用银行业务应用软件了，手机有了移动支付的功能，可以很方便地完成登陆、授权和支付过程。有人质疑手机钱包的安全性，其实与使用纸币和信用卡相比，手机支付不仅更快更智能化，也更安全。因为通过手机交易，其信号要经过多层加密，比一般的刷卡消费还要安全得多。苹果产品不断更新换代，拓展各种功能。他们准备推出的 iPhone 升级产品，可能会吸收"近距离通讯技术"，使其具备"感应式付费功能"，这样一来，手机真的也是一个电子钱包了。

　　前几年，人们比较熟悉的是"手机一卡通"。手机一卡通是电信运营商推出的基于无线射频识别技术的手机支付和身份认证业务。简单地说，就是客户在更换了专用的 RFID- SIM 卡（无须更换手机号码）后，通过互联网、手机短信等方式为手机钱包账户存钱，之后就可以利用手机在与运营商合作的商家进行现场 POS 机的刷卡消费了。其实这种搭载了 RFID 芯片的手机一卡通的应用，还可以渗透到人们生活的各个角落，早起上班时通过刷手机乘公交坐地铁，到单位用手机完成考勤报到，中午到食堂就餐、到商店购物，都可以刷手机，晚上回家刷手机通过小区门禁……

　　消费达人们最初的体验是在上海世博会期间，如果你持有刷卡手机就不用带钱包了，在世博园区内外的超市、商场等"世博商业卡"特约商户的收银 POS 机上轻轻一刷，就能安全快速地付款。我的同事小何去看世博，面对着长长的排队买票的观众，她走到检票设备前，刷一下手机轻松入园，原来她用的是手机门票。所谓手机门票，就是将门票信息通过 RFID 芯片集成在手机的 SIM 卡内。小何的手机，还有世博的其他信息，是一个参观向导，可以通过手机，免费获得场馆信息、游园指南，还可以根据客流量的情况避开高峰，预约热门场馆的参观时间。小何换了一张 RIMD- SIM 卡，自己的手机就成了手机钱包。乘坐地铁，到星巴克喝咖啡，到麦当劳吃快餐，到金逸国际影城看大片，还有味千拉面、COSTA、巴贝拉、果留仙、全家便利等，都可以用手机买单。

　　所谓第三方支付，是指基于互联网平台，介于买方和卖方之间的提供资金转换、银行结算的电子交易平台。手机支付因其便利性突出，已经成为最有发展前途的一种形式。在涉及日常的小额支付（微支付）上，手机支付有着广阔的应用前景。中国银联总裁罗德表示，"手机将逐渐成为移动电子商务的重要支付结算工具"。

　　业已使用的和正在研发的手机支付形式多种多样：有短信支付，还有条形码支付、二维码支付；有图像识别支付，还有语音支付，说话之间买卖双方就可以完成交易；你还可以将刷卡器插入手机的耳机插孔里，打开应用就可以刷卡了；如果你的手机下载了支付客户端，拿出来"摇一摇"，就可以同近距离范围内的对方账号联系并结账；如果你的手机植入了 NFC 芯片，那它就是一个真正的手机钱包了，付款时在专用的接收器上刷一刷就可以了；利用超声波技术，你的手机不必依赖专用芯片，也可以通过"近场相认"体验刷手机的生活；还有一种"地理围栏"技术，让商家和服务者可以提前感知到临近的顾客，提前做好相应的准备，通过照片和相关信息确认消费者后，摁一下支付确认键就可以了；美国硅谷的一家创业公司，研发出了一种图像识别支付技术，当用户在使用该技术的网站购物时，只要用手机拍摄自己的信用卡，程序就会自动准确地辨识信用卡的信息，经用户确认后付款……

2013 年被称为"移动支付元年"。这一年，中国的银联、银行和电信运营商联手成立了手机支付联盟，共同研究手机支付的标准和模式，希望能通过三方合作实现产品化。上述各方已经达成共识，将采用以银联为主导的基于 13.56MHZ 的手机支付技术标准。2013 年 6 月，中国银联与中国移动共同打造的移动支付平台正式上线，仅需一个手机，便能全部实现银行卡的全部功能：消费、圈存、查询、转账、现金等。一时间，移动支付变成了王母娘娘的仙桃，圈里圈外的各路神仙都争先恐后地赶赴蟠桃会。于是乎，"拇指金融"服务项目"乱花渐欲迷人眼"，诸如手机钱包（App 应用支付方式）、手机刷卡器（外接移动设备支付方式）、NFC 手机（芯片支付方式）、微信支付（绑定银行支付方式）等移动支付创新应用接踵而至，很快就为手机用户带来了全新的金融生活体验。

在国内，互联网金融的始作俑者是阿里巴巴。早在 10 年前，为了给淘宝平台上的交易双方建立信用担保机制，支付宝诞生了。2013 年，它的 1 亿用户通过手机支付 27 亿笔，一年就"刷"掉 9000 亿元。现在，支付宝已经超过美国的 Paypal 成为全球最大的移动支付平台。当马云放言"如果银行不改变，我们就改变银行"时，中国平安也在发力抢滩移动支付领域，它们带来的宝贝是"平安电子钱包"。还有，打的软件"滴滴"和"快的"短兵相接，"小米"也要"焖"支付的"米饭"，"京东"则凭借一纸"白条"切入了信任支付领域。得天独厚的微信更是"挡也挡不住"，及时建立了基于社交金融的"微信银行"，很快就实现了多个行业的覆盖。现在微信用户坐在家里的沙发上，通过通讯录界面进入微信的服务号或订阅页页面，就可以看到数十家银行的服务界面。2014 年春节前，微信财付通一出炉，就盖过了余额宝的风头。微信公司还透露，财付通将在微信、手机 QQ 两大移动端上不断发力移动支付。果然，"微信红包"在马年春节引爆网络。有人戏称，财付通秒杀了支付宝，马云也惊呼这是"珍珠港偷袭"。显然，未来几年，微博后面的阿里巴巴与微信背后的腾讯，在狼烟四起的移动支付的战场上，难免迎来终极一战。面对互联网企业的挑战，各大银行和电讯运营商也不会示弱，移动支付必将出现风生水起的局面。当然，如何保证移动支付与虚拟信用卡的安全运行，是一个不应忽视的大问题。

在美国，AT&T、Verizon 和 T-Mobile 三家移动运营商正在筹建移动支付平台，通过该项服务，用户只要将手机对准商场的电子识别设备即可完成支付。交易将通过第四大支付网络 Discover 金融服务公司（DFS）进行处理，而伦敦巴克莱银行 (Barclays) 将帮助管理账户。不久的将来，智能手机可能迅速取代美国市场上的 10 亿多张信用卡和借记卡。

不过，也有发愁的人。过去我们全都使用现金时，很容易掌握自己的开销情况；可有了刷手机等电子支付手段以后，不知不觉中就超支了。那些花钱大手大脚的人，当面临一堆债务时就变得束手无策。美国麻省理工学院有一个媒体实验室信息生态小组，他们研究出一种可以及时提醒你支出状况的"智能钱包"。这项名为"出名钱包"的发明，使用了触觉反馈技术，它会及时通知你银行账户上的余额情况。钱包通过蓝牙与智能手机连接，利用手机与互联网连接提取用户的银行账户信息。这种钱包有三种设计："熊妈妈"钱包很抠门，它有一条铰链，当主人银行账户余额越来越少时，铰链会变得越来越紧，甚至很难打开；"孔雀"钱包会随着账户资金的多少而膨胀或者收缩；"大黄蜂"钱包会震动作响，发生交易时，你花的钱越多它的动静越大，震动的模式还会告诉你是存款还是支取。

不少地方使用手机钱包存在两个问题：一是充值都有上限金额，使用起来很不方便；二是手机钱包属于"离线消费"范畴，不能挂失。最近，日本上市了一款可以实现冻结账户的手机，你的手机钱包也更安全了。

2013 年初夏，安徽合肥某工地突然出现了占地 6400 平方米的巨型"二维码草坪"，住在附近楼房的居民，站在阳台上用手机一扫描，耳边就传来了风声、雨声和鸟叫声，那感觉仿佛置身于城市中的森林一般。有人或许要问：

什么是二维码?

　　二维码诞生于 20 世纪 80 年代，这种黑白相间的条形码是日本人发明的，其编程原理和计算机很相似，一个二维码是由若干个 1 和 0 组成的，它们构成一种数字语言，经过翻译可以变成人人看得懂的文字。二维码以图像的形式保存文本文件、图像、声音、视频，甚至可以执行文件，极大地改变了信息存储、传送和阅读的旧有方式。二维码有许多种类，其中最常见的 QR 二维码，来自英文 Quick Response 的缩写，就是"快速反应"的意思。网上购物极大地改变了人们的生活方式，当二维码介入手机之后，查询、购物、付费、理财和获取信息变得更为便利。只要你的手机有读码软件和摄像头，就能轻松地扫描和识别海报或者商品上的二维码，拍下的图形可以迅速转化为文字或者连接到相关网址，方便地实现手机上网或内容下载。凡是可以印二维码的地方，都可能是一个收银台；如果你的手机上有支付宝，就可以直接通过手机来付款购物。2013 年深秋，北京地铁站里陆续出现了可采用微信支付的自动售货机。用户可以通过手机微信扫描自动售货机上的产品二维码，并通过绑定的银行卡来支付和购物。仅仅用了一两年的工夫，二维码就在中国遍地生根，印在产品的包装和纸媒上，出现在电脑、电视的屏幕上。2014 年的央视春晚，也在新浪微博上设立了"红包专场"，观众扫描直播画面的二维码，就可参与讨论，与演员互动，幸运的参与者还可以领到"马年红包"呢。

　　此前我们更熟悉的是条形码。它的发明者是一个名叫伍德蓝德的美国人，其雏形是在沙滩上画出来的，形如箭靶，人们称其为"公牛眼"。1966 年，经过改善的商用条形码出现了。条形码的后起之秀就是二维码，近几年，更为先进的手机彩码也出现了。它是在二维码的基础上，加上了黑、蓝、绿、红，由四色矩阵构成的彩色三维图像矩阵码。彩码采用了模糊识别技术，容错能力大为提高，使得彩码的识别更加便捷和高效。用户拍摄报刊广告和商品上的手机彩码后，即可自动连接到相应的 WAP 网站上，直接浏览商品信息、下载折扣券、用手机支付购物。在日韩等国，手机彩码已经普及到老百姓的日常生活中去了。手机彩码是条码技术和移动通讯结合的产物，它的普及一定会深刻地改变人们的生活习惯。朋友，你最好早一些了解手机彩码的知识，它一定会让你行走在时尚生活的前沿。

　　瑞典是欧洲第一个使用纸币的国家，现在，它又可能成为第一个走向"无币时代"的国家，因为其整个社会正在推行电子化交易。近年来，瑞典大多数城市的公交车停止了车上现金购票，人们上车前须到指定的地点购票，或者用手机发送短信预订。银行也停止办理现金业务，连捐款也要到教堂前的机器去刷卡。我们不妨跟随斯德哥尔摩的年轻市民埃里克·皮特松，体验一下电子化支付的"无钞"生活。早晨起来，埃里克开车到地铁站，在自动计费停车系统上刷信用卡，交付了一天的停车费用。然后用发短信的方式购票，乘坐地铁上班。中午，他去附近的快餐店吃午饭时也是刷卡买单。下午回家时，路过超市购物，还是刷卡结账。中途他给汽车加油，就在加油机上刷卡。晚饭后，埃里克和朋友去看电影，在影院的自动售票机上刷卡买票。看完电影，他又去酒吧消遣，最后打车回家，都是刷卡结账。这一天的消费账单，都会发到他的手机上，还款用网上银行转账。其实他还可以直接刷手机结账的。

观看伦敦奥运会比赛的外国人发现，移动钱包逐渐走入了英国人的生活，"橙"电信公司和巴莱克信用卡公司共同推出的"Quick Tap"系统，让你通过手机进行支付变得得心应手。英国人伊恩·皮尔逊预测，到 2030 年，由于人们已习惯使用移动钱包和电子货币，我们现在的硬币和纸币将从英国和大多数国家消失。美国硅谷的专家也做出了同样的预测，

在不太遥远的未来，我们将不得不说："再见了，钱包！"

你在哪里我知道——口袋 GPS

"当我在密林深处寻觅的时候，突然来了一阵急雨，我的衣裳都湿透了，双脚在灌满雨水的靴子里扑通作响。尽管苦不堪言，但我却充满着孩子般的兴奋感，我一定会找到那个被埋起来的'宝贝'……"德国人罗斯正在参加一个"地理藏宝"的游戏，他躲在一棵大树下，用手机写了上面这段微博并立刻发到网上。从 2000 年开始，"地理藏宝"游戏就风靡起来，现在已有500 多万名参与者，他们忙着在全世界 200 多个国家和地区寻找 130 万个"藏宝盒"。寻宝者们凭借的就是手持 GPS 设备，或者只是一部手机。罗斯就是这样做的，他只花了不到 6 美元，把"地理藏宝"应用程序下载到一部具有 GPS 功能的智能手机上，然后将它装在口袋里勇敢地进入了密林深处。

罗斯的故事告诉我们：口袋 GPS——正在改变很多东西。

有位中国记者去一位美国朋友的家拜访，他惊喜地发现，在不同房间拍的照片都能在手机地图上清晰地区分开来。原来，用具有 GPS 功能的手机拍照，可以自然而然地将拍摄地点记录下来，还可以轻易地知道：附近电影院正在放映什么电影，附近有什么好餐厅等。现在，越来越多的人尝到了手机"周边快查"功能的甜头，你拨弄拨弄手机，就可以知道周边的情况，停车场、加油站、便利店、饭馆、药店、银行 /ATM 机……尽在你的掌握之中。

有一款叫"签到"的手机软件，当你想知道自己身处何地时，只要摁一下图标，手机就能迅速地提示你所在的准确位置；如果发到网上，别人就知道你在哪里了。有人因此成了"签到迷"，即使到单位食堂去就餐，也要签到一下。

有些青少年终日留在家中上网，沉迷于各种交友网站、视频网、博客网、购物网、资讯网、色情网和网络游戏，逐渐脱离了社会圈子，被称为"御宅一族"或"隐蔽青年"。哦，不开心就上"嘀咕"吧，LBS（位置服务平台）改变了"御宅一族"的隐蔽生活。2010 年岁末，以"嘀咕"为代表的 LBS 签到服务，让宅着的开心玩家走了出来。签到就是用户利用 LBS 软件，在手机平台中"踩"自己关注的地方；嘀友就是热衷于签到的时尚达人。网友"一只直立行走的猪"如此描述 LBS 热潮："偷菜偷着偷着没劲了，好友渐渐不知去向了，好几个月都不登录，没想到一上嘀咕，就看到一个小子在吃必胜客。"签到提高了大学生和白领们参与群体生活的兴趣。"我们已经宅得太深了，是时候把我们的身心从慵懒的状态中解放出来。"签到不仅能带来精神上的愉悦感，当你在某地签到次数领先时，还可以获得"嘀咕老大"的名头。中国版的嘀咕网后来居上，发展迅速，其中以手机用户居多。有人用当下流行的凡客体诠释他们："爱网络，更爱自由；爱偷菜，更爱尝菜；爱打字，也爱打折；我不是谁的'老大'，我是我自己的老大，我只代表我自己。我和你一样，我是嘀友。"

我是嘀友，你是切客吗？切客每到一个地方，就通过手机实现签到服务并告知好友自己的地理位置。他们是热衷于记录生活轨迹，并与他人分享自己精彩生活的都市潮人。"切客"是国内手机网民为 LBS(Location Based Service)，即"基于地理位置的服务"取的中文名，因为 LBS 典型的应用是 Check in(签到)，中文谐音是切客。

业内人士指出，LBS 本身技术和成本很低，是非常便于推广的。比如北京移动设计的"小区短信＋网信"的模式，就是在游客进入景区后，其手机就会自动收到"文字＋链接地址"的短信，用户只要点击地址，就会看到所在景区的相关信息。

我们时时揣在兜里的智能手机就是一个传感器，它可以搜集附近移动通讯基站的无线网络热点数据。谷歌和苹果公司正是利用这些数据改进了手机的定位功能，并更加精确地为自己的用户提供地图和导航服务。美国《时代》周刊载文说：数字移动装置所构成的网络无所不知，它知道你在何处。无论你用手机发短信、写微博、购物、拍照，还是导航，它都了解你正在做的任何事情。

在形形色色的 GPS 接收器越来越普及的时候，美国市场又出现了一种专门针对行人的袋式 GPS 指引器。这款私人导向器，带有 GPS 功能的手机。当你迷失方向时，手机屏幕上会出现地图地形，手机像一个热心的向导一样，准确地告知你所在的方位，还给你指引方向和路径。根据不同的需要，你可以选择专门的具有指引功能的手机。比如你喜欢打高尔夫球，好了，你只要配备一档"高尔夫搭档"（Golf buddies），它就能清楚地显示出球场的环境，哪里是草地？哪里是沙土？那些障碍物离你有多远？你打出去的球落在了何处？一切都在你的把握之中。现在，手机地图已经成为最热门的应用，3D 仿真实景、离线地图、社交化搜索……其功能在不断地拓展着。如高德地图用交通互助、微博分享、位置共享等多元的互动功能，诠释着"地图 2.0 概念"，指引你从一个总入口，在五彩缤纷的手机生活服务项目群中找到你所中意的服务点。

这样的手机具有你难以想象的功能：追踪假释的犯人、迷途的宠物，甚至迁徙的象群、退缩的冰川。美国空中定点卫星的导向系统准确率越来越高，已经提高到小于 50 厘米的间距，而且卫星能直接发送频率信号，让每一个携带接收器的手机用户受惠。未来的手机还可以报警，如果老人、小孩、智障者，或者自己的宠物失踪，依靠其随身携带的手机，我们就可以确定失踪者的方位，并很快找到他们。这样的手机还可为幼儿出门上学选定往返线路，一旦幼儿脱离安全区域，其身上带的手机就会及时报警。另外，如果发生火灾、急病等危险，都可通过手机进行求助。可以说，口袋 GPS 手机是我们可靠的向导、忠实的卫士。

几年前的新款手机，就已经内置了全球定位系统 GPS 芯片，但其中并不拥有"建议路线规划指示"功能。现在，型号更新的 Android(基于 Linux 平台的开源手机操作系统) 和诺基亚手机都有了 GPS 功能。以后的智能手机，卫星导航功能会成为其基本功能之一。比如华硕智能导航手机，拥有 3.5 英寸触摸屏，600MHz 处理器，最新 W.M6.5.3 操作系统，500 万像素摄影头，导航能力超越专业 GPS 强机 GARMIN1455。地图安装在手机内，无须另外下载。与 GPS 手机一起火起来的还有各种导航应用，比如：高德地图、谷歌地图、百度地图、导航犬、路况通、行车记录……这一切，来得都很快。当微信 5.0 推出后，好几亿中国用户都可以用"扫一扫"看街景啦。

2012 年岁暮时分，我国的"北斗"卫星导航系统正式提供亚太地区的服务，开始了这一系统的市场化应用。大约到 2020 年，"北斗"系统将形成全球覆盖能力。"北斗"的总体性能大体与美国的 GPS 相当，但它有自己的"独门绝技"，就是把导航与通讯紧密结合起来，允许双向通信，这对于利用手机发送容量受到限制的短信颇为有用。即使在沙漠、草原等通讯盲区，借助"北斗"，也可以用手机短信与外界取得联系。这个系统的管理中心还可以通过位置报告功能，随时掌握每一个终端的确切位置。到了 2020 年，"北斗"系统的 30 多颗卫星将覆盖全球，届时它将成为 GPS 的等价替代品。欧盟也在建立自己的定位系统——高精度的"伽利略"系统。在 GPS、"伽利略"和"北斗"共存的态势下，加上俄罗斯的定位系统，手机等具有导航功能的设备就有了多个选项。

为了保持定位系统的老大地位，美国已经启动了 GPS 的升级计划，旨在打造"21 世纪地球神经系统"。按照升级计划，美国将逐一替换现有的 GPS 卫星。新系统可以把商用信号的强度提高两倍，而且卫星搭载的原子钟的授时精度将达到十亿分之一秒。报道形象地描述说：现有商用 GPS 可以给手机用户指示某家星巴克咖啡店在哪个街口，而新系统提供的信号可以把他领到这家店的门口。新系统可以帮助货运公司寻找失踪的小件货物，引领消防员找到火源，还可以协助人们找到丢失的小狗。美国政府维持着一个庞大的情报搜集系统，他们利用通讯网络、海底光缆、GPS 卫星等工具，包括智能手机，对全球各个角落进行着严密的监听监视。其情报部门雇员斯诺登曝出的"棱镜计划"，引发了遍及全球的政治风波。

毫无疑问，GPS 的功能会越来越强大，LBS 也与我们走得越来越近了。

LBS 包括两层意思：首先是通过无线通信网络或 GPS 获取移动终端用户的位置信息，在地理信息平台的支持下，提供与位置相关的各类信息服务。也就是说，LBS 在固定用户与移动用户之间实现了定位和服务两大功能。LBS 打通了虚拟世界和现实世界的通道，在不知不觉中走入了普通人的日常生活中。有了 LBS，无论出远门的孩子走到哪里，在家的父母都可以随时找到自己的孩子，还可以了解并指导他在异地的日常生活。LBS 实际上是一个基础性的应用，从其发展趋势来看，将会成为各大互联网公司的标准配置，涉及到搜索、社区、门户和游戏等各个方面。

一种基于移动端 O2O（Online To Offline）的新商业模式正在兴起，其模式是：地图＋服务＋购买＋支付，手机地图成为一个总入口，移动端用户打开一个 App，就可以使用所有的服务。手机成为我们生活的向导、旅游时的导游，购物时的导购……目前，在苹果的应用商店里，前 100 位的应用几乎都与位置有关，基于位置的服务正在嵌入我们生活的细微之处。

新华社记者南婷描述了白领陈晓的"手机地图生活"："在拜访客户前，她会打开手机客户端的百度地图，搜索要拜访公司的地址，查询公交和驾车路线；中午使用自我定位功能，搜索所在位置附近餐馆信息以解决午餐；晚上搜索周边的 KTV、电影院、酒店等信息，根据网友评价、价格以及折扣等选择娱乐休闲方式；还会根据地图上显示的周边团购、打折等信息下单购物，有时会随心情而动发送带有地理信息的微信召唤好友们聚会。"

最近，英国《新科学家》周刊的网站披露说，一项新的定位技术（Locata）已进入测试阶段，其精度高信号强，在室内外都可以使用。测试结果表明，Locata 的信号强度是 GPS 的 100 万倍，现精确度在 8 厘米之内，还可以进一步缩小到 5 厘米之内。澳大利亚 Locata 公司的创建人甘巴莱声称，就未来的定位产业而言，这是最重要的一项技术革新。未来 Locata 将和 GPS 共同发挥作用，拥有微型 Locata 装置的智能手机也会在 2018 年左右问世。

美国《防务新闻》周刊也透露：美国正在寻求 GPS 的替代方案。正是因为 GPS 变得如此重要，有远见的人不会完全依赖于它。美国军方正在利用惯性测量装置，将数据与利用原子的拉莫尔频率的技术相结合来发现移动变化。当有人利用现代电子技术干扰 GPS 系统的信号时，这种技术就会被派上用场。

借助新的定位技术，智能手机的服务功能也许是无限的，渐渐地会扩展到所有的服务性领域，比如救援遇难者、突发疾病者，寻找失踪者等等。就看你有没有一双善于发现未来趋势的"千里眼"。无论何时何地，只要你打开手机，卫星就能即时定位你的准确位置；通过及时获得的手机信息，便可以实施危难时的紧急救援。在人们信奉"百善孝为先"的中国，许多人因为父母年迈，全天候开着手机。老话说"父母在，不远游"，如今变成了"父母在，不关机"；因为手机可以随时获得即时信息，老人遇有意外发生，也可以随时求助。

早在 2010 年底，上海就建立了市民手机呼叫"120"实时定位系统，实现了"打一查一"定位功能。在用手机报 120 时，120 急救受理系统将该主叫号码经手机定位系统发送至运营商进行定位，运营商经内部测算获得地址信息后再经手机定位系统传送给 120 急救受理系统，实现"打一查一"定位。

现代人对监控录像早已不陌生。2010 年，美国人文斯·亨特外出时，用手机查看监控录像，发现窃贼正在砸窗入室行窃，就用手机报警。事情的经过是这样的：亨特住在得克萨斯州的达拉斯。他和妻子到离家 2400 公里的康涅狄格州看望母亲。正在给车加油时，手机突然响了。一条短信告诉他，家中移动探测器触发启动，这意味着可能有人闯入。亨特的房子曾经被窃贼光顾过，所以夫妻俩特意安装了一套防盗监视系统，让他们能从任何一台电脑上监测到三台摄像机拍摄的住宅及院子的实时情况。后来，亨特又为自己的智能手机下载了一个软件 icam。这样一来，用不着电脑，只要用手机就能对家中的情况了如指掌了。当他看到两个窃贼用砖头砸自己起居室的窗户玻璃时，他就拨打电话报警。几分钟后，亨特从手机上看到：几名警察持枪进入他的房子。不过，窃贼在房内警报器响起时已经逃之夭夭。亨利说，手机上的监控画面为警方追捕嫌疑人提供了重要线索。

2012 年 4 月的一个星期六，两名绑匪在作案后不久就被警方抓获。是手机帮助了被绑架的男子，他在后备箱里用手机给女友发了一条短信，他的女友又在推特网上公布了相关信息和绑匪使用的汽车号码。于是，多家安保公司跟踪这部手机的定位，并最终帮助警察破案。在移动的世界，任何隐秘的犯罪都变成了"光天化日"下明目张胆的行为。依靠无所不知的手机，美国执法人员找寻逃犯的平均时间，从过去的 42 天下降到短短两天。

因为使用手机而暴露目标的例子数不胜数，人们熟知的有，车臣分离主义分子杜达耶夫和基地组织头目之一的阿布·祖贝达，前者被俄罗斯空军的反辐射导弹炸死，后者被跟踪而来的美军士兵抓获。最新的例子是，全球头号大毒枭丹尼尔·费尔南德斯因为使用手机而暴露行踪，被墨西哥警方逮个正着。台湾《自由时报》报道说：苹果手机的使用者通过手机新地图软件进行搜寻，竟可以在屏幕上清晰地看到新竹长程预警雷达阵地以及周边的相关设施。

手机安全分析师卡姆卡尔告诉《华尔街日报》的记者，每部手机里都有一个独有的识别码，它可以用于识别手机用户的身份。安卓系统手机每隔数秒便会搜集手机的位置信息，并至少在一个小时内多次将数据传输给谷歌；它还会搜集 50 部与机主有过联系的手机的识别码，以及 200 个联络过的无线网络。苹果手机里有一种秘密文件，专门记录用户的位置、时间等标记，而手机与电脑同步过之后，这种信息就会传输到电脑上。苹果公司自从推出 iOS 4 操作系统后，每天搜集 iPhone 和 iPad 用户的定位信息大约一百次，这些数据是完全面向同步设备开放的，他人很容易知道你的行踪，包括你在哪里吃饭，你在哪里逛街，以及经常出没的地方，都能了如指掌。美国有一家 Place 公司，近几年利用 GBS、Wi-Fi 网络、蜂窝三角网定位、加速计和陀螺仪等设施和技术，不仅可以确定某位消费者准确的地理位置，甚至还知道他们在建筑物内的活动情况，藉此了解消费者的消费习惯，为营销活动提供第一手精确的数据信息。

由于苹果和谷歌通过手机定位功能收集有关信息，在西方世界引发争论。不少人担心：手机是否会成为跟踪客户的"iTrack"（跟踪）。王鹏是河南省一家饲料公司的业务员，由于他所在的公司利用手机定位对外出人员进行跟踪管理，他会天天接到公司打来的质问电话。王鹏说："我不管走到哪里，总感觉公司的领导如影相随，像被第三只眼睛死死盯着，感觉实在不爽。"

莱拉·戴维森是美国一家公司的社会媒体营销顾问，一天她在无意中发现一个网页上有自己的名字，还有标注了自家地址的地图。经过一番查证，原来这些内容源于手机网站 Foursquare。这家网站鼓励用户参加游戏，对自己所去的地理位置进行"检入"，同时分享其他用户的地理位置。如果某位用户在一个特定的地点"检入"的次数最多，就会获得虚拟的"市长"头衔。戴维森刚刚举办过一次派对，显然她的客人里有希望当"市长"的人。从这时起，戴维森觉得，在网络社会再没有个人隐私可言了。

在数字时代，手机位置数据就像一个人的足迹，不管你走到哪里，都会被人跟踪。美国私人空间保护组织指出："定位数据"将威胁到每一个人非常隐私的个人生活空间，你几乎变成了一个透明人。我们在看好莱坞的谍战片时，经常看到追踪小组通过一个手机电话，就能准确判断出逃亡人员的行踪，从而展开追杀行动。据英国《卫报》网站吐槽，美国国安局每天可以搜集近50 亿份手机信息记录。于是人们普遍担心：我们还有木有隐私？伤不起啊！

从电子身份证到万能钥匙

"请出示您的身份证件。"这是芬兰人在社会生活中经常听到的一句话。现在，他们听到的却是："请告诉我们您的手机号码。"原来，从 2010 年11 月 30 开始，芬兰已经将手机当作了"电子身份证"。其操作流程非常简便，当网络实名服务需要确认身份时，用户只需填写自己的手机号码，服务器就会发送一个短信到用户手机上要求确认和授权——输入自己预设的密码并回复短信，就可以确认用户的身份。这种移动的"电子身份证"在政府公共服务领域里非常有用，比如网上报税、领取社会福利等。芬兰通讯部长苏薇·林登认为，这一应用具有里程碑的意义。2013 年，芬兰主要政府部门的服务基本上都实现了电子化。

智能手机具有身份识别功能，可以通过话音、心跳和指纹辨识自己的主人，倘若手机失窃或者遗失，他人也无法使用。如果他人多次认证无效时，忠诚的手机还会自动删除有关主人隐私的内容。我想，芬兰人走在了前头，更多的国家迟早也会推广手机身份证的。

电影《碟中谍 4》中有这样的镜头：在熙熙攘攘的火车站，当美女杀手迎面走来时，特工的手机立刻想起了嘀嘀的警报声，屏幕上还即时显示出杀手的姓名和个人信息……这已经不是科学幻想啦，智能手机也可以通过人的面部特征进行身份识别。

在日本奈川工科大学，该校学生的所有信息都被集中输入到随身携带的手机里，手机再与学校的网络系统实施联结。这样一来，手机变成了多功能的学生证。学生拿着手机就可进出校园和多媒体工房，还能在相对应的网络感应器上查询自己关心的信息，包括每天的课程表、成绩单以及自己的出勤率等。手机同时也是一个电子钱包，只要充了值，就可以在学校的餐厅、浴室和商店里刷手机结账。对校方来说，管理学生变得更便利了。学校可以及时掌握学生的动向，可以轻易地知道：谁逃课了？逃的是哪天的什么课？逃了多长时间？因为每天上课前，每位学生都需要用自己的手机朝教室门口的感应器上划过，讲台上方的屏幕上会显示来人的学号，并且显示登录的颜色，老师就知道该学生来上课了。想中间溜号或者请人代刷是行不通的，因为学校在教室里的每一个座位上安装了一个信息终端，只要学生屁股一离开座位，老师就知道谁中途逃课了。

实际上，所有的机构和单位都可以照此办理，建立起快捷有效的手机管理系统来。在新款苹果手机拥有指纹识别认证功能后，三星公司也不甘落后，准备运用虹膜扫描技术，推出识别功能更为给力的新款手机。未来的手机不仅是工作证，也是门禁卡、考勤卡、通勤卡和饭卡。离开学校和单位，手机还是社区门禁，停车场、会所服务、商场消费会员卡……这样的话，还有谁能离开手机呢。

有人用二维码赋予手机"名片"的功能，人们见面无须交换名片了，只要用手机一扫，大量的信息就进入手机之中。移动互联有一款创新产品——"云名片"，用户不仅可以让所有的联系人随时看到自己再也不会丢失的保鲜"云名片"，同时也可以看到每一位联系人的信息，及时了解到亲友与合作者换号、升迁、跳槽和搬家等情况。

谷歌公司正在研发一种密码登录的芯片，当它嵌入到你的智能手机后，通过近距离无线信号，用户可以通过轻触电脑来解锁电子邮件或者连接网络。这样一来，你的手机就变成了一把开启数字世界大门的钥匙。不仅如此，在现实生活中智能手机也会取代我们日常使用的钥匙；因为只需在手机上安装一个"电子钥匙"程序，就可以通过无线、非接触的方式打开相匹配的门锁。美国旧金山有一种"够吉"（Goji）智能门锁，它能感觉到主人智能手机的靠近，在开启屋门时还会发出一条个性化的欢迎信息。此外，锁内安装的镜头还能拍下来访者的图像，并通过家庭无线互联网传送到主人的智能手机上。像凯特安这样的老牌制锁公司，也把上千年的制锁工艺同移动技术结合起来，推出了也是以手机为钥匙的"开我"（Kevo）智能门锁系统。

当手机有了地图导航、日程安排、记录家庭开支等生活化的应用之后，手机电子钥匙技术的应用会给人们带来更多的便利，并对酒店、仓储、物流等行业带来深远的影响。国外的一些新潮酒店已经开始运行"智能手机电子钥匙系统"，客人无须到总台办理繁琐的入住手续，带着你的行李直奔你预订好的房间，拿出手机打开该酒店的"电子钥匙"程序，并将手机对准房门的感应装置发出一组密码，只要二者的校验密码相符，只需几秒钟房门就会自动打开；甚至住宿费用的结算也可以完全自动化，全部在后台完成。未来入住酒店，你甚至无须同酒店的服务人员打交道，证件办理入住和结算手续，完全 DIY! 目前设计的电子门锁一般都具有两种开启方式，实体钥匙将成为备用工具，以备不时之需。

相信不久之后，你的手机可以打开房门、保险柜门和车门。日本汽车业巨头日产与日本最大的手机运营商合作，为手机植入了"智能钥匙"芯片。如果你开的是一辆日产轿车，在规定的距离内，你可用这种手机遥控打开车门，当你坐上驾驶座位之后，汽车便会进行打火。科学家发现，人们接电话时把手机拿到耳边的动作像指纹一样独特，每个人的动作速度和角度都是他人难以模仿的，于是它就成为你最可靠的身体登陆密码——一把万能钥匙。

在一个家庭牧场，牧场主珍妮对来访者说："这里的奶牛，身体一侧都有一个二维码，你拿出手机一扫描，就会知道它们是真正的 Shamrock 奶牛，它们产出的奶汁可以制作闻名世界的斯提耳顿干酪。你还可以通过手机访问'奶牛小姐'的博客，了解奶牛的生活和有趣的故事。"

噢，在物联网时代，不止是人，世间万物的身份都可以用手机来辨识。

"手机淘金场"和"微创业"

韩晓鱼是一个生活在西子湖畔的杭州姑娘，她醉心于采集各种自然声响：鸟叫虫鸣、流水声……后来，她把这些"声音标本"提供出来，制作成各色手机铃声：有人失眠，她就开发出一款"催眠曲"——用的是录自马尔代夫的海潮声；她还用公猴的叫声驱赶害虫，用鼠王的尖叫声吓跑老鼠，用敲打木鱼的诵经声抚慰失意者的灵魂。这个通过手机"卖声音"的小女孩，还经常举办自己的"音悦会"呢！当手机连上互联网，微博、微信，都成了年轻人实现创业梦想的新舞台。

在 2013 年的中国移动开发者大会上，你会听到许多创业者的故事。曹军是一位盲人，他毅然关闭了收入不菲的按摩店，转而开发手机的盲人软件。经过一年多的努力，曹军终于让"诺基亚手机开口说话了"。他的目标是，让盲人可以便利地使用手机和微博、微信等工具。

国外也是一样。新加坡有几个大学生，利用冰吧做实验室，研制出了保暖性极强的触摸屏手套，让寒冷地区的人可以放心地使用"苹果"等触摸屏产品。目前，这款产品已经成功地打入了瑞典等北欧国家。还有一位只有 23 岁的英国学生，叫伍德豪斯，设计了一种由竹子制成的智能手机 ADzero。采用了安卓操作系统的竹子手机，经过特殊处理后增强了耐用性，即将推向市场。

在韩晓鱼、曹军、伍德豪斯这样的有心人看来，手机的世界也是财富的世界。

首先，移动互联网与电子商务的结合，使得手机具备了"移动理财"的功能。如果你是一个股民，即使你在星巴克里正在和朋友品着"拿铁"，聊着足球，只要身边带着手机，也不会耽误你炒股。一次我正在北京国贸三期 80 层高的"云酷"喝茶，忽然听到邻桌的一个小伙子激动地对他的女友说："宝贝，我要送你一部苹果手机！"女友说："为什么想起送我礼物？"小伙子说："我刚才用手机做了一个'短平快'，一进一出，就赚了几千元，我想也给你买一部手机哦！"哦，手机有了炒股功能，股民真是如鱼得水啊！

当你习惯了手机理财时，会发现这个东西就是你的"理财顾问"：你只需要下载一款"手机记账软件"，就可以随时随地地记录你的每一笔收入和支出款项，还可做开支预算，并通过柱状图或饼图的方式了解收支结构，并据此调整消费方向。只要你提前做过准备，这个"账本"一旦丢失，你还可以通过相关网站或云端重新下载数据。

可以说，比起网上银行和柜台受理来，通过手机银行理财是最方便也是最实惠的方式，客户除了日常转账、划款、还款、缴费，进行基金、黄金等理财产品买卖外，还能了解实时外汇汇率、股票等市场行情等金融行情信息，并及时进行操作。利用手机,你还可以进行"碎片化"的理财,以微信理财为例,即使你只有 1 分钱,也可以进入无门槛的理财"俱乐部"。使用余额宝理财也非常便利,现在不少人早上醒来做的第一件事,就是打开手机的支付宝钱包,查看自己的收益状况。

当你进了一家商场,面对一样商品,还拿不定主意的话,你可以用手机拍照,然后将商品的照片传给你的丈夫或媳妇,或是识货的朋友,请他们帮你定夺。你还可以将商品的条形码、二维码、彩码的照片传到相关网站,从而了解这款商品的全部"底细",并了解到它的价格是否比其他商店便宜。总之,有了手机,你会变成一个真正的"消费达人"。当然,使用手机银行和利用手机理财,一定要注意信息安全,防范手机病毒的侵扰。

大多数人写微博是为了好玩开心,可如今却有一些玩家用它来做生意。一名"爱淘"的网友利用微博推销产品,人气越来越高,生意也越来越好。他的秘诀是,选译一些外国笑话,通过手机发送到微博上去,让笑话段子为自己聚拢人气。在限定 140 个字的"微世界"里,有不少"爱淘"这样的网友在淘金呐。

因为微博可以通过手机便捷地上传和转发图片和视频,这种方式可以使商品的销售和服务像"病毒"一样传播。微博营销以其便捷性、交互性和原创性三大特点,迅速成为传统企业开展电子商务营销的全新模式。作为新兴社交媒体,它能够帮助你的营销业务直接进入"微博新人类"的视野,并且和已有客户保持"恒温联系"。国际商用机器公司估算,微博等社交网站平台每天会产生大约 2.5 百万兆字节数据。因为微博能实时反映社会动态,高手可从中预测市场走势,其背后蕴藏着巨大的财富。

新浪不断为"微博"开发各种功能,使其比推特更适合商业用途。目前,在新浪微博上注册的企业已经超过 5000 家。新浪的微博掘金运动包括广告、游戏、电子商务、增值服务等盈利模式。2011 年底,腾讯微博具有电子商务功能的"微卖场"也正式上线。2013 年 5 月,阿里巴巴入股新浪微博,国内最大的电商平台和最大的社交平台实现了联姻。连外国人都注意到,"越来越多的中国人开始上微博做生意了"。

美国的《时代周刊》认为,"微博是地球的脉搏",具有强大的信息传播功能。在商家看来，微博用户是对新鲜事物最敏感的群体，也是在网上购买力最强的群体。于是，近几年企业微博营销成为一门新学问，很多人在研究微博营销的理念、途径和技巧。从国外的情况看，万千博文大军中最活跃、竞争也最激烈的是关于产业进步和相关动态的科技微博、商业微博。这些网上写手昼夜不停地发布受雇公司的相关信息，连篇累牍地介绍新的产品，以致在数码时代的"血汗工厂"出现了"过劳死"的现象。专家还指出，微博营销是一把双刃剑，在借助微博"人际圈沟通"优势的时候，也容易干扰到私人媒体的清净而引起反感。

手机与微博是成长中的强势媒体，当然也是理想的广告载体。2011年，微博的广告价码为：拥有15万粉丝的账户，转发一条广告信息400元；有20万为500元，有30万为600元……如此水涨船高，到了"微博女王"姚晨的账户，一条广告就价值万元以上了。得风气之先的广告人，很早就盯住了这块蛋糕，盯住了手机一族这一庞大无比的广告受众群体。

微信被称为"第一个拿到移动互联网船票"的产品，当它成为腾讯公司快速成长的驱动器后，腾讯正在全力打造以其为源头的产业链，开始探索移动虚拟电商的路径。其战略路径是，用手机将线上和线下联系起来。不断崛起的微信能够在尽可能短的时间内帮助商家建立起一个庞大的会员体系，并从中得到消费分成。在微信的商业版图上，已经有上千个品牌，覆盖了上万个店铺。微信喊着："微消费，走起！"它的"野心"是，让微信日后代替所有的会员卡、打折卡和积分卡，甚至代替门禁卡等其他身份识别类卡片，这样就可以把商家和用户直接联系到一起。当微信延伸到支付环节时，它可以同银行卡绑定后生成一个二维码，用户出门就刷二维码，不用再带银行卡了。

许多微创业者都希望在微信上淘金，他们不再坚持自己做App了，想直接利用微信来做应用。北京有一个"金种子"基金，主要投资微信上的50万元以下的微项目。微信的新版本使手机成为了真正的"自媒体"。它的新功能是：用户可订制其菜单栏，移动支付上线，公众账号付费订阅。如果个人有机会掌控发行和收费渠道，草根创业者就会在微信这棵参天大树上，"从风能吹走的树叶，变成吹不走的蝴蝶"，有机会实现个人得益的商业价值。苏娟是一个四川妹子，她借助微信"这棵大树"，运营着《她生活》女刊，现有20多万熟女聚集在其周围。现在，越来越多的人开始利用"熟人模式"的社交营销，在微信上"开小店"。有人感叹道："最近打开微信朋友圈，屏幕上一水是卖货的，简直跟逛淘宝似的。"专家分析说，如果微信全面开放应用平台、数据平台，将会成为"风景这边独好"的微创业者的乐土；因为凡是 PC 上的商业构想，都可以移植到微信上，甚至做得更好。2013 年 8 月 12 日，微信自媒体红人罗振宇在其"罗辑思维"的账号上发起了一项会员募集活动，在短短的 6 个小时内，就招募了预定的 5500 个会员，收取了 160 万元的会费。在此之前，知名科技博主程苓峰就在自己的微信账号上提供广告位，一个月的收入达到二三十万元。显然，拥有 6 亿多用户的微信已经成为网上最富饶的金矿之一。

2013 年底，国内移动即时通讯市场烽火四起，网易推出的"易信"、阿里巴巴旗下的"来往"纷纷亮出"免费流量"的幌子，多路英豪对"微信"发起了狙击战。它们明着是打移动社交的牌，实际上意在电子商务；阿里巴巴声称要借助新一代好友互动平台"来往"，在移动端再造一个"淘宝"。

从社会学的角度看，商业竞争就是经营者与消费者之间交互关系的反映。微博＋微信的组合，已经显现出超强的传播能力并在创造着一个个营销奇迹。以手机为载体的新媒体，联系着覆盖全球的互联网，也联系着数以亿计的消费者，正在成为商战的主战场和财富的富集区。外报评论说，中国的亿万消费者正在进行着移动网络上的"长征"，因为越来越多的服务，尤其是在线零售和在线支付已经转移到了手机的应用程序上。

于刚是一号店的董事长，在他的描述中，每一个登陆一号店的人，都可以看到"我的厨房""我的卧室"等虚拟场景，可以在线试穿衣服和鞋子，可以在线上完成"下单""支付"等环节后放心地等待线下完善的服务。于刚在推出"掌上一号店"以后，又增加了二维码应用和三维立体效果，强势推出了升级版的"无限一号店"。用户可以充分体验屏上"逛商场"的感觉，很方便地通过二维码实现实时购买。

马云畅想的购物情景是：所有的商品从生产线下来，就带着二维码、无线射频识码进入仓储中心；顾客通过手机等终端上网，在网上商城选取商品，通过支付宝付款；然后货品就通过干线运输、配送中心、小区配送员最终到达用户手里。在马云看来，这不仅是在做生意，更重要的是一种生活方式。作为全球性的电商企业，还可以打开东西方的"大门"，影响未来的世界经济。

　　显然，在未来电商的情景戏里，手机注定是一个"狠角色"。记者杨阳描述道："是的，2020 年的每天清晨，你一睁眼，手机上的一束光投射到天花板上，那上面除了当天的行程外，还包括了中午午餐你要在哪个饭馆订餐，或者要他们送餐到办公室，你可以修改或确认；你看到有 3 个包裹已经递到楼下，需要签收……""当你走过西单时，手机上会显现出适合你尺寸、颜色的服装的打折信息及位置，那些过瘦与过肥的已经被自动屏蔽……"住在广州的嘉莎是一个手机控，她也喜欢网购。嘉莎几乎每天都要通过手机上网，到凡客、京东商城、一号店、天猫等网店浏览，有称心如意的东西，就通过手机下单购买，其消费每月都在 5000 元以上。

　　嘉莎的做法让我们很容易理解：对电子商家来说，每一部智能手机都是一个用户或是潜在用户。出现于上世纪 90 年代中期的电子商务，借助移动技术的力量变得更为强劲，建立了全天候、跨地域的优势。近来，手机即时通讯的势头正猛，它切合了移动社交的特点，正在从单纯的聊天工具向综合化平台的方向发展，并呈现出巨大的商业价值。比如，腾讯将用户的社交圈、小游戏和购物用 QQ 号连接起来，整合了多平台上的各种资源；而微信与移动通讯的结合更为紧密，发展了"摇一摇找朋友"、用手机摄像头扫描二维码、进行视频聊天等新的功能。这样一来，借助即时通讯工具，手机用户便会保持"总是在线"的姿态；结果是，顾客不分国界，购物不分昼夜，移动商务风景这边独好。现在，传统电子商务网站快速进军移动电子商务领域，手机客户端的发展势头非常迅猛。不用说淘宝网的手机购物越来越火，就是凡客这样的购物网站，客户通过手机下单的，每个月也有好几万。到 2013 年底，我国通过手机购物的用户已经超过了 8000 万。显然，我国移动电子商务实物交易的规模将会越来越大。

　　手机商业最青睐的是辣奢族。在他们看来，奢侈品是人生必须经历的酸甜苦辣：对名牌的热爱是辣，加班的时候是酸，吃方便面攒钱是苦，买到限量版 LV(路易威登) 包包是甜。还有换客，他们热衷于以物易物，互联网是他们的跳蚤市场，用最先进的工具进行最原始的商业活动，有了智能手机的装备，交换起来更为便利了。

　　尽管在移动地带淘宝和淘金的人越来越多，但智能手机的商业功能和盈利模式还远没有明晰化。如何从互联网"免费模式"的桎梏中"突围"，寻找到智能手机等新媒体的盈利模式，是一个正在求解的难题。从已有的探索来看，通过网络销售数字产品、经营移动终端广告、内容提供商与移动网络运营商合作分成、线上与线下相结合的混合性服务，以及基于产品开发的延伸服务等，是目前移动互联网以及终端的主要盈利模式。移动网络商业开发的第一波是销售 3G 手机、上网本、上网卡，第二波是掌上购物和移动付费。而我认为，开发手机创意产品才是最大的商机，它会带来真正的市场冲击波。

美国人查克·马丁在《数字帝国》一书中分析说，互联网彻底打破了空间的限制，尤其是手机的普及，让地球人可以零距离接触，无论何人何事都可以在瞬间聚合起来。可以确信的是，云计算和无线网络的全覆盖会使商业领域发生革命性的变化，进而形成一个比淘宝网更加有效、规模更大的商品交易平台。这个平台将按照地理位置和行业为不同区域的人群提供服务工具。一件商品，可以越过中间环节，直接从生产者的手里"快递"到消费者的手里。这样的零距离低成本接触，会为二者快速创造直接对话的机会。中国的企业家姜汝祥认为："这种现象叫'瞬连'——瞬间可以连接地球上的任何一个人。"他接着分析说，"这种模式的核心在于，它用极低的成本在微博与网络社区'瞬间聚合'了大量忠诚的客户，再用'瞬间聚合模式'去做手机供应链。" 姜汝祥的结论是，"所有的人都在被移动互联网改变，现在，你还说，你离电商很远吗？"

点赞！充满正能量的"雷锋手机"

据《新民晚报》报道：2011 年 9 月 1 日一大早，普陀区的城管蔡师傅正在自己的片区上巡查，当他走到一所小学附近时，发现通往校门的人行道上，有一个窨井盖上出现了一个直径约为 10 厘米的破洞。蔡师傅立刻掏出"城管通"智能手机，用手机拍好照片后又立即将图片传到城市管理监督指挥中心平台。15 分钟后，维修工人就赶赴现场进行了处置。

原来上海整合了电气、多媒体和通信设备，集远程监控安防、集成控制于一体。不仅像蔡师傅这样的工作人员，即使是普通市民，只需借助一部智能手机，就如同把"智慧管家"揣在了自己的口袋里，做什么事都方便得很。

新的移动通信工具和网络发展的目标是：智能化。手机运营商不断开发贴近用户使用习惯的、操作也更加便利的各种应用：手机支付、手机网游、综合定位调度、协同通讯等。手机号也是邮箱号、上网账号、聊天账号。未来的手机就是你的一个朋友、一个忠心的仆人，它会建议你到哪里吃饭，周末到哪里去玩，甚至像媒人一样为你介绍对象。这不是开玩笑，美国朗讯公司的科学家正在进行"手机婚介"的相关研究。

在德国，铁路部门推出了手机买票的新方式。乘客只要有一部拥有彩信功能，并可以随时上网的手机，就可以在铁路公司的网站上注册，需要购票时，只要提前 10 分钟以上，乘客便可以在任何地方通过手机提出购票请求，几分钟后乘客就会收到回复的彩信，这条彩信就是有效车票。美国旧金山推出实时停车信息服务，驾车人通过手机执行程序或上网及时获得停车位状况及价格等信息，既节省时间，缓解交通拥堵，还能减少尾气排放。

手机"预约服务"的前景无比广阔。现在已经出现了不少专门的网站，通过对原有的电话预定和互联网预定两种预定渠道的补充，实现了预定服务向移动互联网预定的突破，开启了预定服务的手机新时代。消费者通过手机登陆这些网站，就可以在联结它们的手机网上预订机票和酒店的房间，并实现个人信息的全面管理。比如，一些旅游服务的网站还可以帮助你安排旅游的行程，提供全程服务。

在海地发生大地震之后，埃菲社的一名记者注意到，手机成了灾民的好帮手。虽然没有钱，没有食物，甚至没有栖身之所，但是太子港的居民依然使用手机。他们利用手机同失散的亲友互通信息，告诉别人自己的手机号无异于通知大家自己还活着，就是报平安。在陷入瘫痪的海地，手机成为仍在运作的少量服务之一。在太子港街头随处可见一些超现实主义的场景：人们排起长队却不是为了领取食品，而是为了购买手机充值卡；灾民睡在简易的吊床上，却在用手机进行照相。只要手机能用，就可以找到食物。人们利用手机相互告知联合国机构或者某国大使馆在什么地方放发食物。在太子港，很多灾民在街头搭建起简易的电话棚，做起了为手机充电、销售手机充值卡或者公共电话的生意。

澳大利亚南澳弗林德斯大学的研究人员正在研制一种软件，这种软件使用 Wifi 硬件传输语音，无须将语音送回中央发射塔。安装了此软件的手机没有信号也能通话，在灾害中可以提供即时移动电话网络。国外有一款简约实用的腕带手机，其设计理念是，制造成本低廉，用来应对突发事件和危机情况。因为在地球各个角落，几乎每天都会发生灾害，遇险时可以通过手机即时与外界联系。

随着手机用户的激增和智能手机功能的不断拓展，移动终端的影响力无时不在，无处不在。借助这一先锋媒体平台，可以及时地传播需要"人人须知"的信息和发布公益类广告。北京在 2012 年的一场大雨之后，更加重视手机的预警功能，每当恶劣天气出现前，政府都会给市民发送预报短信。从 2013 年开始，北京官方微博都会即时直播"极重污染日"的雾霾天气，并用短信建议市民减少出行。有市民说："这样的短信有人情味，有亲和力，让我们在坏天气里有了一个好心情。"

中国移动在每个省市自治区建立的短信中心，其处理能力在 1 万条 / 秒到 10 万条 / 秒之间。上海高楼发生火灾后，上海 500 万移动手机用户，都收到了一条"火灾逃生口诀"："平时留意逃生路，常备滑绳防火毯。遇火拨打一一九，先脱丝袜隐形镜。用水浇透裹身物，打湿毛巾捂嘴鼻……"2011 年 8 月，哈尔滨公安部门开通了 3G 手机视频报警平台。通过专门的视频窗口，接警人员可以迅速地与报警者进行视频、图片、文字和语言的直接交流，警方会据此启动合适的处置方案。各地政府和各种服务机构，正在利用移动网络为老百姓做更多的好事。

2013 年，四川芦山发生"4•20"地震、甘肃定西发生"7•22"地震后，手机成为灾区与后方保持联系的最重要的通讯工具。人们通过微信和手机短信传递灾情信息，联系亲人，寻求援助。地震后，不少人的第一反应是摸手机。他们说，当人面临危险境地时，手机就意味着希望！

英国最近推出了一款名为 AmplicomM6000 的手机，其按键大、功能简单，铃声可达 110 分贝，音量不输"嗡嗡祖拉"，屏幕上显示的信息也采用超大号字体。它还有一些额外的功能——手机背后的 SOS 呼叫按钮，可以将它设定为紧急情形下拨打亲友电话的状态；它还有一个运动状态传感器，可以设定为携带者摔倒时自动呼叫 999 或应急联系电话。这款手机是专门为上了年纪或耳背的人设计的。

研究人员已经成功研制出了体积非常小的传感器，可以在手机内置相机的镜头上安装微型传感器，还可以把 64 个微型传感器装在一块只有邮票那么小的硅片上。美国研发了一种能够检测到有害化学物质的手机，一旦检测到手机就会发出警告信号。这些手机还可以检测氨气、氯气和甲烷，以及瓦斯等气体。当微弱的电流通过手机内的传感器时，如遇到危险的化学物质，就会改变电流的强度，而电流的波动则会令手机发出警报信号。还有一些检测装置遇到危险化学品后会改变颜色，从而让手机发出警报。传感技术在手机上的应用，可以改变预警模式，只要有使用手机的人，无论是在购物中心，还是体育馆、机场，一张监测网铺天盖地。很快，智能手机将会拥有一个新功能，就是自动检测空气中的有害毒气，并自动向主人和有关部门报警。美国国土安全部的电气工程师蒂芬·丹尼斯的团队，正在研究将手机当作一个化学探测器的方法。有了这种可以嗅出毒气的手机，一旦遭到毒气的攻击，有关机构就可以通过手机报警并及时疏散人群。

在一些西方国家，手机已经成为社区工作人员组织活动的有效工具，通过短信发布志愿者的活动信息，鼓励青少年参加社区公益活动。过去有句话是"我为人人，人人为我"；网络时代威客的口号是"我帮人人，人人帮我"。在社会性的群体互助中，手机是最好的工具。著名主持人崔永元通过微博开展了一项名为"给孩子加个菜"的公益活动。他在搜狐微博上发布捐款信息、捐赠情况和花销发票。当捐款改善了贫困山区的学生伙食之后，用手机拍摄的孩子们开心吃饭的照片又反馈回来，激励了更多的网友捐款。2012 年，微公益还有一件很有代表性的事例：在"7·21"暴雨中，北京的老百姓通过手机短信和微博动员起来，自发地接送首都机场滞留的大批乘客。

通过手机和微博流行起来的"微公益"，充满了正能量，且具有公开透明、聚沙成塔的鲜明特点。我有一个朋友，他是搜狐微博的常客，最近，他一会儿参加"拯救流浪狗"活动，一会儿又忙着"关爱尘肺病人"……热心微公益的人，不论他们拿着什么牌子的手机，都有一个共同的名字——"雷锋手机"。

与你形影不离的健康顾问

最了解我们身体状况的是体检大夫，还是我们自己？如果说是手机，你奇怪吗？谷歌正在研制人体浏览器。如果将这种浏览器用在手机上，你就可以通过手机像查阅谷歌地图一样，了解自己的器官、骨骼和肌肉组织，寻找到你想了解的某些神经和神经元，或者是食管通往肠子的路线。

有人这样描述：你从厨房走出来时，你的脚趾不小心撞到了墙角，"啊呀！"你疼得叫唤起来。你的叫声惊动了你随身携带的手机，它立即启动了"诊断程序"。当你用手机对着受伤的脚趾时，它很快就检查完了，并用女大夫一般温柔的口吻告诉你："哦，没有骨折，只是擦伤了皮，喷一点消炎药水就好了。"哇！这么神奇。原来这款手机内置了一个微型芯片，可以通过低辐射的亚毫米波扫描全身，整个过程类似 X 射线扫描。

是的，智能手机可以代替温度计、听诊器和许多医疗器械。美国已经研制出一款具有医疗诊断功能的手机应用程序，测试者只要将一根手指压在手机的摄像头上，手机随即就能捕捉到他的心率、呼吸频率、血氧饱和度等生命体征信息，其精准度与临床应用的医疗仪器相差无几。不舒服的时候，或者想了解自己的身体状况时，只需把手机贴在胸前或是其他部位，就会采集到血压、心跳、葡萄糖水平等数据，以及其他重要的生命指数；经过云计算平台的处理，还会转换成使用方便的健康指导信息。

日本研发出一种与手机配合使用的智能布料，它能随时检测心跳等人体生物信息，然后输入相关仪器进行精确分析。由于在布料中设置了迷你传送器，使用者还可以通过智能手机向医生传送心电图。

韩国正在研制的一款手机，使用者只要将唾液、血液等体液滴在手机的触摸屏上，就可以得到身体是否健康的检验数据，甚至可以诊断出癌症等病症，其准确率可以和传统医学仪器相媲美。研制者的灵感来自触摸屏的工作原理，即通过感知手指触摸时释放的电荷进行工作。由于大分子蛋白质和 DNA 同样也会携带特定的电荷，因此可以通过相关原理进行准确的识别和判断。下一步的研究计划是，通过研究携带有反应物质的缩微胶片，进而识别特定的生物化学物质。这项技术会让手机最终变成"手机医生"，人们可以通过手机对自己进行常规的体检。

确实，你的手机可以变成对抗疾病的重要工具，它会将饱含信息的疾病特征发送给检测疾病流行状况的医生与机构。美国麻省理工学院的安莫尔·马登的科研小组，致力于研究利用手机预警疾病流行。他们的结论是：可以通过观察感染人群的行动与通讯模式的变化来发现流感病例。流行病学家都知道，疾病的暴发会改变人们的行为模式，但时至今日都无法具体跟踪这种模式。于是，马登及其同事将试验用的手机交给一栋大学宿舍内的 70 名学生，手机内的软件会向研究小组发送有关学生四处移动、接打电话与收发短信的匿名数据。这些学生还要每天填写有关精神与身体状况的调查表。研究小组根据 10 周时间内搜集的数据，找到了识别疾病特征的方法。因为发热或是得了感冒的学生，往往会减少移动频率，在深夜或清晨的电话数量也会减少。马登随即调整了手机软件，在手机数据中搜寻上述识别特征。此后每天的数据检查都能在 90% 的情况下准确识别出流感患者。这一技术还可以检测独居者的健康状况。当独居者的通讯与行动模式表明其患病时，软件就会通知一名指定联系人，也许是他的亲属或医生。

美国波士顿马萨诸塞综合医院的研究人员已经研发出一种可以检测肿瘤的系统。这种手掌大的装置安放在病人的床头柜上，通过智能手机一个简单的应用程序来运行。它的核心是一个微型核磁共振芯片——这是核磁共振成像扫描仪技术的微缩版。它利用具有磁性的纳米微粒来测量蛋白质水平，并寻找表明癌症存在的特殊标记，医生可以在手机屏幕上查看芯片显示的内容。研究人员利用该装置对 50 名病人进行了测试，通过结合 4 种蛋白质标记的信息，检测癌症的准确率达到 96%。这种智能手机所控制的装置比目前的检测手段更迅速，还能使检查对象免受活组织检查的麻烦。有趣的是，日本最新研发的一种手机铃声可以治疗花粉过敏，其声波可以震落鼻腔中附着的花粉。

在上海闵行区的中心医院，你可以看到这样的情景：年轻的女护士们人手一部轻巧的 PDA，轻轻地扫描一下患者的腕带，便可以将病人的体征参数输入到医院的网络系统中。这里的医生用手机开药，药方直接进入取药系统；去药房拿药，要经过 PDA 的扫描，以便及时变更药品储存的情况……将近 1400 部 3G 智能手机和遍布全院的 Wifi、3G 网络，将这所医院打造成了"智能医院"。从长远看，手机对医护人员来说是必备的仪器。在给病人打针前，他们用手机扫描一下药液瓶体上的条码，然后连接医院的信息系统，就可以核对使用的药液是否得当。

西班牙的北部城市桑坦德，正在建设智能城市。在医疗卫生领域，通过"移动看病"系统的应用，使患者在家里或者出门在外，都可以随时与医生交流。通过这个系统，患者可以及时向医院提供血压等监控数据。在紧急状况下，一个电话就可以得到及时的帮助。

非洲国家的医疗条件比较落后，卫生机构利用手机发布相关信息，提供远程咨询服务。在远程医疗系统中，医生通过手机就能立刻获取患者的医疗记录，病人足不出户就可求医问诊。手机还可以成为"医疗助手"，医生可以使用手机将伤员图片迅速地传递给相关专家，获得适时咨询，亦可集结许多专家同时处理同一病例。对于活跃在乌干达的乡村医疗志愿队，志愿者的手机显得比听诊器还要重要。在肯尼亚，一个名为"非洲医疗"的移动健康平台，为普通人提供了一个获取医生、诊所和其他医疗信息的方式。在加纳和利比里亚，一个名为"非洲援助"的系统，支持用户免费给医生发短信或打电话，有效地延伸了医疗体系。

拉杰克马尔是美国的一名医生，在给病人看病时，他会经常从白大褂的口袋里掏出他的苹果手机来。在一个名为"MedCalc"的应用软件中，他可以在一分钟内找到自己想了解的资讯。在给一个钠水平很低的老年患者注射生理盐水时，通过手机的帮助，他很快确定了注射剂量和盐水的浓度。拉杰克马尔还利用"Evernote"软件把所有的临床资料都储存起来，他说，"这就是我的第二大脑"。不少像拉杰克马尔这样的年轻医生，习惯使用手机行医。在世界卫生组织支持的一项新计划中，医疗工作者用手机短信的形式发布疾病预警信息，告知患者此前写在处方上的诊断结果和用药建议。

在日本，越来越多的人利用手机接受手机网站提供的体育锻炼信息和健康资讯服务。人们听着手机网站的音乐练瑜伽，并在网站做相关数据的记录。"伸右手""弓左膝"……在京都世田谷区，许多30岁左右的白领丽人，利用KDDI提供的健身服务学习瑜伽。这项服务很周到，你只要在手机上选择姿势，绑在左臂的手机便开始传出语音提示。手机的内置感应器检测身体动态并计算消耗掉的热量，等运动结束时，这些数据和动作完成率就会在屏幕上显示出来。利用手机还可以进行仰卧起坐和俯卧撑等各种健身运动，并根据个人锻炼部位和生活习惯自动生成锻炼日程表。你可以在临睡前的15至30分钟练瑜伽和普拉提，手机网站和健身俱乐部还可以对运动记录进行分析，根据你在锻炼时消耗掉的热量，为你确定每天摄入热量的恰当数值，设定瘦身目标。他们还结合医疗机构的诊断记录和病历，提供日常的健康管理护理服务。

手机甚至可以成为我们的饮食健康顾问。美国宾夕法尼亚州立大学的研究人员开发出一款"咖啡因地带2"的手机程序，它可以随时检测人体内的咖啡因浓度，提醒你什么时候喝咖啡，该喝多少，喝什么样的咖啡，帮助你科学合理地饮用咖啡，既能达到提神效果，又不会影响睡眠质量。日本电信电话公司开发了一款手机软件，可以根据餐桌上食物的照片，计算出食物的热量。在该公司的一台专用服务器上，储存着多种不同食物的信息，只要你有一部智能手机，就可以获取相关信息。该应用程序可以根据食物的颜色、形状和每份食物的大小，计算出相应的热量值。该公司的一位女发言人说："日本人喜欢拉面之类的食物，但像泰国菜就不好计算，所以我们打算扩大内存数据库。该应用程序还可以与朋友分享饭菜和热量信息，并给出饮食和健身方面的建议，以减少或烧掉多余的热量，达到减肥的功效。"美国人预测，利用芯片和手机，我们的身体各机能都可以得到实时监控，甚至能够在胃中植入芯片，控制饮食。

日本科学家发明了一项新技术，他们在手机里嵌入一块"魔块"，就可以通过手机温度的变化来感知通话对方的情绪变化。这项发明不仅有利于人们深入交流，还能及时发现通话人的危险情绪，以便进行必要的心理抚慰和紧急状况下的援救。

未来手机里的运算设备，将会获得模拟人类感官的更多能力。植入手机的微型感应器将通过分析气味、生物标记和人们呼吸中的数万个分子来判断人们的健康状况，并协助医生诊断并监控疾病。

近几年，人们开始讨论"移动医疗"这一概念。所谓"移动医疗"，是指通过使用移动通讯技术——例如移动互联网、卫星通讯，以及智能手机等移动终端来提供医疗信息和服务。目前世界上采用的移动医疗解决方案主要有：医患间的移动通讯联系、视频监控与无线查房、移动就诊与护理、药品管理与分发、条形码病人标识带的应用，以及跨地会诊的视频电话会议等。美日等发达国家已经先行一步，在商业模式上出现了 Epocrates、WellDoc等多种应用。在我国，移动医疗应用主要有两种，一种是面向医院医生的 B2B 模式，还有一种是直接面向用户的 B2C 模式。到 2013 年，有关移动医疗的 App 已经达到上千个，比如有远程医疗的"春雨掌上医生"，有进行术后管理的"好大夫"，还有用药助手"丁香园"……从长远来看，移动医疗一定会发展成为一个成熟的体系。

倒逼！小手机搅动政坛风云

手机，似乎打破了社会的等级观念，穷人喜欢它，富人也喜欢它，不论贵贱，它愿意为每一个喜欢它的人服务。手机的力量，是一种倒逼的力量，当它逆袭而来时，连政治家也开始青睐手机了。他们发现，手机可以帮助他们在政坛上呼风唤雨，进而帮助他们获得权利，管理国家。奥巴马被公认为美国首位"手机总统"，他喜欢使用手机，热衷于利用最新通讯技术与美国人直接交流。奥巴马的黑莓手机是特制加密的，他把它别在腰间，成为一个鲜明的个人标识。

同奥巴马一样，大多数西方领导人喜欢黑莓手机，德国总理默克尔使用的是黑莓 Z10 手机，英国首相卡梅伦也是黑莓的忠实用户。俄罗斯的领导人普京曾表示自己不使用手机，可随着通信方式的改变和处理政务的需要，他也用上了国产的"格洛纳斯"全球卫星定位手机。手机已经成了各国政要的必配品，连素以简朴著称的乌拉圭总统安塞·穆希尔也莫能外，只不过他用的是一部用皮筋绑着的旧式翻盖手机。

美国政府将互联网和手机作为政策工具，大力推行"数字外交"。美国《外交政策》双月刊报道说，希拉里曾提出过"21 世纪治国之道"的倡议，别看倡议的名字华丽，理念其实很朴素、很务实：在相互联系的信息时代，不仅仅是国家，个人和组织也可以在国际事务中发挥决定性的作用。最新的外交工具就是互联网和手机。以海地为例，美国政府在那里建立了一套地震灾民短信求援系统。短短几分钟内，用克里奥尔语发送的短信会被翻译成英文转发给救援人员。他们还在墨西哥创建了一套手机短信系统，通过这个系统，公民可以匿名举报犯罪活动，从而避免遭到该国贩毒团伙的报复。有人试图关闭黑莓手机的网页浏览、电子邮件和即时信息功能，但聪明的政治家明白，这不是什么好法子，恰恰相反，他们主动利用现代科技打造用以沟通的技术型的机器平台。美国驻外大使多数都开通了推特或脸谱的账号，有的还积累了海量的电子粉丝。

据报道，世界上有 60 多个国家领导人在推特上建立了个人主页。各国政要通过微博发布政府的各项决策和通报国事活动，甚至晒自己的私生活。有的也很轻松，例如德国总理默克尔在博客上说："小红帽和大灰狼将于（2010年）6月30日在柏林首映。"2013年，英国首相卡梅伦访华前，还专门在微博上与中国的网民互动，回复网友形形色色的"神提问"。他还大秀自拍照，说出发前自己做了一道好吃的牛尾汤。

俄罗斯政治家梅德韦杰夫喜好博客。早在2008年10月，他就在总统网站上开通了自己的视频博客，内容基本上都是关于国内政治、经济、社会，以及外交方面的话题。2009年4月21日，他又在《生活杂志》博客网站上开通了自己的新博客，话题更加新鲜。2010年6月他在访问美国硅谷时，亲自在社交网站Twitter总部注册了自己的微博账号。他发表的第一条微博，只是打了个简短的招呼，点击量就超过了5万次。从博客到微博客，这些网络上的新鲜玩意，已经成为政治家体察民意，与普通民众交流思想并监督政府行政的现代化工具。《消息报》为此评论到："俄罗斯政治开启了'微博时代'。"2013年12月4日，俄罗斯技术公司的总裁把它们研制的首部智能手机Yota Phone赠送给这位喜好手机的政治家。

对当代政治家来说，手机实在是太重要了！2013年夏天，当埃及军方软禁穆尔西总统时，他们首先没收了穆尔西的手机，因此也切断了他与外界的一切联系。俄罗斯《莫斯科新闻报》就此发表评论说："这就是新型政变的特点，始于虚拟空间，结束于一方失去通信工具。"

除了各国政要，许多国家的管理机构也在不断开拓着手机的用途，于是就有了一些新的政治学名词——手机政务、移动政务、数字外交、微政务……

在智能手机、iPad等移动上网设备逐渐普及之后，美国的各级政府机构都在发展移动应用，通过电子邮件方式实现信息传递成为主流做法。2011年4月27日，美国总统奥巴马签署行政命令，要求所有联邦政府部门在180天内对其服务的民众和机构开展调查，确认可以提高服务质量的有效方式，以适应移动上网技术的发展。在奥巴马的行政命令颁布前，就有不少部门在研究利用移动设备加强电子政务的问题。税务部门从1990年开始就启用了电子税务申报系统，已有超过一亿的美国人利用这一系统纳税。除了报税，各政府部门的信息查询、政务公开、事务办理等，都可以通过网络完成，大大便利了民众。国防部在为士兵提供信息服务时，还推出了专门的移动版本，利用手机登陆网站的士兵可以更方便地进入下级菜单查询自己需要的信息。有关负责人坎贝尔说："现在智能手机已经越来越普及了，你一定会想到，要充分利用移动终端开展自己的工作。"

中东的好几个国家已推出一项名为"移动政务"的政府服务项目。比如巴林、阿联酋，通过移动上网设备办理电子签证。

2014年2月底，当中国政府网新版上线时，人们发现，网上架设了一座民意直通中南海的桥梁，那就是"我向总理说句话"的新栏目。新版本还采用了界面自适应技术，为手机等移动终端用户上网提供了便利。在我国，利用微博进行的"微政务"发展迅速。现在，政务微博在"网民问政"和"政府施政"的两端搭起桥梁，在保障人民的知情权、参与权、表达权和监督权方面，发挥着越来越重要的作用。它也是更加开放和灵活的宣传工具，借助它的作用，还可以增加政府工作的透明度和可信度。2013年10月11日，中国政府网开通了官方微博和官方微信，进一步拉近了中南海与老百姓的距离。新浪微博、腾讯微博等网站上，各级政务机构及官员的政务微博认证账号已经超过60万个，覆盖了全国34个省、自治区、直辖市及特别行政区，从中央到地方的多个行政层级以及众多职能部门。值得关注的是，当政务微博方兴未艾时，政务微信又悄然兴起。2014年，"北京微博分布厅"扩展为"北京微博微信发布厅"，并正式在腾讯网上线运行。专家预测，"双微服务"必将成为建设亲民政府的一条重要途径。

微政务这种新形式，使得官方的话语方式也实现了大变革，从而拉近了政府与老百姓的距离。我们不妨来欣赏一段来自外交部官方微博"外交小灵通"上的"淘宝体"招聘信息："亲，你大学本科毕业不？办公软件使用熟练不？英语交流顺流不？驾照有木有？快来看，中日韩三国合作秘书处招人啦！有意咨询65962175，不包邮。"

该是十九般兵器，还有手机呢！

在军事领域和战场上，我们都可以看到手机的影子，它摇身一变，正在成为一种灵巧的另类武器。

2004年3月11日，发生在西班牙首都马德里街头的恐怖袭击案，经查是用手机引爆炸弹的。此后人们便知道，手机可以变成一枚炸弹的引爆器。其原理是：当手机接收到引爆的指令后，振铃需要的电源就会激活附近炸弹的起爆线路，进而引起爆炸。更加危险的是，还出现了伪装成手机的武器。有一种手机枪，屏幕底下装着4枚小口径子弹，天线其实是枪管，按键就是扳机。如果将其按键盘向一侧移开，就可以对着目标射击了。

在利比亚战争中，有一名女间谍引起人们的关注。这位化名为"诺米迪亚"的女子只有24岁，她从事特殊工作的工具是：7部手机和22张手机卡。在交战期间，诺米迪亚利用手机频繁地向利比亚反对派武装和多国部队传送可靠的情报，加速了卡扎菲政权的垮台。这个最新版的间谍故事表明：看似不起眼的手机，在战争中也是神通广大，成为军事博弈中的一个制胜利器。

美国军方一直在研发专用的军用智能手机，它可以运行特殊的战斗应用程序。有报道称，这种手机已在得克萨斯州的一座军事基地内接受过多次测试。据专家估计，这种军用智能手机投入使用后，将使美军的作战更为有效，在紧急情况下甚至能挽救士兵的生命。美军开展的一项"官兵科技才能创新大赛"，其代号为"A4A"，目的就是鼓励身怀绝技的官兵为美军打造出实用的军用智能手机以及开发军用网络应用程序。在比赛中，参与编写军用程序的官兵将使用由美国国防信息系统局提供的开发源代码。一些士兵也会将自己编写的军用代码植入黑莓、iPhone 以及采用 Android 系统的民用智能手机之上。"A4A"比赛中诞生的应用程序会帮助解决美军战斗指挥系统、情报传输系统中的难题。如果这样的手机装备到位，每一个军人都会成为一部传感器，从而大大提高他们对战场态势的感知能力。在新墨西哥州和得克萨斯州举行的"网络整合评估"演习中，演习部队建立了"手持式联合作战指挥平台"，智能手机也投入了作战试验。借助这个平台，每一个士兵都可以同"步兵电台"联系起来，及时获得全球定位服务和语音交流信息。新墨西哥州白沙导弹靶场的军人一直在尝试用安卓智能手机来收发信息。他们还用这种手机策划军事行动，标记已扫除障碍的建筑物，追踪友军和敌军的动向，并用短信进行交流。美国陆军从2011年2月起开始实施"旅级部队现代化项目"，其中一项内容就是为一线部队配备军用智能手机。现在，美国大兵已经开始使用智能手机进行弹道计算，查看卫星、无人机以及地面监控器发来的信息，并且呼叫空中支援。美国陆军还有一项精确火力打击的设想：当一名特种部队人员需要火力支援时，只要启动手机的"目标定位"程序，把数据传递给"炮火支援"就可以了。有关目标数据也可以传递给作战飞机，乃至覆盖全球的快速打击平台上。美国正在为战场上的士兵量身订制一系列高科技智能手机的软件，如"士兵之眼通用系统"以及雷神公司的"先进战术系统"等，这些软件让装备智能手机的前线士兵耳聪目明，对自己和战友的位置一清二楚。

据美国《连线》杂志报道，许多西方国家的士兵使用诸如 iPhone 之类的智能手机执行任务，如英国的狙击手就在战场上使用装有订制软件的 iPhone 来测算弹道和风速等数据；美国的奈特公司也在 M110 狙击枪上利用苹果产品的软件，提高设计的精确度，甚至可以对打击效果做出预测评估。美国陆军自行研发的一种战场通信技术，可以将普通的智能手机变成步枪瞄准镜，经此发出的子弹能像小型导弹一样在飞行中锁定打击目标。

美国《国防》月刊刊登过一篇《海军让智能手机上航母》的文章，说美国已经为在航母上执行任务的水兵和海军陆战队士兵配备了军用智能手机。军人们可以用这种手机在航母上为自己指路，也可以用它来确定船上任何人所处的位置并对其进行跟踪。支持手机的是一整套导航精确系统，该系统利用无线技术对船只和飞机内外的状况进行监控。在美国的陆军基本训练中，新兵可以从苹果手机应用中获取急救和军队价值观等很多方面的指示。

据《科学美国人》报道，研究人员已经成功地把智能手机的芯片安装到无人飞机的信息系统中，这种改造不仅降低了无人机的成本，还提高了它的可控性，人们用普通的智能手机就可以对无人机进行遥控指挥。

2014 年伊始，以色列就和摩托罗拉公司签署了一项协议，准备打造一个由新的智能手机构成的军用手机网络，以代替老手机型号组成的"玫瑰山"网络。新的装置建成后，以色列的官兵可以直接从战场向指挥控制中心发送文本消息、数字媒体和加密电邮。这种智能手机装有特殊的应用软件，外壳坚硬，可以防水防尘，还配有一块可支持 400 分钟通话、500 小时待机的电池。实际上，在许多国家手机都成了军人标配的装备。美军也准备在 2014 年追赶移动设备不断更新的潮流，除了之前大量使用的黑莓手机，还将使用安卓、苹果 iOS、微软 Windows 系统的移动设备，在未来 3 年将增加 30 万台移动设备，并打造新的移动应用软件商店。美国人称：中国人民解放军也闯入了"智能手机的世界"。他们猜测，中国军队可能已经具备独立研发智能手机所搭载的各类软件的能力。

随着物联网和移动互联网的快速发展，以及近场通讯技术、全息摄影技术、敌我识别技术的发展，未来的军用智能手机借助全息影像技术，将会实现三维动画图像的传输，持有者可以随手触碰空气中的图像，并进行视频通话。它还会具备数字地图、危险警告、终端操控等功能，成为"综合集成式武器"，在战场上呼风唤雨。手机作为新的媒介，更是对立双方进行宣传战的最新武器。在 2012 年 11 月的巴以冲突中，双方用主题标签和手机进行了一场战场外的激烈较量。借助手机，战场上的图片伴随着评论被及时上传到社交网络上。双方在网络上的口水战，被网民戏称为"历史上最牛的约架"。

尽管军事专家看好智能手机在军事上的运用，但就目前而言，还存在着许多障碍。比如信息传输的稳定性和安全性问题，甚至信息太多也会造成事故。例如：2011 年 1 月 17 日，当军事调查员调查 2010 年造成 23 名阿富汗平民死亡的美国直升机袭击事件时，他们发现"食肉动物"无人驾驶侦察机的操作者未能传送有关集会村民身份的关键信息。但空军和陆军官员现在认为，造成该错误的另一个潜在原因是"信息过剩"。信息过剩正困扰着新型数字化军队，无人机上的传感器催生了一种新型的信息士兵，他们必须过滤海量的信息，但他们常常被淹没在信息的海洋之中。据说，在小房子里工作的信息士兵，每天要审查 1000 小时的视频、1000 张高空情报照片和数百小时的"信号情报"——通常都是手机电话。

但不管怎么说，智能手机和平板电脑等移动终端广泛运用于军事领域已经成为不可逆转的趋势。现在盘点起兵器来，或许郭德纲会说：该是十九般兵器，还有手机呢！

它是人类无所不能的宝贝吗

有一个有趣的故事：在挪威的一个小镇上，13 岁的少年沃尔特在放学回家的路上遇到 4 只狼。起初他以为是邻居养的狗，仔细一看，它们的眼睛是黄的，还露出了狰狞的牙齿。此刻沃尔特想起了父母平时的叮咛："如果遇到狼，不要转身就跑，这只能激起狼的野性。"危险之下，他急中生智地掏出手机，把音量放到最大，对着凶恶的狼播放重金属音乐。结果呢，嗨，那 4 只狼被吓跑啦。

手机还可以对付野兽，它可真是一个万能的宝贝哦！你还不得不服这"哥们儿"，除了本身的通讯功能外，它还具备许多生活必需品、文化娱乐用品、劳动工具、检测仪器和小电器的功能，它甚至是管理者的工具，打仗的武器。前面我们已经介绍过手机的主要功能啦，它还有哪些本领呢？让我们想想看吧——

谁也否认不了，手机是多功能器具。现在，人们戴手表是为了装饰和显示身份，它的原有功能反而削弱了，因为人们已经习惯于通过手机来看时间了。相信用不了多久，闹钟就会成为文物，因为现在有各种闹钟软件可供下载，用以替代原有的手机内置闹钟软件。如果你选择的是安抚性的惊醒方式，就不会再受到刺耳铃声的骚扰了，手机会像你的情人一样，温柔而体贴地将你唤醒。还有，手机还是秒表，还是世界时钟，也有日历和万年历的功能，它会帮你精心地打理时间。现在，手机不止是照相机、摄像机、游戏机、音频视频播放器，还是录音机、收音机、计算器、手电筒、指南针、笔和书本；不止是交通卡、餐卡、门禁卡、钥匙和钱包，还是未来的身份证。我们在生活中经常用到的东西，它几乎都可以代替。让我们再列举一些吧——

手机是遥控器。不久之后，各式各样的遥控器将被手机代替。过去替代遥控器的手机装有红外端口，和遥控器的技术是一样的。现在的智能手机具备 Wifi 和蓝牙技术，使用起来更为便利。

手机是存储器。通过集成存储以及安装外部 SD 卡增加额外存储空间的方法，智能手机就拥有了便携式 USB 存储器的功能。当手机操作系统植入文件管理器以后，用户可以有效地管理手机存储的不同类型的文件。借助于这些管理器，存储卡与集成硬盘间的文件转移变得更为容易，就像是在操作一台电脑。

手机是电子鼻。它具有感应器的功能，可以对食物、周围环境进行气味、温度和粉尘的检测，如果检测到空气中的有害毒气，便会自动向主人和有关部门报警。美国电气工程师蒂芬·丹尼斯带领的团队，正在研究将手机当作一个化学探测器的方法。这种长了一个看不见的"狗鼻子"的手机，可以帮助人们避免毒气的伤害，提醒你在雾霾天气最好不要出门。

手机是监视器。在智能家居环境中，人们可以用手机实时观看家中的视频图像，并控制家电、电灯和窗帘等设备；还可以了解房间里的温度、湿度、灯光、门锁，以及盥洗室、厨房的情况；出现异常情况时，手机会及时发出警报。新的苹果手机将植入"移动紧急攻击和受损安全监测"的专利技术，手机上的传感器能够感知和判断用户是否遭受交通事故、抢劫、或者急病突发，并启动紧急呼叫系统。

手机是导购员。在美国纽约的 SoHo 商业区，担任导购员的是顾客手中的智能手机。被称为 Swirl 的应用程序利用商店内的传感器，跟踪顾客在店里的位置，随时发送个性化的建议。应用程序还可以逐步了解顾客的消费习惯和爱好，并据此提供订制信息。

手机是着装指导。当你走进智能更衣室准备挑选参加商务会议的服装，但一时拿不定主意时，你可以用手机给几套商务装拍照，手机屏幕上就会出现自己试穿不同服装的样子。传给专业人士后，很快就会得到满意的答复。

手机是驾驶助理。"博世"的远程遥控停车技术，可通过手机屏上的虚拟汽车图像和车载传感器控制实体汽车；国外还有一项正在研究的技术，驾车者可利用安装在方向盘上的触摸板，用大拇指进行触摸操控，相当于直接控制旁边的智能手机导航系统。这样就不用在开车时为了操纵智能手机或 GPS 而让手离开方向盘，既方便又安全。现在，汽车搭载智能手机技术已经成为一种趋势。

手机是行车向导。芬兰建立了一个全新的交通流量检测系统，该系统不是统计汽车的数量，而是通过设置在路旁的传感器来统计司机和乘客的手机数量，并据此来分析确定交通工具的平均时速和道路的负荷情况。这些信息通过电台和电视台及时告知驾车的司机，以便他们避开拥堵的路段，选择最佳的行车路线。

手机是交通安全员。日本中部大学平田丰教授领导的研究小组设计开发出一款防止瞌睡驾驶的手机软件，能够通过监控司机视线的变化及早察觉他们的倦意，并在其打瞌睡时发出警报。

手机是一个好翻译。据美国《大众科学》月刊网站报道，微软利用神经联网（机器学习）系统，正在研制一款"原生传译"的软件，将其植入手机，使用者就可以用自己的声音说外语。该技术能捕捉讲话者的音色、口音和语调，并能在 26 种语言之间实现互译。在不远的将来，人们可以利用装有这种通用翻译机软件的手机，与讲各种语言的人进行实时通话。据英国《星期日泰晤士报》的最新报道，谷歌公司正在研发一种具有翻译功能的手机软件。这种手机就好像《银河系漫游指南》片中塞在主人公耳朵里的巴比鱼（Babelfish）一样，能够跨越不同语言间的鸿沟，实现无障碍交流。新的软件将文本翻译和语音识别结合起来，能够识别手机用户的声音，并将之翻译成外语。这就好像是一个专业的口译人员，软件会倾听用户的话语并进行分析，在弄清楚讲话的意思后进行翻译。他们的目标是：在全世界 6000 多种语言中实现互译。

手机是旅游伴侣。当你准备出行前，你只要把旅游服务商的客户端下载到手机里，就可以轻松地查询航班、酒店、目的地等有关信息，并预定打折的机票和房间。在旅游过程中，下载一款"手机导游"的软件，你的手机就像一个称职的导游，通过全程语音导航，带你参观各个景点，并向你提供景点的讲解词。现在还出现了"智慧旅游"的概念，就是游客利用手机上网，与网络实时互动，让旅游安排成为"触摸式计划"。

手机是学生的贴身护卫。巴西巴伊亚州维多利亚 - 达孔基斯塔市在全市公立学校推广一种"智能校服"，其袖口或胸前安装着一个记录学生信息的芯片，并和相关系统连接起来，如果发生什么情况，该系统会以手机短信的方式通知校方管理人员或学生家长。

手机是妇女的虚拟保镖。在新德里发生了臭名昭著的轮奸案后，印度城市里的女性开始使用智能手机保护自己。她们为自己的手机下载了一款"锁定变态"的应用软件，该软件内有虚拟保镖、恐慌按钮和能够准确定位骚扰黑名单地点的地图，可以帮助遇到危险的女性及时报警求救。

手机是保姆。国外一家生物医学工程公司发明了一种可穿用的婴儿监视器。它的传感器隐藏在婴儿尿布、睡衣等多层的布料里，可以监测到湿度、体温、心率和孩子活动的数据，并通过低电力的数字无线系统，将获得的信息及时传递到智能手机上。当母亲被手机铃声唤醒时，她会从手机上读到一则短信："该给你的宝宝换尿片了。"

手机是老人的护理员。美国人卡尔创造的"祖母技术"（nana

technology），旨在利用微型芯片装置来提高老年人的生活质量。这种技术搭载在手机上以后，可以远程监护独居的老人，提醒他们按时吃药，并为他们的日常生活提供各种便利。

手机是航海的导航仪。美国推出了一款苹果新程序，利用水下话筒搜集到的信息对鲸鱼进行实时定位，防止海上的过往船只与鲸鱼发生碰撞。该应用程序还会利用苹果产品的全球定位系统，指导船长选择可以避开鲸鱼和暗礁的线路。

手机是环保监督员。英国人设计了一种智能垃圾箱，叫"BinCam"，当它的顶盖每次关闭时，箱内顶部安装的智能手机就会拍摄一张照片，并上传到"土耳其机器人"上，以监督人们在处理垃圾时是否符合绿色生活的理念和有关规定。

手机是动物的"保护神"。肯尼亚的动物保护人员，为大象等动物植入手机的 SIM 芯片，同时利用 GPS 建立了虚拟围栏；这些动物一旦遇到危险，人们就会收到求助短信。

手机是工程师的好助手。西门子公司开发的"工业支持中心"，为智能移动终端的用户服务。工程师可以用手机下载各种设备的技术参数并得到解决问题的最佳答案。

手机是个人打印的利器。你可以在手机上直接编辑图像、生成并保存制作模块，结合打印设备，制作台历、手机壳等个性化的物品。

手机是农民的好帮手。国际电信联盟 2011 年 5·17 电信日的主题就是"信息通讯技术让农村生活更美好"。近年来，依靠手机这种便捷的信息终端，解决了信息入户"最后一公里"的难题。比如，诺基亚公司在印度农村推出了一个信息服务项目——"诺基亚生活工具"。除了教育和娱乐之外，也提供农业信息，比如价格信息、气象资料和种植养殖的建议。

不要以为手机是冷冰冰的，我们通过它还会体验到爱人的触觉。有一种利用蓝牙技术的"拥抱T恤"，其内置的设备可以感应并再现某人拥抱的力度、温度和心跳；如果拥抱者穿着这种通过智能手机信号相连的T恤，只要他们的手机能正常打电话，处在异地的情侣就可以向对方的身体和手臂发送"触碰"。他们还可以通过共享智能手机应用上的一些小游戏、小测试、信息和照片，来加强彼此之间的联系。

美国新近推出的一款智能手机，配置了陀螺仪、光线感应器、温度计、湿度计等各种感应器，不仅可以提供用户置身环境的相关信息，还可以探知用户的情绪，并进行适时的抚慰，如建议用户看一些有趣的视频，以平和情绪。

手机甚至还能控制卫星。英国工程师计划将手机送入近地轨道，用来操控一颗长 30 厘米的卫星，并给地球拍照。用于实验的手机将使用谷歌公司的 Android 操作系统。

最惬意的是，我们也许没有必要花费时间去办公室啦，因为我们有了手机这个工具，在家里，在路上，在任何地方，都可以处理公务。在 4G 时代，手机完全可以实现"视讯无处不在"的目标，如果在苹果等智能手机上安装上相关的应用软件后，外出人员就可以通过手机参加单位的视频会议。专家预测，移动视频会议办公日后将成为一种潮流。有了这样的技术，"独在异乡为异客"的人，也可以与亲人一起参加家庭会议了。

手机还会做什么？它会沟通我们与大自然的关系吗？回答是肯定的，只要我们想到了，也许它就能做得到。且不用说那些专业的手机应用开发人员，即便是外行人也是如此。作家阎连科说他对植物、昆虫、环境的神秘和它们的私生活非常感兴趣，高兴的时候，还会用手机窃听植物间的私语；因为植物心理学家的研究表明，植物处在不同的环境下会发出不同的声音，以表达它们丰富的感情。阎连科窃听的办法是，在深夜或者凌晨，将两个手机的号码拨通后，一个挂在树木的枝叶里，然后用另一个手机窃听。对他而言，那是一个幸福的时刻，他可以听到杨树叶的絮叨，柳树叶的轻声自语，还有松针的吱嚓声和银杏的吟唱。

我们晓得，大多物品除了基本功能之外，还有一些延伸、附加功能。一把伞，穷人用来避雨，雅人用来遮阳，恋人在伞下谈情说爱；一把扇子，穷人用以驱热，雅人用来题诗作画赏玩；又如报纸，除了阅读之外，还可以擦屁股、卷烟、包饼干、写大字报，做时装。手机的基本功能就是打电话、发短信，但可以上网的手机本领越来越多，智能手机用户也有了越来越多的"新行为"，比如上网浏览网页，使用各种移动应用……

　　未来手机的功能不可尽数，需要人们去发现；发现了，可能就是商机，可能就是别样的新生活。手机还有多少能耐？恐怕现在谁也回答不上来。

界 面 **III**
Interface III

手机式审美
Mobile Aesthetic

零碎时间＋小屏幕

香港专栏作家陶杰说过："在这个计算机网络的世界里，有一套新的语言，新的价值观，新的游戏规则，如果你不及时跟上它的步伐，被拦在门外，新世界里的一切欢乐、美好、便捷、新巧、奇特，就没有你的份了。"如果你不想被科技时代的大潮 out，你就一定要关注新媒体文化、关注手机文化。在移动互联网时代，新的社会文化图景正在万花筒般地呈现。作为网络空间的主要出入口，手机屏幕上出现的各种新闻信息和文化艺术产品，也基于手机的特性呈现出别样的审美特征来。

首先，手机用户一般利用的是零碎时间。美国的社会学家乔尔·芒拉特解释说："手机刚刚出现，人们就喜欢玩弄这个幽灵一样的小玩意。神奇的智能手机一上市，更让人玩得如醉如痴，在地铁里，在公交车上，在步行时，哪怕只有短短几分钟的时间，人们也会不停地敲打着键盘，或触摸着它的屏幕，他们有的在编辑短信，有的在玩游戏，有的在浏览新闻，有的在更新微博……"他总结说，"手机最伟大的功能是，帮助我们利用闲暇的零碎时间。"一项调查也表明：通过手机来欣赏和阅读的时间主要是在上下班路上、工间、晚上睡觉前和中午休息的时间，也就是闲暇的零碎时间。

其次，手机本身是小屏幕。手机屏幕从 3.0 英寸到 3.5 英寸，再到 4.0 英寸，或者再大一些；超过 4.0 英寸的 iPhone5 屏幕的手机，就算是"大屏手机"了。三星一直在走大屏路线，2013 年底上市的最新手机配置了 5.7 英寸的屏幕。这可能是极限了，如果达到 6.0 英寸大小，就被称为"平板手机"了。平板手机一般在 6.0 英寸到 7.0 英寸之间。无论怎样变化，比起电视机、电脑和平板电脑等"三屏"来，手机的屏幕还是最小的。另外，手机还会受到其架构的限制。ARM 是一个 32 位精简指令集处理器架构，被广泛运用在嵌入式系统设计中。由于低成本、高效能、低耗电的特性，ARM 处理器非常适用于移动通讯领域。ARM 架构相当于一座建筑的框架，假如结构的设计值是 5 层，最多可容纳 50 人，那么建好的房子也不能超标。这也就是说，手机的体量和性能会被其选定的架构锁定在一定的范围之内。

手机的小屏幕和闲暇的零碎时间，这二者构成的时空关系使得手机文本具有后现代的特征，即：碎片化、大量暗喻、非线性思维，等等。香港作家马杰伟的切身感受是："智能手机在手掌中，影像、信息都碎成一小块一小块。珠链线断，一粒一粒小珠似的七零八落。"在手机上，现代的宏大叙事不得不向后现代的微型叙事转变。这是一种限制，却与越来越快的社会生活节奏合上了拍子，人们零散化的时空状态必定需要同样零散的微叙事来填补。一时间，微博客、微小说、微电影、微视频、微阅读、微新闻、微评论、微访谈、微栏目、微直播等碎片化的文本形式和新媒体文化概念大行其道。是的，正是移动互联网和智能手机将我们带入了一个"微时代"，并彰显出一种看似"润物细无声"的澎湃能量。

就其承载的文化产品而言，目前手机上最多的依然是短信段子。为什么？因为它是手机生态环境中的"原住民"，具有手机文化产品最基本的审美特性。只占有方寸之地的手机短信，每条的文本信息量被限制为 160 个英文字母，或者 140 个字节的二进制信息。它要求人们以尽可能少的文字表达尽可能大的信息量，通过追求传播效率的最大化来适应现代社会快速便捷的需要。

即使是借助国际传媒品牌的手机报，由于其大多依赖于彩信发送，或采用以手机客户端阅读为主、以 WAP 浏览为辅的方式，都会受到彩信容量和手机屏幕的限制。

手机是随身携带的，你也许 24 小时须臾不离，但在家里、办公室，在有电视机、台式电脑和音响设备的情况下，人们通常不会用它去看电视、上网和听音乐。如果是阅读，还有专门的电子书阅读器和虚拟图书馆。那么，手机在什么时候最牛？——在路上。不要忘记：它的本来面目就是移动通讯工具。有资料表明：在大城市里，人们平均花在上下班路上的时间是 3 个小时。那么怎么打发时间呢？人们希望看到、听到清爽、便捷、好玩的东西。比如手机小说，不是平面小说的简单电子化，而是专门创作的那种手机小说。它有自身的文化特点和审美特征，比如：语言活泼，行文紧凑，每一行的字数都有限定，通常是第一人称等等。其他的文化产品也是如此，如果只是平移，注定会"水土不服"，乃至南橘北枳，就不是那个味儿了。

与 PC 终端不同，因为受到屏幕的限制，手机用户在使用时间、习惯、方式和心态上都有很大的差异。最重要的是，移动应用大多利用的是闲暇时间，故造就了对"简单"的需求。移动互联网的发展方向就是——简单化。创新工场的创始人李开复对此的描述是：简单、有用、好玩、畅快。有一位金庸迷打比方说，武侠小说里的高手，往往能耐越大，使用的招数越简单。另外，相对于电视的休闲式后仰文化、电脑的工作式前倾文化，手机是一种坐卧立皆宜的多姿态文化，自然会呈现出全新的特点来。

在移动互联网这个全新的美学世界里，各种App，各种手机文化艺术产品，正以美的姿态争奇斗艳。它们或许是在无秩序状态下逐渐生成的，也许"并没有审美的界限"；但仔细探究起来，还是有迹可循的。我认为，它们共同的审美取向和审美特征主要体现在下述几个方面——

手机的"魔咒"——迷你型

显而易见，手机文化的第一特征是微小。如短信小说、微小说，因其篇幅简短，成为最常见的手机文学作品样式；但构思这类小说情节的难度是相当大的，从网上的作品看，大多是复制的东西和雷同的东西。被称为"首部微博小说"的《围脖时期的爱情》，实际上是数百则微小说的集合体。真的用微小说样式讲好一个有头有尾的还有细节的故事，几乎没有可能。于是我们常见的就是片段。比如微视频，可以是一个虚构的小故事，也可以是一个小片段、一个小情境，适合人们利用碎片化的时间去观看。

现在，微博不仅成为新闻传播的新型平台，也成为了企业推广产品的上佳平台。90后推崇的时尚职业中，首推"微博运营专员"。这个专员要考虑到就是：如何在140个字的空间，做好企业的宣传推广活动？所谓"螺蛳壳里做道场"，这是要比拼功力的精细活儿。

手机艺术的应用范畴和功能与手机文学具有类似的特性，因此，片断式的呈现也许是各门类艺术在手机上传播的主要方式。如：一阕歌，一段舞，一节相声，几句戏剧对话，以及影视桥段等。多种艺术经过融合、浓缩、删繁就简和多媒体加工后，也会生成新的样式。

微博一出，为什么压了博客的风头？当代生活的节奏犹如一把锋利的菜刀，像砍瓜切菜一般把时间分割成细小的碎片，而微博具有见缝插针的特性，让人们将碎片化的时间利用起来。还有一个重要的原因就是，微博可以谈"鸡零狗碎"的事情。过去做文章也好，写博客也好，好歹要有一个开头结尾吧。而微博呢，你想把事情说周全也不行，那"140"个字限制着你的笔墨呢。可说点零碎事儿倒是方便得很。

手机作品不一定是完整的作品，它可能是一段生活的截面，生命的片断，小说里的一个细节，视频的一个特写，音乐的一个乐句。我注意到，最近一项微视频大赛的组织者在征集作品时就说，参赛作品可以反映"人生中最难忘的一道坎，恋爱中最关键的一件事，最离奇的一次遭遇，最狂野的一个想象，最疯狂的一次游历……"细节和我们称之为直觉的那种现象有着最紧密的联系。我们也许缺乏整体把握和宏观叙述的能力，但每个人都有可能发现和表现精彩的瞬间和某个局部。移动互联网这个平台甚至不排斥未完成的作品，甲起个头，乙丙丁诸人都可以接着续写。基于手机的电子游戏，也会追求短促效果。像让人玩得"眼中风"的《找你妹》，属于典型的"马桶游戏"，注重碎片化设计，通常玩一局不到 1 分钟，用户拿得起又放得下，且紧迫感十足。

对此，有人担心思想的碎片化，你得看这碎片是垃圾还是珠玑。其实碎片正是人类的宿命。看看《论语》，看看《道德经》，都是"碎片的经典"，而非鸿篇巨制。再说碎片也可以连缀成长篇，一针一针也可绣出大作品。我们不妨听听钱钟书先生的意见："许多严密周全的思想和哲学体系经不起时间的退排销蚀，在整体上都垮塌了，但是它们的一些个别见解还为后世所采取而未失去时效。好比庞大的建筑物已遭破坏，住不得人，也唬不得人了，而构成它的一些木石砖瓦仍然不失为可资利用的好材料。"他进而说道，"眼里只有长篇大论，瞧不起片言只语"，那是"浅薄庸俗的看法"。无独有偶。西方哲人尼采也说："一切知识都缘起于分离、界定、约束；根本没有一种关于整体的知识可言！"

我个人认为，手机短小的文体会造就一批精致的文字。我国古代的书面语言简意赅，《弹歌》是我国最古老的歌谣："断竹，续竹，飞土，逐宍。"八个字叙述了当时的狩猎生活，何其简练！我注意到，这种特点已经在手机作品中得到体现。比如全国基层党建工作手机信息系统、《共产党员手机报》的信息，好多都是寓意深刻的警句、格言，并表现出"微言大义"来，例如有这么一则："有粮万担，也是一日三餐；有钱万贯，也是黑白一天；洋房十座，也是卧室一间；宝车百乘，也是有愁有烦；高官厚禄，也是每天上班；妻妾成群，也只是一夜之欢；山珍海味，也只是一副肚腩；荣华富贵，也只是过眼烟云。钱多钱少，够吃就好；人丑人美，顺眼就好；人老人少，健康就好。"还有，在芦山地震发生后，微博平台上出现了大量的"微故事"，这些简短的文字蕴藏着极大的正能量，通过手机传播到四面八方，温暖着亿万人的心灵。

在个人电脑和智能手机普及之后，由于"工具"的微小，"微文化"应运而生，并将新一代人带入所谓的"微时代"。除了新媒体，一些纸媒也开始赶微时代的风潮，比如《看世界》杂志就开辟了《微言微语》的栏目，专门刊登微小说、微历史、微趣图、微段子和名人微语录。

精明的出版人从碎片化文化生态中发现了商机，他们把微博上的名家名段结集出书，比如微博红人张发财写历史八卦的《一个都不正经》、网络红人奶猪的段子集《我呸》、80后相声爱好者东东枪的《俗话说》……所谓"微博体"图书也火了起来。有人戏言：穿比基尼的美女养眼，看迷你型的段子开心！

同样精明的教育者也从碎片化的文化生态中发现了新的途径，他们运用了新媒体技术，以视频为主要载体，对知识进行碎片化、情景化、可视化的二次开发，为手机等移动终端用户提供移动学习的内容。你也许看过"凤凰微课"，这样的微学习会越来越多，只要你有一部手机，就可以"处处学时时学"，充分利用碎片时间来积累学养。

平地起雷——秒杀力

老话说："君子报仇，十年不晚。"可那是农耕社会的观念。现在的生活节奏快了，无论做什么都要立马就办。一个屌丝说："我这个人从不记仇，一般有仇我就当场报了。"

比起互联网来，移动互联网更注重速度，如百米跑，起跑就要快！手机屏幕一般在 3～5 英寸之间，在设置应用时，首先要考虑怎样才能便于用户一目了然地就知道如何操作和进入。设计网页的专家说，对手机用户来说，页面要更简洁，需要真正的秒杀力，因为两秒内打不开页面用户就会放弃。

移动互联网时代本质上是挤压时间的，"没有最快，只有更快"。手机文化产品也一样，没工夫唠叨，也不可能像喝下午茶那样悠闲，其作品像是匕首，短小却有力，注重"第一效应"；如用兵贵在神速，最好一刀见血。这种震撼力没有铺垫，而是"晴天霹雳""平地起雷"，这"霹雳"这"雷"，就是文字中的第一句（或是标题）、音乐中的第一声、图片中的第一帧、视频中的第一屏、群体中的第一人。第一的力量，就是青春的激情，就是生命中的大悲大喜大刺激。惊人的文字，炫目的画面，震撼的音乐，以狂飙般的力量在手机上进行井喷式的宣泄。有震撼力的东西，才能在"多如过江之鲫"的信息资讯中脱颖而出，一下子抓住人的眼球，击打人的耳鼓。震撼，用时髦的话讲，就是"雷"。还有个词叫 High，这是形容刺激性感觉的新词汇，如蹦极、攀岩、跑酷、飙车、飙海豚音、跳钢管舞……都在寻求类似的快感。

手机文学作品就像是比基尼，短小却具有核爆炸的威力；我们甚至可以直截了当地称呼它们为"比基尼文学"。可以通过手机传播的微小说都在 140 字之内，难以展开叙述，往往只是抓一个亮点、一个瞬间，捕捉一个能够出彩、并能引发读者想象的情节。快速码字，快速传播，快速阅读，这和传统意义上的文学作品大相径庭。

基于微博平台生成的微小说，具有短平快的特点，正好适宜于反映碎片的生活。我们以中国首届微小说大赛的参赛作品为例。一条是："这人闯荡一生，决定拿回 30 年前存在器官银行的良心。手术做了三天，失败告终，诊断报告：排异反应。"另一条是："见一兽，教授与专家争执不下。教授说：这是猪。专家说，这是狗。农人出，跨上兽背大喊：驾！"显然，其叙事模式是陡然涨潮、戛然而止，满足的是 30 秒阅读的快餐需求。

现在，通过手机"织围脖"、发微信，俨然成了一种时尚。博文微信也一样，容不得枝枝杈杈，也来不及铺垫什么，往往是"开门见山"式的，立马展开叙事。什么样的文字吸引人呢？除了那种狂飙疾进的有震撼力的东西，如果话题本身有吸引力，其实冷静朴实的文字也会引起关注。一个名叫蕾切尔·英斯的英国产妇，在分娩前后，用自己的 iPhone 手机总共发了 104 条微博，与网民分享整个生产过程。她的第一条微博是这样写的："开始宫缩了。外面很冷，现在只是时间问题了。"没有铺垫，没有细节，就是实打实地说事，然而就是有人关注。为什么？其奥秘就在起始"开始宫缩了"这5个字，看似平淡，但对于那些孕妇和准备要孩子的女人，当然还有她们的老公来说，却极具秒杀力。

手机虽小，却是一个有声有色的传播平台；好的手机作品，一定是具有视觉和听觉冲击力的。

手机作品的视觉形象，也应该像走在红地毯上的女明星，一出场、一亮相，就要给人一种"秒到了"的惊艳感觉。在全媒体时代，图片和影像的作用越来越多，如果没有视觉的推动，文字的力量也会大为削弱。美国人劳里·里斯提出了一个新的概念——"视觉锤"。他认为，视觉形象和语言形象的关系好比是锤子和钉子，要学会用视觉的锤子把你语言的钉子楔入受众的心智中。举起这把视觉的锤子，你就可以制造出手机作品的秒杀力来。蕾切尔·英斯在分娩期的微博，常常是用一副图片来打头的。比如刚刚出生的小宝宝啼哭的头像，就具有强烈的视觉冲击力，还激荡着情感的浪潮，可以一下子就抓住人的眼球。手机作品用视觉破题的做法，有点像时尚杂志选用的封面女郎，在她回眸一笑间，让你一顾惊魂，继而倾心。

循着劳里·里斯的思路，应该还有一把"听觉锤"，声音的秒杀力也是不可小觑的。"苹果教主"乔布斯是一个音乐迷，他让我们可以通过手机——这种最便利的工具欣赏音乐。因为老乔懂得，最有震撼力的就是音乐，或者声音。精神分析大师穆萨·纳巴蒂说："通过声音这个沟通工具，表达出来的是人内心深处的状态。"通过手机的对话，两个好朋友会感到彼此心灵的跃动。法国临床心理学家马克·斯邦认为，人类的耳朵对旋律很敏感，声音的音乐性决定了我们是否被诱惑。性感的声音，对异性有着很大的吸引力。在手机作品中，声音，尤其是音乐就有着这样的作用。在有关音乐的美学观点里，叔本华认为音乐处于艺术王座的崇高位置。黑格尔也认为，音乐作品能够透入人心与主体合二为一，它是最情感的艺术，非常适宜于在掌上流行。掌上的文字、图片作品，都需要音乐来帮忙；彩铃就是最好的例子。音乐，包括音效，尤其是直击灵魂的乐声可以平地起雷似的营造出渲染作品主题情绪的氛围，甚至要依赖震撼的音乐来吸引手机观众。在手机作品中，音乐有着重要的作用。无论是民族音乐，还是现代音乐，包括西方的嘻哈音乐、摇滚风，运用得当的话，就可以产生听觉冲击力，先抓人耳朵，再抓人眼球。现在彩铃等手机音乐作品，也想靠"神曲"出彩，遗憾的是旋律很少创新，也缺乏震撼力，只是靠低俗的歌词吸引人，什么"我终于做了别人的小白脸，傍个富婆每天吃喝玩……"

在信息多如过江之鲫的网络上，如何在海量的信息中吸引人的眼球？标题的制作甚为重要。2007 年出现的知音体，就是网民们模仿《知音》杂志的编辑方式，用极为煽情的语言来制作标题，以抢夺网上的"眼球"。这年 8 月，网上某社区的某个帖子，号召网友用知音体为名著重新命名，并带头给童话《白雪公主》起了个新名字："苦命的妹子啊，七个义薄云天的哥哥为你撑起小小的一片天"。如果说知音体体现的是一种游戏精神，那么网络"标题党"的功利目的则是非常明显的，他们就是为了提高浏览量。在手机屏幕上，标题是否抓人眼球，更是一个大问题。如果说文字是"钉子"，那标题就是一枚"射钉"，需要用"射钉枪"这样给力的东西把它楔入到读者的心智里。我的意思是，手机作品的标题，不止文字要抓人，还要绘声绘色，比视觉锤、听觉锤还厉害，甚至要经过特技处理。

押韵的文字回归了——民谣体

中华文明是用汉字建造的不朽文明，汉字也是我们民族文明的根基。汉语是单音节语言，具有天然的音乐性和节奏感，因此也决定了用汉字写成的文章具有可诵读性。过去讲"文笔之分"，具有音乐性的可琅琅诵读的文字才称得上是"文"。时至今日，在网上、在掌上，押韵的文字又回归了。你看看手机里保存的短信和微博、微信段子就会明白，顺口溜、新民谣，绝对是主流形式。回归，也是一种时尚。有人认为"快餐文化"是过眼烟云，而"老战士永远不死"，主要依据是，传统作品"精致、缓慢、凝聚了人类的思考"。韵文的复兴，似乎为这种看法提供了一个佐证。从实际情况来看，老一点的文化人若想在传统作品和网络作品之间找到最佳的契合点，最方便的莫过于使用韵文了。

我小的时候特崇拜一个叔叔，他说话几乎都能押上韵。问他要上哪儿了？他说"上街买东西，顺便去邮局"；再问去邮局干什么？回答是"送信打电报，捎的买邮票"。

我曾长期在内蒙古当记者。内蒙古西部的河套人，说话有两个特点，一是幽默，二是押韵；几乎人人会讲顺口溜。这里曾流传过一段新民谣：“把马路掏成壕壕，壕壕上担着桥桥；把杨树捅成挠挠，天上飞满毛毛；把烧酒盛满瓢瓢，干部喝成烧烧。”批评的是当地城建的乱象和酗酒之风。

改革开放以来，新民谣伴着新气象源源不断。温饱问题解决了，人们高兴地说：“吃饭靠‘两平’，一靠邓小平，二靠袁隆平。”温饱思淫欲，十几年前，人们就这样描述不大检点的干部：“出门打领带，坐车坐现代，喝酒喝蓝带，卡拉 OK 唱迟到的爱，跳舞搂的是下一代。”而那些官场上的油条则是：“左手有文凭，右手有酒瓶；家里有暖瓶，外面有花瓶；对上摆得平，对下踩得平。”近年来的精彩段子，大多也是押韵的。像《幸福指南》：“家里没病人，外头没仇人，圈里没小人，身边没坏人；谈笑有哲人，闲聊有达人，办事有熟人，求助有好人。”这样“一字韵脚”的段子又上口有好记。我也用此法写过一首《一点歌》：“做事快一点，休闲慢一点；思考深一点，解读浅一点；目光长一点，讲话短一点；境界高一点，调子低一点。人生有起点，修养无终点。如果你记住这一点点，点点都是快乐点；肚量大一点，脾气小一点；律己严一点，待人宽一点；作风硬一点，心肠软一点；索取少一点，付出多一点。生活多亮点，和谐是重点。如果你做到这一点点，点点都是幸福点！”

微博上的博文很多也是押着韵脚的。比如“Merc 壮壮妈”说：“那年出生，赶上挨饿；刚上小学，赶上罢课；刚上初中，赶上补课；刚考大学，学校没窝，”以下部分，没有押上韵，我经过整理，续在后面：“还没恋爱，青春错过；准备结婚，没有存折；孩子还小，丢了工作；踏进股市，套牢没辙；要买房子，只够个厕所……”名人写的微博也喜欢压上韵，如郭海臣如此评点社会事件：“郭美美插一腿，红十字会被摧毁；女博士花常艳，空谈马列扯闲蛋；赵明霞贡献大，反腐倡廉用大胯；龚爱爱户口多，房本也能装一车……”

当代李鬼绑票竟然也用顺口溜：“老子看你是条汉子，所以给你面子，要想过好日子，赶快让家里人准备好票子。”2010 年有一句流行语：“不蒸馒头争口气，哪怕没有猫扑币（指猫扑网上使用的虚拟货币）。”说起来多么顺溜呀！新新人类也喜欢合辙押韵的东西。譬如起名字，就好用叠音。以女演员为例：蒋勤勤、范冰冰，金巧巧、甘婷婷，刘诗诗、李冰冰，何苗苗、徐冬冬，谭维维、萨顶顶……

押韵的东西易于流传。比如网上谈新女性的标准，有一则是："摇得到车号，拿得出税单；搞得到户口，买得起京房；唱得了忐忑，玩得转围脖。"另一个版本是："上得厅堂，下得厨房，杀得木马，翻得围墙，开得起好车，买得起好房，斗得过小三，打得过流氓。"内容与前者相似，但后者流传更广，其原因是形式上更合辙押韵。

一阵又一阵的民谣风，成为中国手机短信和博文的一大特色。民谣就是来自民间的东西。从《诗经》《乐府》到今天的网络新民谣，我们可以感受到人民的真实情感和智慧的光华。网络新民谣有生活类、励志类、温馨类、民俗类等，内容极其丰富。

有一首网民自创的《哥哥打工有话说》："哥哥在外打工忙，苦心挣钱把家养。头发长到寸把长，不知家人可安康？夏日日头烫脊梁，有时几天不歇晌。工地饭菜不咋样，吃碗拉面是奢望……"因其反映了庞大打工族的现实生活和真情实感而在网上引起共鸣。

生活类的有一首《跟着妈妈学做饭》："小姑娘，真能干，跟着妈妈学做饭。和面粉，打鸡蛋，烙个小饼圆又圆。洗小葱，剥大蒜，来个青椒炒肉片。爸爸下班回到家，馋得直喊快开饭！"听起来，这也是一首清新的儿歌啊。

近两年流行的一些新民谣，真实地反映了现实生活。如《现代家庭12怪》说："新房依靠父母买／婚庆操办讲气派／啃老就像在讨债／儿女回家当客待／面对长辈谈不来／洒向猫狗都是爱／娘逛商场爹偷菜／学生玩耍受责怪／屋里常备麻将牌／翻书学习唯小孩／三四十岁把老卖／希望压给下一代。"

还有一种痞子童谣，也叫灰色童谣或灰色儿歌。主要在中小学生中流传，学生们用以宣泄压抑的情绪或繁重课业下的愤懑与无助。比如："保证书，保证书，保证以后不读书。"又如："考试作弊有绝招，又能偷看又能抄；个个像个韦小宝，捉弄老师有技巧。"

那个一个人包办一本童话杂志的作家郑渊洁，也仿校园童谣，做了一首为中国孩子写的歌词《我要活着回家》："1. 亲爱的爸爸妈妈，我去上学啦。希望这不是永别，我要活着回家。2. 亲爱的老师校长，我来上学啦。您不能让坏人碰我，我要活着回家。3. 亲爱的叔叔阿姨，我在上学啊。您有不满去上访，我要活着回家。"面对校园恶性暴力事件的频繁发生，作家写出了这样的文字，看似平淡却字字泣血。

民谣大多具有逆反性，但也有一种"正民谣"。如有一则民谣："民苦，不要怨政府；点背，不要怨社会。"我对儿子说："命苦，不要怨父母；点背，不要怨长辈。"

网上押韵的文字，最典型的是赵本山体。经典模板是一句古诗＋一句赵本山经典台词。例如："人生得意须尽欢，过了山海关都是赵本山。""问君能有几多愁，树上七个猴，地下一个猴。""众里寻他千百度，没病你就走两步。"

人们对网络热点事件的评说，往往采用搞笑式的歌谣体。比如河北大学飙车案发生后，随着"我爸是李刚"这句话的发酵，一时歌谣乱纷纷，什么"窗前明月光，我爸是李刚"，什么"天苍苍，野茫茫，风吹草低见李刚"……

贬斥也好，褒奖也好，网民们就是喜爱押韵的文字。"油条哥"的事迹在网上传开后，有人还写了一首《良心油条哥》，其中有这么一段："哥炸的不是油条是承诺，哥炸的不是油条是道德，哥炸的不是油条是生活，哥炸的不是油条是快乐！"让我们高兴的是，网上表现正能量的歌谣越来越多。

来自群众的押韵的语言，本身就有一种亲和力。2012 年岁暮时分，习近平在太行山区慰问困难群众时说："只要有信心，黄土变成金。"新华社发稿时，就用这句话做新闻标题，看着就生动活泼，还给力！在"走转改"中，新华社记者注意学习、熟悉和运用群众语言，不少新闻稿里用了顺口溜和新民谣，如："农民要致富，圈养黄羊是出路"；"种菜容易卖菜难，卖出好价难又难"；"公章随身带，办公靠膝盖"；"夏天上地头，冬天上炕头"；"列位听我说，劝媳又劝婆，上慈下也孝，列位家庭才安乐"；"三天不雨地生烟，三天不晴水连天"……其实，网上的新闻也可以用歌谣体，比如："苏杭二市长，同日上法场；地狱与天堂，只隔一堵墙。"有消息，还有评论。这个后十字的评论，实在是耐人深思。

网络和手机作品青睐押韵的文字是有文化渊源的。我们中国是一个诗的国度，韵文的历史甚为长久。孔子等先贤还大力提倡诗教，希冀通过倡导学诗来达到"经夫妇、成孝敬、厚人伦、美教化、移风俗"的目的。所以林语堂说"中国诗在中国代替了宗教的意义"。诗歌有柔情，有暖意，有力量，既能振聋发聩，也能润泽人心。所以，它成为一种诗教。我们体味一下便可知晓，优美的唐诗宋词里面也包涵着许多做人的道理，用"润物细无声"的方式传递着文化信息和伦理道德观念。相对文人反复推敲的诗词，民间流传的歌谣对老百姓的影响更大。"五四"时期有一个新歌谣运动，倡导者刘半农将关注的眼光投向了以"歌谣"为代表的民间文化。实际上，这是一种思想的、人性的大解放。那时，民间资源几乎成了文人创作的全部资源。从先秦以降的民间歌谣，薪火不绝，现在又在网上、手机上流行起来。还有一个重要的原因，押韵的东西便于吟诵，当然也便于传诵，就是口口相传，它自身就拥有一种传播力。吟诵，是中国经典的生命活态，它能深化对经典作品的理解。在吟诵中，诗词文赋包含了很多语言本身所没有的意义，只有在吟诵的状态下，才能体会到作者的心态、情绪和意境。吟诵是我们中国人的一个传统，你懂的。

时尚的速成孵化器——流行性

美国的《Fast Company》杂志提出一个新概念——"流时代"，也就是追逐潮流的时代。在这个时代，网络信息如同水银泻地，我们没有一点空闲去消化去品味，甚至也不能从容地根据自己的人生规划补充知识。哲人说，"我思故我在"，可我们却放弃了思考。现代社会明明是一个信息爆炸的时代，现代人的自我感知能力却偏偏退化得一塌糊涂。能够弄清楚"我是谁""我究竟想要什么"的人越来越少。网上的"垃圾信息"远大于有价值的信息，可我们不知道如何从庞杂无序的信息狂潮中提取有用有价值的信息。林林总总的传媒只是重复着一个声音：我才是最好的那一个。于是时尚便在连篇累牍的鼓噪中，在金钱的堆砌下，一个一个地被制造出来。流时代的人只能跟着变化走，一有新事物出现就趋之若鹜。

智能手机的用户大多是追逐时尚的青年人，手机文化是一种流行文化、通俗文化、互动文化，其作品大多具备时尚的特征，能够在第一时间反映跨界的时尚观念、时尚人物、时尚商品、时尚文化和时尚生活方式，并对时尚趋势做出前瞻性的预测，真正引领时尚潮流。手机是最方便传达时尚信息的工具：穿什么衣服最时髦？吃什么东西最入时？网上有什么雷人的视频，有趣的段子？拿起手机就知道。"后超女时代"轰轰烈烈的"造星运动"，在微博、微信等网络平台和智能手机等移动终端的推波助澜下更为声势浩大，人们在推崇偶像的同时也造就了队伍庞大的"粉丝一族"。

"亲，我粉你！"粉人和被人粉，已经成为当代的一种时尚文化。著名歌星王菲对媒体总是板着面孔，但一见到粉丝，立刻笑脸相迎，签名合影送CD，有求必应。王菲晓得粉丝是明星的衣食父母，她只做了100多人的粉丝，自己却拥有600万人的粉丝，算一算吧，赚大发了。

网络与手机绝对是发扬娱乐精神的最佳平台。明星们深谙此道，最懂得通过网络去扩大自己的拥趸。他们首先要学会必要的网络知识和流行语。林志玲嗲嗲地问陈坤："百度是怎么解释'雷人'的呀？"如果不是这样的不耻下问，就会像韩裔美国歌手李玖哲一样，说"山寨"就是"山上有个家"的。样子古板老土的张艺谋为了讨人喜欢，在公众场合下也要讲讲流行语的："不要迷恋哥，哥只是一个传说。"明星们为了和网民亲近，自己也要体验网络生活，潜水、交友、去淘宝。据说刘德华即使工作到凌晨三四点钟，也要爬上网去"华仔天地"潜水。赵文瑄更是娱乐圈里资深的"潜水员"，它最喜欢在天涯论坛"莲蓬鬼话"潜水看鬼故事，偶尔也逛逛"情感天地"和"娱乐八卦"，人称"50岁的年龄，30岁的脸，20岁的心"。大陆导演陆川也是一个超级网迷，他对"开心网"的评价是："可以偷菜买车敛财，也可以买卖奴隶、发泄私仇，可以减压，可以记事……其乐无穷。"之后他又迷上了"织围脖"（微博），鄢颇遇袭事件就是他在第一时间写微博传遍网络的。

早在2005年的夏天，当李宇春、张靓颖等歌手参加超女比赛时，她们的粉丝就聚集在许多城市的地铁站和大商场门口，恳求人们用手机为他们的偶像投票。近几年，国内出现了一种新的类型片，就是诸如《小时代》《致青春》这样的"粉丝电影"。其互动基础就是"粉丝拥趸偶像，偶像消费粉丝"。2013年，国内又出现了所谓的"明星订制手机"，如流行音乐乐手韩庚的"庚Phone"，素有"中国摇滚教父"之称的崔健的"蓝色骨头"手机。这些手机其实都是ODM厂商的贴牌机，明星就是拿它来招徕粉丝的。比如"庚Phone"，里面就有韩庚专属的App，持有者会得到一些打折购买演唱会门票等"小恩小惠"；这样做，就是为了增加粉丝对偶像的黏度，便于持续地兜售其音乐专辑和衍生产品。

龙应台说过：亚洲人喜欢凑热闹。他们过洋节日，但不知道吃火鸡是对谁感恩，在圣诞狂欢也没有任何宗教的反思。不少人上网也一样，尤其是参与一些娱乐节目，不过是凑热闹而已。这应该是一种传统，过去没什么玩的，街头有个耍把戏卖狗皮膏药的，总能聚来一圈人围观，甚至乞讨、打架，也能吸引人来看热闹。如今网上的娱乐圈也有点像《红楼梦》里描述的贾府：爬灰的爬灰，养小叔子的养小叔子……

其实不止是亚洲人，人类都具有先天性的趋同心理，即使是无聊的事，如果大家凑在一起做，也会觉得有意思，这在网上表现得尤为突出。有人说芙蓉姐姐很无聊，殊不知，她存在的价值就是无聊。古人就说过，不为无聊之事，何以遣有涯之生。没有人承认自己无聊，个体的无聊或为人嘲笑，集体的无聊就可以成为时尚，甚至可能形成一种左右舆论的力量。

小小的手机，乃是当今媒体业态中唯一一种依靠亿万终端而兴盛的新媒介。当它和微博、微信结合在一起时，表现的是由下而上的草莽力量，分开看，单个的没什么力量，但一呼百应，遍地开花，就成了不能小觑的力量。你要敢得罪它，那你抽什么烟，戴什么表？白天上了哪辆车，夜里进了那扇门？它都会不依不饶，最后搜索到你吃贿的罪证，从你去品尝铁窗风味。

在数字时代，因为有了手机，人们可以轻松地做到"有话就说，有图就秀"，由此产生了"窥探文化"（Peep culture）。有的人热衷于"晒"自己，有的人喜欢窥探他人、尤其是名人的隐私。手机就是"窥探"与"被窥探"的利器，它在正在为"窥探"等流行文化推波助澜。

许多手机作品还会呈现卡通化的特征。此中原因很多：一是生活节奏太快，大家没有闲工夫；二是不少年轻人不想成熟，拒绝长大。比如蛋壳族，就是指那些动画的超级发烧友，对动画形象"咸蛋超人"（惠特曼）的迷恋超过常人，童年被无限延长。最明显的例子就是"卖萌"。"萌"是源自日本动漫文化的一个词，指年轻人喜欢的事物，尤其是动漫作品中美好的东西；进入汉语系统之后，又有了"可爱""性感""讨人喜欢"等引申义；而"卖萌"是一种调侃的说法，意思是扮嫩、装出可爱的样子。"萌一代"也是感性温和的消费一代，他们自恋、率真、敏感，时而有些迷茫，喜欢享受轻松简单的生活。

早在民国时期，我国就受近邻日本的影响，X 格漫画风行一时。卡通漫画的直观性、娱乐性和故事性，使其在传播中具有超强的亲和力。中国移动开通了"动漫彩信"，以卡通的形式讲述那些生活中有趣的事情。因为卡通本身就符合手机文化产品的基本要求：形象生动、短小幽默，特夸张特雷人。这一块"蛋糕"还可以做得大大的，比如漫画新闻，尤其是漫画娱乐新闻、漫画社会新闻，如果与手机结合起来，就会发生惊人的化学反应。

移动互联网也是流行音乐自由生长的沃土。尤其是对倡导所谓"新民谣"的音乐人来说，他们那种平民化的音乐风格，似乎最适合在这里找到知音。近几年，地下民谣、草根音乐都在网上顽强地表现着它们的个性和生存力。不少音乐人和歌手，带着吉他等弹拨乐器，弹奏着"篡改"过的曲调，用直白浅显的歌词，痴心地"秀"着他们的"新民谣"。"新民谣"歌手周云蓬的感受是："它（新民谣）得力于互联网的自由传播，人们对于宣泄自己心理诉求的渴望，以及平易近人的现场音乐的回归，仿佛多年前的天桥撂地，梨园捧角儿。"从内容上来说，"新民谣"与老民谣一样，都是赤裸裸地宣泄草根的情感，描述普通人的生活情状，带着烟味和酒气，甚至有点粗野："等咱有了钱，就得这么花……烤烟没劲外烟太杀雪茄得抽古巴的，白酒太冲啤酒太淡洋酒得喝 XO 的……洋妞太浪土妞太傻要娶就娶混血的！"网络音乐关注的是浮华世界里个人内心的平衡和体验，寻求"我有我的姿态"，"唱自己的歌"。从一定意义上讲，他们的音乐里跃动着一代人的灵魂。

让我们一起捏泥巴——"互动点"

在我们儿时的记忆里，一定有这样的场景：一个捏泥人的，或者是吹糖人的民间艺人来了，孩子们立刻跑过去围观。——这就类似于网络上的围观，表明大家对此感兴趣。当捏泥人的艺人离开之后，孩子们的兴趣并未衰减，他们也想试着捏泥人，于是大家开始玩起来捏泥巴的游戏。——从围观到体验，从旁观者到参与者，孩子们在"天真的游戏"里宣泄着艺术创作的原始冲动。让我们一起捏泥巴，就是在寻找参与和创造的快乐。无论是孩子还是成人，这是一种普遍存在的欲望。那些热衷于玩在线扮演角色的人，那些喜欢在论坛上说点什么的人……都是在通过网络满足自己参与、体验、创造的欲望。

小小的智能手机，不仅可以还原各种活色生香的真实生活场景，还可以虚拟各种穿越时空的想象中的各种事物；不仅可以做到文图并茂，还可以综合运用音视频等手段塑造形形色色的新样式作品；不仅可以欣赏别人的东西，还可以展示自己的才能，或者参与集体创作。手机用户为什么那么喜欢微博、微信这类自媒体？因为这些即时通讯工具改变了过去的传播方式，变"金字塔"式的"由上而下"传播为网格式的"点对点"传播，即时互动让人们在参与其中的真实体验中获得满足和快感

我问过一个年轻朋友，为什么总是从微信上获取消息？他回答说："微信圈里尽是熟人，话题也有意思，还能及时互动呀！"是的，邻家小妹和老街坊传递的消息，大多来自日常生活，似乎比职业记者采写的新闻更贴近自己。而微博的吸引力在于：博主与粉丝们生活在共同关注的事物里，使得日常生活获得了新的意义。虽然更多的新闻涉及他人，但触及到了自己的兴趣点，便有了一种自然的亲近感。传统媒体往往是居高临下的，而微博的生命力在于平等相待，就是"互粉"。在这种平等互动的传播环境中，当你积攒了一定的人气之后，也会建立起自己的公众形象，同时获得不断强化的影响公共事务的能力。微博让每一个人都拥有了"麦克风"，一条不超过 140 个字的消息，可以将各类信息瞬间传遍天涯海角，拥有超强的渗透性和极快的普及力。在微博普及的年代，个体意识得到彰显，网民通过快捷的社交化的信息互动，很快就会形成理念和认知相接近的小型共同体。

互动——在手机平台上生成和传播的作品中表现得特别突出。当追求实用性的 App 实现华丽的转身面对艺术的时候，它看到的不止是转移到手机屏幕上的艺术，还有一双双渴望的眼睛——那就是渴求在网络世界里一起捏泥巴的手机一族。

童木在《App 的美学世界》一文中写道："如果我们换一个角度去审视手机上的那些小方块，会发现每一个 App 都可以算上一个互动装置作品。成熟的艺术形式正被迁移和运用到 App 上，革新性的理念正以美学的方式得以实现，颠覆性的智力游戏正在进入移动媒体。"童木为何要把这些新的艺术类型称为"互动装置作品"呢，我们不妨在他的指点下寻找一个生动的例证——有一个"维梅尔堡"App 作品构筑了一个数字城堡，孩子们打开移动终端和这个软件，就仿佛穿越到了中世纪，只要动动手指，就可以唤醒性情不一的各色人物，像睡美人、青蛙国王什么的。这一作品设置的程序里竟然有 70 处互动点，它让孩子们和童心未泯的人，充分享受到了一起捏泥巴的快乐！

手机是一个开放的平台，也是一个属于草根的平台，本身就具有极好的交互性。近些年来，大型的广播电视节目，还有直播节目，大多是依靠手机短信和微博、微信等实现场内和场外、线上和线下的互动的。有人说，手机就是一个最好的互动工具。比如手机小说，就有几个重要特点：一是作者不止是小说家或者是专门的写手，更多的是手机一族中的你我他；二是整个创作是开放式的，可以独立完成，也可以联手创作。还有一种"接龙法"，就是有人开一个头，大家续着写，故事情节的发展可能有多种结果。你看到了，不仅可以即时表示"顶"或"踩"的态度，还可以发表评论、修改意见，甚至为之配图配乐；三是没有出版周期，可以做到"四个即时"：即时创作、即时阅读、即时评论、即时修改。日本有一个网站叫"魔法大陆"，拥有100万在线作品，以及600万名用户。许多人在完成作品后上传小说内容，并且选择接受读者的反馈，再根据读者的意见修改作品，有时还会修改故事情节。

比起纸质媒介来，数字读物的最大优势就是互动性。一些传统报刊在线性文本的思路下寻求数字化变革，结果走入了一条死胡同。数字报刊的读者不是被动的受众，而是信息的创造者和发布者。明乎于此，才会产生读者喜欢的手机新闻信息产品。美国的《大西洋月刊》是一本历史悠久的杂志，由于它实现了办刊人与受众的有效互动，才创造出引以为自豪的数字化奇迹。成功的手机读物，一般都呈现出"炫"的姿态，用户通过简单的触摸和滑动，就能实现切换阅读模式、全屏查看图片、360度展示三维产品模型、纵深翻页、在线评论、编读互动、游戏状态下的悦读等功能。现在的手机报仍然是一对多的广播式传播，缺乏与受众的有效沟通与互动；就是看到了这个"软肋"，微信等平台乘虚而入，借着提供位置、上传图片、交友等一揽子交互式服务，将新闻信息也推送到手机上。简言之，就是"互动为先""体验为本"。

在现代社会，"参与"已经成为各个领域的普遍现象。学校力求提高学生在课堂上的参与度；企业也在设法激发员工们的参与热情；营销者更是费尽心思地让消费者参与到他们组织的营销活动中来。有了手机等新媒体，"参与"变得更快更方便，变成了"即时互动"。小米手机之所以后来者居上，就是因为这款手机的设计理念是"参与感"。

从2012年开始，《南方周末》等各类传统媒体纷纷进驻微信公众平台，央视也开通了微信账户。为什么这些媒体如此青睐微信呢？央视新闻的相关负责人解释说："电视往往集中在一个封闭的系统里，故互动程度不高，我们希望能够通过新媒体的互动优势，跟电视的相关内容形成互补。"简言之，就是看上了新媒体超强的即时互动功能。在芦山地震发生后，央视频繁地使用微信和观众进行互动，在播放一档寻亲节目时，微信二维码在电视屏幕上出现了个把钟头，用户就涨了十万之多。现在，传统媒体纷纷利用微博、微信平台加强与受众的有效互动，读者、观众和听众都可以就媒体的报道和节目进行即时的评论、分享和转发，媒体也可以得到及时的内容反馈信息。网络写手李寻欢深有体会地说，当你写完一个东西发出去，"你甚至可以在几分钟之后看到读者给你的回应"。

在西方国家，各种文艺演出都强化了互动的功能，为了让现场外的观众有身临其境的视听体验，人们开发出了许多"移动互动"的手机软件，出现了"微博音乐会""手机视听晚会"等"参与式艺术"模式。新的模式彻底颠覆了"被动观看"的状态，观众不仅可以实时发表评论和进行网络社交，还可以与表演者一起歌唱、表演。还有一种"人机互动"的模式。当你的手机下载有关的写作软件后，就可以进行玩电子游戏式的写作了。

最高层次的互动是，手机族也可以转换角色，从内容的接收者变为内容的制造者和提供者。在 4G 时代，智能手机、平板电脑都可以成为制造内容的工具，各种软件会成为传播的介质和载体；尤其是在视频这一介质的利用上，会更加便利。可以预知的是，在大数据的背景下，越来越多的手机用户会成为移动互联网领域里的创作者、生产者和传播者。现在越来越时髦的手机微视频，就在演绎着碎片化的互动大传播。个体用手机拍摄的微视频，通过微信或者视频媒介，就会变成双向、多向的群体化 (Group) 互动交流。

利用移动互联网进行的营销和手机广告业务，也应该是双向模式，而参与感是其中的灵魂。参与感不是简单的互动，而是让员工、用户发自内心地喜欢你的产品。小米公司的高管黎万强介绍说："曾经有一个小米的粉丝，花了三天三夜的时间，用一粒粒小米，做出了一部真正的小米手机，赠送给我们小米的产品开发团队。"到 2013 年底，小米论坛已有近千万的注册用户。显然，在移动互联平台，粉丝就是最大的财富，参与的粉丝让"小米"变成了"大米"。

分析一下粉丝文化，我们也不难发现：无论是明星与粉丝之间，还是草根与屌丝之间，在虚拟空间的粉与被粉都是一个互动的过程。因此，在 N 多的 App 应用中，尤其是那些移动娱乐软件，都在极力体现互动与体验的功能，想方设法创造所谓的"互动点"。这些"互动点"的潜台词就是：让我们一起捏泥巴！

微时代的"私人订制"——个性化

拥有智能手机的人，在云时代变成了一个超级终端。每个人都可以依据自己的意志、需求和喜好，向数字化控制系统发出个人指令。社会学家认为，手机增强了人的独立性与某种程度的游牧性。手机对年轻人而言，不只是一件潮物，也是自由与个性的象征物。在移动互联网时代，凭借一部可以随时随地与网络对接的手机，每个人都拥有了自己的"网络地盘"。随着自媒体的兴起，网络信息越来越呈现出小众化、个性化的特点，并汇集为一种新的公共话语系统。在这里，潮流般汹涌而来的时尚文化并不能掩埋个性化的东西，相反，"我的地盘我做主"的声音越来越响亮，以自我为中心的"我一代"想方设法地彰显其个性。移动网络的强势和易传播性，让那些过去处在边缘地带的、由一些小圈子创造的亚文化，借机登堂入室，轮番冲击着主流媒体和主流文化的地位。站立在智慧的地球上，借助地球人共有的大数据和人人拥有的手机，先知先行的企业也在差异化竞争中，尝试着为客户提供真正个性化的服务。

手机等新媒体唱主角的"第二媒介时代"有一个鲜明特征，就是每一个人都有可能成为话语的中心点。在大众传媒的背景下，出现了"小众传媒"、熟人圈子传媒和私媒体。私媒体的关键词就是——我选择，我创造。手机既是创作的工具，也是传播、接收和互动的工具。在移动互联网上，常常是以用户为中心的，你可以自制，可以秀，可以晒，可以上传，从个人门户到网络社交圈子，再到大众舆论场域。这也是一种"逆袭"。比如手机上的微博，具有自媒体特征，以及人际传播、组织传播和大众传播等多种特征。微博几乎都是独家报道，经常配有第一时间的个性评论，以其生动、鲜活、个性化的特征吸引着人们的眼球，让私密空间的内容经由微博进入公共空间。

布封说过："风格就是人本身。"《歌德谈话录》也写道："艺术的真正生命在于对个别特殊事物的掌握和表述。"巴尔扎克最厌烦的就是千篇一律，就是"穿同一种服装，喜欢同一种颜色"。手机的世界不是"大兵营"，而是精彩纷呈的"大卖场"。有句"精彩在沃"的广告语，我的理解是"精彩在我"。基因科学表明，每个人体细胞里都藏着一份人类历史地图和时钟。

在移动互联网时代，每个人的个性都得到了极大的释放，这是一场真正的解放运动，越来越多的人们用手指触摸的方式力图显示自己的"网上存在"，人们在虚拟世界里顽强地争取着自己的人格和自由。胡适说过："争你们个人的自由，便是为国家争自由；争你们个人的人格，便是为国家争人格。"这位五四运动先驱者的话，跨越近百年的时空依然掷地有声。

网络是一个向所有人开放的空间，进入这个远比现实社会宽容的虚拟世界，进入者的身心得以放松，能够依照自己的兴趣和爱好选择自己想看的东西，依照自己的人生观和价值观吐露真实的心声。自我、个性、独立特行，在耍酷的同时，屌丝们也开始深层次地思考人生和社会。法国作家辛涅科尔说过："是的，对于宇宙，我微不足道；可是对于我自己，我就是一切。"手机就是一个"微宇宙"，技术化的"在线民主"让个性在这里得以最大限度的张扬。

在西方国家，移动世界里最为活跃的是"Y一代"（Generation Y），即婴儿潮的下一代人。中国也一样，最活跃的手机族也是与"Y一代"年龄相仿的80后+90后。在他们眼里，这是一个去崇高的时代，一个平民化的时代，一个多元的时代。这一代人的服饰、口味、取向越来越难以呈现统一的态势，有"奇葩"，有"怪咖"，有"极品"，每一个人都是一种潮流，整齐的话语越来越少。说到"怪咖"，有必要交待一下它的来源：在台湾俚语中"咖"是指"角"，就是"角色"的意思；"怪咖"就是"怪异的角色"，显示出另类的言行举止。这样的称呼虽然有调侃的意味，却也道出了移动互联网时代的个性宣言。

网络发展的大趋势是支持个性化需求的，无论是精神产品还是物质产品，都需要通过各种方式，如SNS、搜索、推荐、数据挖掘等方式，来识别个体与众不同的特殊需求。有喜欢"小清新"的，有喜欢"重口味"的；重视个性化和小众化需求，才能实现多样化。比如电子游戏已经出现了两个趋势：一是转向智能手机和平板电脑等移动设备；二是体现个性化特征。索尼公司发布的新游戏系统能够洞察到游戏者的好恶，并据此提出建议，指引玩家选择他们喜欢的新游戏。再比如在自媒体环境中生成的微电影，尤其是那些表达个人情感意志的作品，其鲜明特征就是"三自"：自我、自主和自由。

美国人弗吉尼亚·波斯特莱尔认为 21 世纪是一个新美学时代，"我们所需求和创造的是一个迷人、刺激、多样化的美丽世界"。闪亮的手机既是一道美丽的风景线，也是一个倡导多元风格的标识。时至今日，德国大诗人歌德的主张依然回声嘹亮："让我们多样化吧！"

有人认为，手机文化是一种"审美文化"。它无限度地推崇感性，贬斥理性，实际上走向了唯感官主义，甚至向"身体性"演变。他们担心的是，审美文化在提倡"日常生活审美化"时，背后的"魔鬼"是文化消费主义，力图把文化产业绑在运营商的战车上，把利润法则推广到生活的每一个角落。因此有不少学者主张清算这种审美文化。但我认为，"椰风挡不住"，谁也无法遏制手机文化崛起的力量和它带来的美学嬗变，它迟早会修成正果，直至成为一种联系虚拟世界和现实生活的跨界文化。且莫担忧，更不该诅咒，正确的做法是——因势利导。

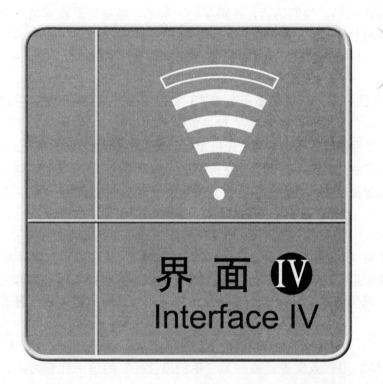

界 面 Ⅳ
Interface IV

Ⅳ 手机的"魔界"
Mobile Devildom

"疯狂的兔子"和"汤姆猫"

伦敦是世界上首个开通地铁的城市，让外人不解的是，伦敦人反对在地铁里覆盖移动通讯网络。他们认为，在繁华的大都市，地铁好歹也算是一处净土，不希望手机铃声搅乱这里 100 多年的宁静。看到这个信息，也许小沈阳会问："这是为什么呢？"

2013 年 1 月的一天，一位美国母亲与 13 岁的儿子签订了一份使用手机的"合约"，对她的儿子使用手机做了 N 条限制性的条款。"合约"除了限制、禁忌，还有文明使用的要求，最后还提出了希望："要保持你的好奇心，对现实世界和真实的生活充满兴趣，注意身边发生的事情，倾听小鸟的叫声，时常出去散步或者和陌生人谈话……"听到这件事情，也许小沈阳还会问："这是为什么呢？"

2013 年 10 月 17 日，俄罗斯之声电台网站报道说，互联网和智能手机会引发 9 种新的常见病，包括：网瘾、铃音幻听、手机上瘾、眩晕、脸谱抑郁、在线游戏上瘾、网络多疑、谷歌效应、维基百科效应。其中手机上瘾是最普遍的新发病。

日本《AERA》周刊载文说，被称为"手机原住民"的这一代年轻人，他们极少使用固定电话，和朋友交流不是打手机就是发短信、发邮件。如果离开了手机，人们的日子就没法过了。据估计，英国有 1300 多万人患有"无手机恐惧症"。他们过度依赖手机，当他们的手机无电、电话卡余额不足、遗失手机或没有信号时，便会变得六神无主，严重时甚至冒冷汗或者呕吐。其实，这是因为日常工作的压力和交往过多而产生的恐惧感。

痴迷于手机的年轻人，像是陷入初恋之中，与自己的"掌上恋人"形影不离。他们总是时不时地检查一下，看手机是否在衣袋里或手包里。只要有一丁点空儿，就会拿出来把玩，即使什么也来不及做，也要像触摸恋人的脸颊一样，下意识地摸一摸手机的触屏。就这样，许多人离不开手机，沉溺于虚拟空间而不得自拔。

起床靠闹铃，出门靠定位，交流靠耳麦……美国马里兰大学对 10 个国家的 1000 名学生进行了一项名为"无设备世界"的调查，让参与者在一天之内不使用手机。结果表明，这些人很不习惯，有的甚至坐卧不宁。

英国未来实验室的调查报告警告说：身处手机或网络信号无法覆盖的地方，人们会不由自主地焦躁不安。焦虑是这个时代最典型的病灶，而手机焦虑征是越来越普遍的一种病征。它的征兆表现为：醒来后第一件事就是看手机，查短信、听音乐；回家后第一件事就是给手机充电；没事时首先想到的就是摆弄手机；每隔一会儿就去看手机有没有短信、彩信和未接电话；哪一天忘了带手机就惴惴不安；总担心手机没有信号或者没有电了。在数码时代，人类有了更多的交流方式，通过 QQ、微信、MSN（微软网络服务），我们和朋友谈心，联系事情。尤其是通过智能手机，我们能随时上网，更新微博，与一群素不相识的人取暖或掐架。但新的焦虑却随之而至，出现了许多电子焦虑征的深度患者。豆瓣网上有一个"没事就会摸摸手机"小组，成员有数千人之多。组长郭小光这样描述他们的心境和生活："不是我怕丢，摸摸心里踏实。当我烦躁时，我就会去摸它；当我焦虑时，我就会去摸它；当我不安时，我就会去摸它。你是不是也像我一样这样去摸它，也许还有其他的理由……一起来摸吧，很管用的。"

在美国，那些痴迷智能手机的人被称作"黑莓控""苹果控"。艾伦就是一个"苹果控"，他的妻子抱怨说："过去临睡的时候，他总是和我躺在一起看书，或者调调情。可自从他有了一部'苹果'后，就移情别恋了，每天晚上，不是玩《水果忍者》，就是玩《愤怒的小鸟》。手机甚至毁掉了我们的性生活，艾伦对我越来越冷淡。有一天，我终于忍不住了，拿起枕头狠狠地向他摔去，还大声喊道：'我也是一只愤怒的小鸟'。"看到这个报道时我也想过：当一只狗成为宠物之后，它在享受主人呵护的同时身上也多了一条锁链；当我们把手机当作宝贝的时候，是不是身上也多了一条无形的锁链呢？比如那些围脖控，每天都要花费好几个小时鼓捣微博，晚上躺在床上了，还要掏出手机反复刷新，有时折腾到凌晨才昏昏睡去。当微博平台偶尔出现故障时，好多人竟然有被遗弃的感觉，"心里空落落的"，在没有微博的几个小时里，他们除了一直刷新、发呆，什么心思也没有。某网站的调查结果显示：在被调查的数百人中，有三成人每天打开手机的第一件事就是上微博，有两成人出门在外使用手机，随时随地发微博。有一个博友，自称创下连续 26 个小时"织围脖"的纪录。王曦写过一篇《微博病患者》的短文，最后说："因为我生活在微博里, 所以生活远离了我。"从博客女王徐静蕾到微博女王姚晨, 名人在被围观中快乐着, 也烦恼着。姚晨就表示过, "我曾经想关闭微博"。

有人这样打比方, 说拿着手机上微博频繁互动的两个人, 一个像"疯狂的兔子", 另一个像会说话的"汤姆猫", 神经兮兮的。精神科的专家指出, 如果对手机产生了依赖性, 其行为有可能严重脱离现实, 那就应该强制自己回归正常的生活了。

法国《焦点》杂志报道说: 有人把这种"回归"叫"断奶"。商务律师约姆就用这个字眼来形容自己的行为, 他叙述道: "两年前, 我就把配发给我的黑莓手机还给了公司。刚开始还真有点不适应, 但现在已经好多了。过去我完全被手机控制了, 竟然忽略了妻子和孩子们的存在。夸张的是我会在睡梦里惊醒, 在黑暗中窥视我的手机是否亮着绿灯, 因为那意味着又有新的邮件需要我去查看。现在我断奶了, 不再依赖手机了, 又恢复到了过去没有手机的生活。"

美国人乌比·哥德堡在《是我疯了还是世界疯了》一书中说: "我看到好多人在使用黑莓手机, 1 周 7 天, 1 天 24 个小时。"他认为, 这个世界快要疯了, 他自己有意识地与手机拉开距离, "总有那么一段时间我会关闭手机, 原因很简单——我想让那段时间属于自己"。

迪恩·费希尔是美国芝加哥的一名室内设计师, 最近她在男友的陪伴下, 尝试过了一天不带手机的生活。他们在酒店专门推出的"宁静套房"过了一夜, 费希尔感觉一片混沌, 她说: "没有 iPhone, 我不知道时间。我开始焦虑, 担心客户联系不上我。"29 岁的阿曼达·利维是一名销售主管, 他也想通过参加"戒瘾"旅行克服对手机的严重依赖, 但手机不在身上好像"赤身裸体"一样。心理学家爱德华·哈罗韦尔说: "科学技术在许多方面解放了人类, 但有时也会束缚人类。比如手机, 它会不知不觉地让你上瘾, 并最终将你俘虏, 成为它的奴隶。"

手机还会导致疲劳。瑞典哥德堡萨赫尔格芮学院的医学博士加比·巴德雷的实验结果表明, 青少年频繁地使用手机, 将严重影响睡眠质量, 进而引发感应性疲劳和神经衰弱。对尚未发育成熟的孩子来说, 手机和烟酒一样, 会给他们带来严重的健康危害。

这可不是危言耸听！你听说"手机幻听征"吗？这个词汇已经出现在教育部公布的 171 条汉语新词中。有很多人，只要手机一会儿没响，或没有短信，就会焦虑不安，甚至产生手机幻听征。手机幻听有 5 个特征：一是担心手机会响，每半个小时就会看一次手机；二是手机并没有来电，却能"听"到手机铃声；三是无论手机放在哪里，都觉得手机在响铃或震动；四是手机来电时异常紧张，甚至心跳加速；五是换了新手机，还能"听"到旧手机的铃声。还有一种"知识焦虑征"，也叫"信息焦虑综合征"。在信息爆炸时代，知识成为焦虑的新来源，面对呈平方数增长的海量信息，人类的思维模式有点赶不上趟儿，由此造成一系列的紧张和自我强迫的表现。如果你想及早摆脱这些手机病征的困扰，就要彻底改变自己的生活和工作方式，尝试着过一种悠着点的慢生活。也就是给自己多留一些时间，用来吃饭、喝茶、睡觉、散步、会友、陪亲人和思考，压力一减轻，自然就会消除最根本的致病原——巨大的工作压力。

"什么都是浮云"，看似无所谓的调侃，其实反映了当下人们普遍存在的浮躁情绪。网络热词往往表现出一种"锐感力"，与此对应的是"钝感力"，语出日本作家渡边淳一的同名小说。按照心理学家的说法，只有钝感系数与敏感系数达到平衡，才能理性地思维和生活；"淡定"就是一种钝感力的表现。置身手机充斥的移动世界，听着"移动改变生活"的叫嚣，我们真的需要"淡定"些。

眛了，怎么看不到大猩猩？

苏格拉底认为，文字和书的发明让人们放弃了背诵，人的记忆力就减退了，人的大脑会变成一个"空容器"。那么在 Google 时代，拿着手机一搜便有的快捷代替了思考的过程，这是否会让人类变得越来越蠢呢？

古罗马哲学家赛内加 2000 年前说过："面面俱到也就相当于哪儿都没到。"如今，互联网让我们可以轻松获得前所未有的海量信息；但是越来越多的科学论据表明，过度依赖互联网和手机，会让我们越来越变得迟钝。它让我们分心而且形成干扰，也会让我们在思考时变得肤浅。阅读书籍其实是在对思维进行自然的处理，这就需要我们将自己置身于艾略特在《四个四重奏》这首诗中所说的"转动不息的世界的静止点"上。我们必须形成或加强对我们天生的分心倾向所需的神经连接，从而有效地控制我们的心智和注意力。然而，在我们越来越多地进行手机和网上浏览的时候，危险也在迫近，人们已经和正在失去对心智和注意力的有效控制。

调查表明，过度依赖手机的人，长期处在"手机的多任务状态"之中，导致"注意力缺失"。"手机控"的负面影响是，思考能力和办事效率的降低。英国伦敦精神研究所的研究表明：那些身兼数职的人，如果选择智能手机作为首选工具，他们的工作效率不仅不会提高，反而会下降40%，或者会损失10分的智商值。为什么呢？因为手机会让我们分神，会让我们敷衍了事。有人开会时用手机马马虎虎地浏览文件，在排队时给客户发短信，这些都是很不负责任的做法，不仅保证不了效率，更保证不了服务质量。

聪慧的双钟是一位"手机控"，在被手机控制了几年之后，她感觉自己变得愚笨起来，无论做什么事情都有点心不在焉。一个典型的例子是，要过年了，她想编写一段贺年短信。刚进入"写短信"的界面，就被男朋友来的电话打断了，接着又来了广告彩信，接着又是闺蜜的电话……干扰接踵而至，她不知道该继续写短信，还是该接电话、看彩信，犹豫之间，面对空白的"写字栏"竟然忘了自己要干什么？她沮丧地给男朋友回电话，说自己得了"青年痴呆症"。男朋友调侃说："没那么严重，估计是青年健忘症。"

美国人克里斯托弗·查布里斯、丹尼尔·西蒙斯，写了一本书叫《看不见的大猩猩》，书名源于一项著名的心理学实验——美国的一些心理学家，组织一帮志愿者观看电视转播的篮球比赛，要求观看者盯住身穿白色运动服的队员，并计算出他们的传球次数。实验进行了一分钟，被调查者大多报出了准确的传球次数，但没有一个人发现其间的一个异常场面：一个装扮成大猩猩的人走过人群，还对着镜头敲打自己的胸膛。实验表明，当人过度专注于某项事物时，往往会忽略周边的情况；这就是所谓的"注意错觉""注意力盲区"。我们通常只会关注周围情况的一小部分，其实人类大脑的"不足"也算得上是一个长处，否则我们会被网络时代如潮而来的信息胀破脑袋的。问题的严重性在于，痴迷于手机的人们常常产生"注意错觉"，从而忽略真实生活的感受。这让我们联想到尼古拉斯·卡尔的警告，由于互联网和电子产品各种杂音的干扰和刺激，人的大脑会短路，无论是有意识的思维，还是潜意识的思维，都会发生停摆或紊乱现象，以致阻碍人们进行深度思考和创造性的思考。

尼古拉斯·卡尔还著有《谷歌让我们变得愚蠢》，他指出：网络世界导致人们把注意力集中在事件、点击率和一些华而不实的东西上。大量的资料、图片耗费了年轻才俊的精力。例如：出租车司机已经不是一个好的向导了，他驾车完全依赖 GPS 系统，自己不再记路了。有了那么多的数字设备，人们不再专注，并逐渐丧失了思考能力。

以互联网为代表的数码技术在为人类服务的同时，也在潜移默化地改变着我们。我们正在成为数码技术的奴隶，甚至在一点一点地丧失自我。首先我们越来越浮躁，已经不能静下心来干点什么。我们很忙碌，不是在电脑前就是拿着手机，一会儿上网接收邮件，一会儿又追踪微博新闻；面前的电脑要打开好几个视窗，手里的"苹果"也是频繁地切换功能。网上阅读像是蜻蜓点水，很难好好地看完一段话。这种现象叫"互联网注意力缺乏征"（IADD），一旦发生，思考力当然也会下降。在互联网普及之前，人类的知识信息系统是建立在以纸张书写和印刷为主的物质载体上的，并由此形成了阅读与学习的习惯。这个习惯最具价值的东西就是独立思考，读者需要不时调动已有的知识，通过质疑、推理、联想等，展开自己的思考，形成文明社会的创造力。电脑、手机，都是这种创造力的产物。法国意识流小说作家普鲁斯特说过："阅读让大脑进行着超越文字符号的思考，这种思考造就着智慧的读者。"不论何种样式的作品，都是作者独立思考的成果，因而阅读这些作品，通常也会获得完整的经验。但网上的信息，尤其是进入手机小屏幕的信息，势必呈现出信息碎片化的特征，加上链接的植入，人们的阅读更处于被不断干扰的状态，获得的常常是支离破碎的阅读经验。

手机阅读是一种"浅阅读"，具有浏览式、随意性、跳跃性的特点，其阅读对象往往是碎片化的内容。信息碎片化导致人的思维时常断裂，像一台不断闪烁雪花点的电视机，无法进行清晰和深入的思考，加上娱乐化的倾向，感性体验代替了理性思考，网络新生态面临知识时代的知识困乏。未来我们会如此相似：满脑子的知识信息，却不是一个满腹经纶的人。因为这些东西没有经过思考，没有经过消化。也许我们会想到一个古代的牛人，名字叫郝隆。雨后天晴时，他急忙跑到户外歇晌，裸着上身，鼓着肚皮，悠悠然地晒太阳。有人不解，他洋洋自得地拍拍大肚皮说："我晒书呢！"古代的知识分子读书、思考、写作，都处在一种自然的状态中，而我们呢，当我们拥有了手机和电脑之后，已经习惯于使用键盘和触摸屏幕，需要提笔写字时往往想不起该怎么写了。马斯朗是一名时尚摄影师，受过高等教育。有一天，他给自己开列一张购物清单时突然发现, 连"香波"也写不出来了。湖南省江华瑶族自治县的中学生宋应珍说: "手机是方便了人与人之间的联系, 却疏远了人与汉字的联系。"她的一个同学发短信的速度奇快, 可经常写错字, 如把"招聘启事"写成"招聘启示", 把"大有裨益"写成"大有裨意"。《中国青年报》的一项调查显示: 在 2072 名受访者中, 有 83% 的人出现过提笔忘字的现象。长此以往, 一定会出现新的"文盲", 以致出现文化危机。

当代诗人北岛忧心忡忡地说: "我们生活在一个没有细节的时代。这恐怕与新媒体的主宰有关——动漫、电玩、网络语言, 在一个超越地域种族的虚拟空间中, 与物质世界的接触越来越少了"。最近跟一位朋友聊天, 他说, 谁还注意到蚂蚁呢? 哦, 蚂蚁, 还有蜜蜂、蝴蝶……那些人们在童年经常关注的小昆虫, 就是童话世界的一部分, 现在的孩子却抛弃了他们天然的伴侣。孩子们打小就开始触摸平板电脑屏、手机屏, 而不再触摸清香的泥土、沾着露水的树叶啦……

数字媒体使得创作和传播文字、声音和图像变得成本低廉、简单和全球化。如今, 公众可以接触到的数量众多的各种媒体, 是由那些对媒体职业标准和操守毫不了解的人创办的。这些菜鸟们无休止地炮制着平庸之作, 让网上的秩序越来越混乱, 不少人为此感到恐慌, 以致出现了有关知识崩溃的预言。

习惯于手机阅读方式的大多是年轻人, 他们喜爱的大多是玄幻、探险和情感类作品。让人忧虑的是, 黄色产业链也瞄上了苹果这样的智能手机, 在苹果的免费图书馆用色情图书吸引眼球, 如《十八禁》等情色小说, 有大段的性爱描写。苹果对其运行的软件实行分级管理, 但现在的分级限制形同虚设, 难以阻止 17 岁以下的孩子下载阅读。有人担心, 如果不加正确引导, 手机就可能成为"三低(低龄、低质、低俗)阅读"的集散地。

美国运输部的数据显示, 2009 年, 因为开车使用手机导致分心造成的车祸越来越多, 因此伤亡的人高达 50 多万人, 其中 5500 多人丢掉了性命。2010 年 11 月, 美国的一项民意调查结果显示, 近 2/3 的人支持在驾车时禁用手机。联邦政府正在组织研究一项让手机在车内失灵的技术。

美国康奈尔大学的研究人员说, 不管是在办公室、列车上还是汽车里, 无意听到的电话交谈内容只是来自其中的一方, 它会比无意听到的两个人之间的全部交谈，使人分散更多的注意力。由于单方对话确实更加让人分心，你无法排除其干扰，这可以解释为什么人们会变得不耐烦。世界上大约 2/3 的人拥有几十亿部移动电话，这使得地球上已经少有不被手机谈话侵扰的安静角落。研究表明，无意间听到别人在手机上交谈，也会影响我们日常生活的状态和注意力。

凯西·戴维斯算是比较乐观的，她认为"分心是最好的创新工具"。这位女士分析说，"分心其实表明，你接触到了未曾见识的新鲜事物，我们应该抓住这种感觉，甚至把它变成创新的工具，改变自己的注意力模式，开始学习、适应并掌握新的模式。"美国青年学者乔舒亚·弗尔也持相同的观点，他在一本研究记忆力的书里说："我们无须和进步为敌，想想吧，将人脑连接到电脑，这个念头是不是充满了创意？"美国加利福尼亚大学洛杉矶分校的研究人员做了一项实验，研究发现，人们担心数字生活会对人的大脑产生不利影响，但事实上，网上冲浪可以提高成人的智商（IQ）。

哦，我们可能没有必要忧心忡忡，但不可否认的是，长时间的上网、过度依赖手机，确实会给我们的思考、感知和行为方式带来负面影响。

"电子雾"中的"手机脸"

当世界各大城市都在打造无线网，并利用 Wifi 技术为市民提供价格低廉、甚至是免费的无线网络连接服务时，科学家却警告说，无线网可能是人类的隐形杀手。因为出于 Wifi 环境下的手机和其他无线网络终端，均带着会产生电磁信号的发射器，人类因此会受到电磁辐射的威胁。

手机在通话过程中发出的高频电磁辐射是否会对人体健康构成危害，已成为各方关注的焦点。电磁波辐射分为两大类：一类是电离辐射，称为高能射线，如物理学核医学上应用的 X 射线等和宇宙射线；二是非电离射线，称微波辐射。移动电话属于低功率射频发射器，运行频率为 450 到 2700 兆赫，峰值功率为 0.1 到 2 瓦。研究数据表明，手机确实会产生辐射，尤其在通讯信号较差时，辐射量会急剧增大，可能对使用者的健康造成危害。在欧洲，手机的安全 SAR 值（人体每单位公斤允许吸收的辐射量）为 2.0 瓦特 / 千克，美国则为 1.6 瓦特 / 千克。现在，世界两大手机辐射标准制定者已经对标准进行了统一。每一部手机出厂之前的 SAR 值都需要符合标准。

网上有一段视频——几个人将他们的手机放在桌子上围成一个圈儿,圈里放上几颗玉米粒,手机铃声响起的时候,玉米粒开始膨胀,在桌面上蹦来蹦去的,最后爆成了玉米花。虽然这段视频是一个恶作剧,但它的背后是一个不容忽视的问题:手机辐射是否对人体有害?二十多年来,众说纷纭。其实,在这个问题的背后是看不见的利益纠葛。

国外对手机辐射危害的研究起源一个悲伤的故事:1988 年,美国妇女苏珊在使用手机 7 个月后得了脑瘤,并且形状和位置与其使用的手机天线一样。苏珊为此把手机生产商告上了法庭,最后她的案子因"切实可靠的科学证据不足"而被驳回。苏珊死于脑癌,留给后人的疑问是,她的病与手机究竟有没有关系?

英国的一些专家在 10 年的时间里研究了近 1.3 万名手机用户,希望能搞清手机是否会引发脑瘤。2010 年 6 月他们发表了自己的研究成果,但并未找到明确的答案。因为手机的辐射属于"非电离辐射",即使可能造成肿瘤,也有 20 年以上的潜伏期,而手机的普及是 15 年来的事情,要确定手机辐射与癌症的关系,还需要时间来证明。然而在 2014 年 2 月中旬,英国"移动通讯和健康研究项目"的负责人戴维·科根教授说,他们的研究证实使用手机不会致癌。获得 2011 年度普利策非小说奖的印裔肿瘤学家悉达多·慕克吉也认为,几乎没有证据表明脑肿瘤的发生与手机有关。目前,在国际致癌研究机构的致癌物清单上,手机也只是和咸菜、咖啡等列为同一类。

不管怎么说,广泛使用手机而造成的"电子雾"让人们无处躲避,而且这种电磁辐射无时无刻不在影响着我们的身体。一部手机就相当于一个小的微波发射器,微波对人体的损害是热损害,很多人都会有这种体会,打手机超过几分钟后,耳朵和脸部都会有发热的感觉。手机最易对大脑和眼睛造成伤害,长时间使用手机会造成记忆力衰退、失眠、视力下降,甚至会发生情绪的改变。

美国耶鲁大学的研究人员,将 33 只怀孕母鼠暴露在手机辐射下,结果显示,这些实验鼠的后代,比起通常环境怀孕的实验鼠的后代来,出现了多动症、焦虑和记忆力下降等症状。原因是,幼鼠大脑中前额皮质等部位神经元的发育受到了手机辐射的影响。国外流行病学的研究专家认为，那些母亲在孕期使用手机，且自己也使用手机的孩子，出现行为问题的几率比母子都不使用手机的高 50%；而那些母亲在孕期使用手机而自己不使用手机的孩子，出现行为问题的几率比母子都不使用手机的高 40%。

手机不仅影响人的身心健康，甚至还会威胁到自然界其他生物的安全。瑞士联邦技术学院科学家达尼埃尔·法夫尔的研究团队发现，用手机打一个电话所产生的信号就会让蜜蜂迷失方向甚至死亡。事实上，移动电话已经导致全世界数以亿计的蜜蜂死亡。在过去的几年里，欧洲和北美的蜜蜂大量减少，英国减少了 15% 的蜜蜂。印度昌迪加尔旁遮普大学的研究人员认为，导致蜜蜂数量减少的原因是手机辐射干扰了蜜蜂的导航系统。他们是通过实验得出这一结论的，实验项目是比较两个蜂箱里蜜蜂的行为和生产率：一个蜂箱上装有两部手机，另一个是手机模型。在为期 3 个月的试验期内，每天开机两次。结果，有手机的箱子里蜜蜂数量锐减，蜂王产卵量也减少了。他们还发现，在采集花粉后，回到蜂箱的工蜂越来越少，该蜂箱里的蜂蜜也越来越少。原来蜜蜂的行为受到电磁辐射的影响，因为这些昆虫的体内有帮助他们导航的磁铁石。

英国的几个少女做了一个实验，她们在 Wifi 路由器旁边种植了几盘水芹，结果大多数幼苗死掉了。荷兰的科研人员也发现，受到无线电信号过多辐射的树木，树皮受损，树叶也枯萎了。

英国的有关机构通过对手机与健康的专项研究，发现平均一部手机携带的细菌量是厕所马桶冲水把手细菌含量的 18 倍，1/4 的手机细菌总数超过正常值的 10 倍。美国斯坦福大学的研究报告也显示：目前时兴的触摸屏手机，正是病菌的"大本营"。如果你用玩过手机的手擦眼睛，咬指甲，病菌就会乘机进入人体。于是德国的健康组织发出呼吁："手机脏过马桶盖，快给手机消个毒吧！"

姚晨说过：微博火了以后，人们会新添几种病，如拇指抽搐症、眼球外突症……这位"微博女王"并非危言耸听。一个只有 14 岁的初中生，因为迷恋在触摸屏手机上玩《切西瓜》这样的动手游戏，手指变形为伸展不开的"触屏指"，就是得了严重的手指腱鞘炎。这一点是显而易见的，由于长时间的触控手机，频繁地进行点、划、触摸等动作，很容易引起手指手腕肌肉和关节的过度疲劳，乃至受到损伤。除了手指，另一个容易受到伤害的器官便是眼睛。眼光老是聚焦在手机屏幕上，盯住比巴掌还小的那么一块地方，手机屏幕不断变化的图文和光影会让人眼睛发酸，甚至会出现刺痛、流泪和畏光等症状，近视眼也会变得更近视。专家指出，手机屏幕发出的强光线，对人体褪黑素有一定的影响；如果在深夜还玩手机，就会扰乱人的生物节律，导致失眠。当你一遍遍地用手机刷微博的时候，你甚至无法控制你的体重。国外的一项研究表明，长期使用脸谱、推特等社交网站会令体重指数上升。2012 年 4 月 7 日，美国的媒体上出现了一个新词："Smartphone Face"（智能手机脸）。默文·帕特森医生解释说，因为长期低着头玩手机，这种不当的姿势会导致"手机脸"的出现，就是脸颊下垂并出现双下巴和"木偶纹"（从嘴角到下巴的皱纹）。不知你是否注意到了手机对自己的不利影响？恐怕没有人愿意以一副"手机脸"示人吧，那么，你该控制你的无节制的手机生活啦！

在日本的地铁车厢里，到处都是这样的提示标语："请您关闭手机！"日本人认为，在公共场合，任何人都有享受安静的权力。更重要的是，你周围的乘客，也许就是使用心脏起搏器的患者，手机电磁波有可能干扰起搏器的正常工作，导致威胁病人的生命安全。我们在许多公共场合，都应该对手机说"不"。欧洲委员会的一个机构规定，由于使用手机和无线网络可能有损健康，因此在学校里禁止使用。

有人担心手机对健康的潜在危险，那就最好使用手机的免提功能，别让电磁波在你脑袋上旋绕。减轻手机伤害还有几个招数：一、接通瞬间将手机远离头部。因为手机信号刚接通时也是辐射最强的时候。二、最好使用带有屏蔽线的专用手机。三是尽可能减少手机的使用频率。四，不要把手机放在胸前口袋或挂在腰间。

有人认为，手机等手持终端的普及，是"技术违背自然和人性"的一个最新例证，但实际上，农业社会生产生活方式所带来的健康问题远比现代严重得多，繁重的农活让人静脉曲张，身体佝偻，未老先衰。乐观的人们会以积极的方式应对"技术与健康"的冲突，比如采用语音操控模式的"谷歌眼镜"、Kindle 这样轻巧的被动显示器，不久将会出现的柔性电子纸……都会解放我们被束缚的身体，让我们以自由舒展的姿态使用手机或类似产品。

手机"吃钱"？小伙伴们惊呆了

从事手机销售的张先生近来频繁遭遇退货，客户的理由都是手机出现了恶意扣费的情况。一头雾水的老张便联系记者，将"吃钱手机"送到了国家互联网应急中心。检测的结果是，这款手机被预先植入了可远程控制的恶意程序，可以自动安装和卸载应用软件，甚至窃取用户的个人信息。这个结果出来，老张和买他手机的小伙伴们都惊呆了。

2000 年，最早的手机病毒出现在西班牙，被称为"短信炸弹"。而真正意义上的手机病毒出现在 2004 年，这种"Cabir"蠕虫病毒，通过诺基亚 S60 系列手机"寄生"，在寻找安装了蓝牙的手机之后迅速泛滥。近年来，"钓鱼王""手机骷髅""同花顺大盗""QQ 盗号手""安卓短信卧底"等短信病毒接连肆虐。

2010 年年底，有一种叫作"手机僵尸"的病毒在移动互联网上泛滥，感染了 150 万用户，中毒手机自动发送带毒短信，给用户造成了流量与话费的双重损失。研究人员发现，手机里有一个名为手机保险箱的应用软件中捆绑着一个小插件，其实就是一种手机病毒。中了病毒的手机，首先会将手机中的 SIM 卡标志等配置信息上传到黑客控制的服务器上，然后黑客就可以通过服务器下发手机，控制手机随时给任何号码发送任何内容的短信。目前，网络上还有"手机僵尸"病毒的变种，这种病毒能够在手机锁定的状态下自动发送信息。

2013 年，一款伪装"Android 更新"的手机木马成为当前的手机"毒王"，它已感染了近 50 万部安卓手机。一款名为"文件管理器"的病毒，伪装成常用软件，联网获取恶意指令，默默安装卸载指定安全软件；还有一个名为"Ugly Meter"的木马，则能够私发短信并屏蔽指定号码的回馈短信，窃取本机号码和短信内容，造成用户资费消耗。随着手机支付的兴起，木马病毒也朝着窃取用户资料而来，其中最典型的就是名为"隐身大盗"的安卓木马家族。它既会伪装成常用应用诱导下载，同时也多次出现在一对一的骗局中。比如，用户在网购时，骗子发来名为"实物照片"的二维码，买家扫描运行后，运行的其实是"隐身大盗"。这一年还出现过"欺诈信使""支付鬼手""尸潮""扣费黑帮"等一系列新型高危木马。

手机病毒的传播和运行，离不开数据传输，也离不开支持 Java 等高级程序写入的手机操作系统。所以无一例外，这些手机病毒针对的都是智能手机。10 年前，手机病毒只是发送垃圾短信，或是使手机无法正常工作，一般都是用来恶作剧的小程序而已；而现在的病毒已经变成一些不法商家窃取用户个人信息以及盗取手机话费的新工具。手机病毒的破坏性主要是：窃取用户信息；传播违法信息；破坏手机软硬件；甚至造成通讯网络瘫痪。

随着移动互联网的发展，恶意扣费、钓鱼网站、木马等不良行为和程序日趋猖獗。手机用户访问这些非法网站或使用问题手机应用软件时，往往会造成手机被扣费或个人信息外泄等严重后果。即便是那些基于手机名片做社交的公司，都不可避免地将手伸向了用户的通讯录。

现在，各类智能手机的应用越来越多，但背后也隐藏着越来越多的"流量黑洞"。白领魏小姐刚买了一个 iPhone5 手机，新鲜劲还没过，就被话费账单吓傻了：因为自己也搞不明白的数据流量费，多支付了几百元。原来，智能手机的许多程序可以后台运行，如不及时关闭，就会自动联网产生流量。有人调侃说："玩智能机，你自己要够智能。聪明的能省钱，痴呆的会花冤枉钱。"

苹果用户有一句行话叫"越狱"，就是利用手机操作系统的漏洞进行破解，然后免费使用某些软件和下载游戏。但享受这些"免费午餐"的时候，却存在着被不法分子植入木马程序的危险，甚至被盗取关联信用卡关键信息，结果人家大肆消费而让你埋单。骗子们还发明了一种办法，让感染病毒的智能手机启动昂贵的长途电话，打到索马里之类的地方。骗子们利用这个系统，收取大部分的通话费用。

一旦手机中毒，危害很大，如自动重启、自动关机、自动发短信彩信，还会丢失文档。当然，杀毒软件可以帮助用户拦截可疑电话和短信、实现通讯录自动备份、进行定位追踪，以及费用和流量的实时监控。为了保证品质，一般用户应该到 360、腾讯等知名企业的官方网站去下载杀毒软件。

小心！莫让手机变成"手雷"

德国学者贝克认为，全球已经进入"风险社会"年代，伴随着 21 世纪信息社会而来的相关问题正困扰着人们。例如：人际关系疏离，网络黄色风暴、网络犯罪、网络赌博，文化冲突，恐怖活动，侵犯在线隐私权、网络著作权，资讯鸿沟扩大、信息超载及信息消化忧虑等等。

互联网与手机两相结合，产生了一个"强势新媒体"。借助它，人们更容易获取各种各样的资讯了，还可以不受什么约束地尽情"发声"。然而，正是因为没有什么限制，网络变成了一把双刃剑：既可以成为获取资讯的平台，也可能成为犯罪的工具。日本《朝日新闻》载文指出，网络犯罪分子已经将目光投向了广泛普及的智能手机，窃取个人信息的平台也从电脑转移到智能手机上来了。

在一次家庭晚宴上，一家三代共享天伦之乐。席间，已届古稀之年的爷爷收到一则短信："儿子，老爸不小心摔了一跤，心脏病犯了，幸亏街坊张老伯送我去医院抢救，现在已无大碍。张老伯为我垫付了 5000 元的医疗费，请将这笔款赶紧还了，他的账号是……"爷爷看了一头雾水，喃喃自语道："我老爸 20 年前就离开人世了，难道这短信来自另一个世界？"不一会儿，刚上小学的孙女也接到一则短信："你老婆上午出门遭遇碰瓷，现被人扣着，请按照下面的账号打来 1 万元了事。"孙女也顿时堕入五里雾中。原来这些都是蒙人的诈骗短信，这家人虽然没有上当受骗，但也够添堵的，让其乐融融的家宴蒙上了阴影。骗子们还盯上了娱乐圈的大腕，让女演员汤唯瞬间就损失了 21 万元钱。他们无孔不入，还炮制出"我要上春晚"的诈骗短信诱人上当。

在国外实施手机诈骗的英文短信里，最流行的就是"尼日利亚王子"。短信说尼日利亚的神秘大人物要把一笔巨款以"国家秘密"的形式转移到国外，需要借用你的名义和银行账号，之后你会得到总额 10% 的酬金。当然，你要想发财，得先垫付一点手续费和打点官员的小费。这个骗术从纸质的信件到传真，再到电脑邮件和手机短信，已经有几十年的"行骗史"了，可至今仍有上当的傻瓜。

还有一些窃贼，利用手机的拍摄功能"踩盘子"，了解准备行窃或抢劫地方的情况，并利用手机与同伙联系。阿根廷美洲通讯社报道说，阿根廷科尔多瓦市的立法机关通过了一项禁令，禁止银行职员、顾客和所有进出银行的人在银行使用手机。

有手机本来是好事，可接连不断的骚扰电话让人平添了许多烦恼。其中，"响一声"的电话占到骚扰电话的一半以上。有时人们还会接到赤裸裸的犯罪短信。如有的推荐未婚处女，公开搞卖淫活动；有的出售专门为行贿使用的银行卡……此外，有关房产、家教、旅游、保险、贷款、装修、医疗体检乃至加拿大移民等短信，总是不断来骚扰我们。人们纳闷了：究竟是谁窃取了我的手机号码？

澳大利亚《悉尼先驱晨报》的网站报道说：黑客们开始改写一些计算机病毒，用来攻击智能手机。如果你给自己的谷歌安卓手机下载有问题的壁纸，你的手机号、语音信箱号和你所透露的所在位置的资料，就可能被人截获。

智能手机与个人电脑相似，具有独立操作系统，用户可以自行安装第三方服务商提供的软件，还可以无线接入互联网。与此同时，智能手机和平板电脑等移动装置成为网络犯罪分子攻击的新目标。一项调查结果显示，2/3的中国手机用户面临着安全危险。在如今的智能手机里，除了各类 IM 软件、邮箱、游戏账号，还有炒股账号、银行账号等重要信息。手机已经成为我们每一个人的"电子身份证"。电影《手机》把有关手机与隐私权的故事描绘得淋漓尽致，而我们如何保护自己的隐私呢？

电影《窃听风云》里有这样一句台词："每个人的手机都是一部窃听器，不管你开不开机，都能被窃听。"这并非危言耸听，我们口袋里每天伴随我们的手机，很可能被心怀叵测的人利用。通过手机进行窃听的方式主要有硬件和软件两种。复制 SIM 卡、在手机里安装窃听芯片，都属于硬件方式。一般发生在民间的窃听，大多使用的是软件方式。移动电话确实存在着泄密隐患。手机在通话过程中，把语言信号传输到网络中，再由移动通讯网络将语言信号变成电磁频谱，通过辐射漫游传送到受话人的电信网络中，接受无线电磁波，转化成语言信号完成通信联络。由于无线电通信频道的开放性，对于电磁波，人们可以利用侦察监视技术发现、识别、监视和跟踪目标，并能对目标定位，查清楚手机的方位及通信内容。一位独立记者透露说，美国国安局可以把苹果手机转换为窃听工具，并通过雷达波装置在电脑没有联网的状态下获取信息。通过监控手机，每一天，他们都可以截获两亿多条短信。我们真的该警惕了。我国的手机芯片大多是进口的，而有些手机具有隐蔽通话功能，即在不振铃、也无任何显示的情况下，由待机转变为通话状态，变成一个"窃听器"。

你也许收到过这样的短信："想知道你的妻子、老公会骗你吗？想知道你的老板正在与谁谈话吗？想知道你的商业对手在干什么吗？想知道你的孩子在什么位置吗？手机监听卡帮你忙。"天津有一位女士，怀疑丈夫有外遇，又拿不到真凭实据。一天，她接收到一则短信，内容是推销"手机监听卡"，声称利用高科技手段可以跟踪监听、监视他人的手机通话、短信内容和定位他人行踪，于是便汇款去购买。我国台湾地区有一种"间谍手机"，里面植入了具有监听功能的晶片，老妇人们用它来监听老公是否包有二奶。在电影《窃听风云》里，一张微不足道的手机卡就可以偷听他人手机的所有内容。其实根本用不着手机卡，一个隐蔽软件就能成功窃听。具有监视、定位功能的手机已不新鲜，问题是它的使用如何才能限制在法律和道德范围内呢？如果泛滥起来，那可是很可怕的事儿啊！

英国《每日邮报》网站这样问道："'愤怒的小鸟'在监视你吗？"原来，有人正在利用手机游戏和"谷歌地图"等手机应用软件，秘密收集用户的个人信息。实际上，手机持有者就是一个"透明人"；只要将手机号码填入查询定位平台，平台系统很快就会在卫星地图上标出该手机持有者的具体位置。随着这些监控设备的"手机化"，无论走到哪里，无论干什么，所有的行踪和隐私都可能处在他人的监视之下。近年来，高科技手段沦为监听、监控工具的事件时有发生，"被追踪""被定位""被窥探"……开始困扰甚至威胁人们的生活。2010 年年末，浙江有一个服装商人，在温州乐清开会期间，因为生意纠纷，被一伙人砍成重伤。被害者很纳闷：他们怎么知道自己的行踪？后经警方侦查查明，正是手机定位系统泄露了他的行踪。手机和电脑，似乎都成了不安定的因素。从你上街打车到走入办公室，从你到淘宝下单到你用信用卡到国外消费，一切都因数据化而变得有案可查。你已经不知道你还可以相信谁。未来的生活将会使我们一览无余地暴露于世界之中，因为我们生活在一个无处不感应、无处不摄像的世界之中，网络的实时通讯、强大的人肉搜索、随时追踪而来的智能手机，让人们那点可怜的隐私随时可能被曝光，我们在得到一些的同时也会失去一些。当美国的"棱镜计划"被斯诺登曝光后，弄得满世界都不安宁，人们担忧：我们还有隐私吗？有人对中国的"果粉"之多忧心忡忡，呼吁要"种"我们自己的"苹果"，以保证网络安全。

"天哪，我最近得罪谁啦？"现在电话营销越来越多，人们的抱怨也越来越多。网友 PITTY 在天涯论坛上发帖说："这些营销者拨打电话的频率比我老婆还要频繁，其声音比我女儿还要甜美，结果让我接电话接到手软，却又束手无策。"此帖一出引起轰动，网民们疯狂跟帖，表示深受电话营销骚扰之苦。一位受访者戏称："我的手机每天都接这些陌生电话，接到手机没有电了，结果正事反倒没有谈成。"

孙先生开会时，有一名自称是姓张的年轻男子先后两次打来电话，自称是某酒店销售部的员工。因不方便通话，再加上会场内信号不好，孙先生便挂断了电话。不料，半个小时以后，看房电话潮水般涌了进来，孙先生的手机差点被打爆。打来电话的有中介公司，也有个人，大家都说在一个同城信息分类网看到一条租房信息，房租特别便宜，留下的手机号码就是孙先生的。孙先生气愤之际，即以其人之道还治其人之身，就把那名推销员的电话号码一一告诉打电话来的求租者。

传统的欺凌行为包括肢体冲突、语言威胁等。网络欺凌则是通过手机、电脑等电子设备故意反复骚扰他人。2005 年 6 月，一名韩国女孩，因为没有清除宠物排泄在地铁座位下的排泄物，被人用手机拍照并上传到网上，后遭到网民的"人肉搜索"，最终精神失常。

传统道德在网络上变得模糊起来。有人在 BBC 上诋毁他人，甚至进行人身攻击；有人在网上抄袭他人的作品，有人在网上使用粗野的语言……茱丽叶是一位 12 岁的荷兰小姑娘，她刚转学到哈勒姆市的学校时，有的同学欺生，对她实行网络欺凌。那段时间，她的手机里充斥着各种各样的恐吓短信："闭上你的臭嘴！""我们会撕烂你的脸！"……其实，类似茱莉亚所遭受的网络欺凌非常普遍，往日纯净的校园已然陷入隐形暴力的无尽梦魇。

随着开心网、博客、微博等 Web2.0 传播方式的产生，网络公关公司也开始使用这种更接近民众的方式来传播信息。由于这类平台不需要花费任何费用，在利益驱使下，甚至出现了"网络黑社会"。那些"推广发帖联盟"，俨然就是一个人人都可以参与的水军平台，无论是跟帖还是点击率，还有芙蓉姐姐、小月月、凤姐等草根"风云人物"，都是炒作的结果。对他们来说，互联网是一个没有红绿灯，没有警察的虚拟社会。

在一个弄虚作假的社会，连粉丝都是假的，这种假粉丝被称作"僵尸粉"。在北京天通苑某小区内有一个工作室，就是专门为微博刷粉丝的。老板"马刀"声称："只要你给我足够的钱，我就能帮你刷粉丝，让你的粉丝比姚晨的还要多。"类似的工作室很多，大约花费十来万元，租个一居室，购置一台刀片式服务器和几台电脑，再请人编写有关的程序，就可以进行海量自动注册粉丝的运作了。就连投票数、转发数，都可以"刷"。

英国的一项调查表明，也许手机是太方便了，用户不胜其扰，于是现代科技成为谎言的"助推器"。英国人平均每天撒谎 4 次，每年高达 1500 次。使用频率最高的谎言是"手机没信号"，另外还有"我们的服务器坏了""我的电池没电了"。

手机本来是最新科技的产物，却也和迷信搭上了关系。我们熟知的是号码迷信。在韩国 3 是人们传统观念上的幸运数字。韩国的文字是以"天地人"的原理创制的；被称为韩国饮食文化基础的酱油、辣椒酱、大酱被称为"三酱"。但是一项调查却显示，韩国人最喜欢的数字是 7，韩国人喜欢 7 是受西方文化影响造成的。最近一项调查显示，韩国手机用户最喜欢的尾数是"0000"的手机号码。排在第二位的黄金号码是"7777"。一位"韩国通"认为，韩国人青睐四个零，关键是因为这样的号码容易记忆。另外，这也和韩国货币经常以千、万来计数有关系。在中国，尾数带有 6、8、9 的手机号码是人们的最爱。数字"8"在中国人眼里代表着"发"，手机号码中的"8"是多多益善。然而在保加利亚，一个由"0"后连续有 9 个"8"的手机号码，却成了"幽灵号码"。在过去的 10 年中，拥有这个号码的人都死于非命。它的第一个主人是保加利亚一家电信公司的首席执行官，死于癌症时只有 48 岁；之后这个号码被黑手党老大使用，结果不久就遇刺身亡，死时只有 31 岁；随后这个号码被一个商人获得，但不久这个商人就被枪杀了。为此，保加利亚电信部门已经决定停止使用这个"幽灵号码"。我国网上也流传着一个笑话：某君有一个手机号码：15815815858。他在相亲时很得意地告知对方这个吉祥号码，希望电联得热络些，不料再无音讯。问介绍人何故？答曰："人家姑娘不想找个结巴！"

手机生活并不总是那么惬意，不少人在使用智能手机上网后发现，手机数据的流量在莫名地增加。由于具有直接连接互联网的功能，智能手机的操作系统往往会自动进行网络更新，从而产生流量。还有，很多软件的自动推送功能，像天气预报软件的更新、某些股票软件的更新、谷歌地图对机主定位信息的自动更新、Gmail 自动收发邮件等，都会产生流量。编剧金娜在莫斯科用 iPhone 发了数条微博后，中国联通收了她 3900 元上网通信费，被戏称为"史上最贵微博"。在电讯收费的过程中，消费者是被动的一方，要么接受，要么走开，没有其他的选择。尤其是对于手机上网流量等技术问题，既没有专业知识，也没有计量工具，很容易像金娜一样掉进消费陷阱。一些不谙操作的用户，只好关闭 GPRS（一种无线服务技术）功能，不敢用手机上网和收发彩信了。

记得电影《手机》里的那句经典台词吗——如果用错场合，手机就可能变成"手雷"。电影《手机》主人公的烦恼，也同样困扰着银幕下的手机一族，《深圳青年》讲过一个真实的故事：雷文剑是重庆某食品公司的业务员，与一个叫罗倩的女孩相识后，两人很快掉入爱海。可在他们准备婚礼的时候，罗倩想验证一下男友是否忠贞，在参加单位组织的周末一日游时，要求和男友雷文剑交换使用一天手机，结果换出一大堆麻烦来。罗倩刚出门，雷文剑就在她的手机上收到一条短信："宝贝，快点呀，我在公司门口等你呢。"他不由得心生醋意，拨过电话去，传来的是女声："快点！宝贝，大家都在等你一个人呢！"这个误会引起了雷文剑的警觉，他有个前女友叫肖丽丽，一直保持着联系。雷文剑担心肖给自己的手机打电话或者发短信，就主动给肖打了个嘱咐电话。结果一通上话，两人就海聊起来。放下电话，又收到肖的好几条示爱的短信，同时还看到一个叫"黄勤"的发来的"亲昵短信"，于是又拨过去，竟是一个男的，一听到他的声音就挂了电话。雷文剑还没来得及删去肖丽丽的短信，罗倩就回来了。她看到手机里的短信和通话记录号码，非常生气。雷文剑以黄勤的事予以反击，罗倩说黄勤是个女的。（后来知道，是另一个男的代黄勤接的电话。）两人互相怀疑，闹得不可开交，而且持续发酵。罗倩去找肖丽丽，骂她勾引自己的男人。她的表哥还把雷文剑砍成重伤。这个真实的故事一点都不亚于《手机》的剧情，它告诉人们手机真的可能变成"手雷"。

移动互联网是一个多层空间，有阳面也有阴面。它带来的负面影响，已经引起世人的警觉。在联合国教科文组织的支持下，欧洲的一些国家开展了净化网络的活动，呼吁人们做一个"完美的虚拟世界的公民"。

"血腥的"过去和绿色的未来

在丹麦纪录片《血腥手机》里，镜头把我们带到了刚果的碧西矿区，这里盛产锡矿石和矾土。由于过度开采，过去茂密的森林变成了光秃秃的荒地。这部纪录片的导演是弗兰克·波尔森，他用镜头记录了这个手机原材料产地真实的另一面；他明白，或许每一部手机都流淌着刚果人的鲜血，但包括他自己，都无法扔掉自己的手机了。波尔森喃喃自语："是的，我已经上瘾了。"

手机鼻祖马丁·库帕可能不会想到，在他成功研制手机 40 多年后，这个"宠儿"因为繁殖过度而成为危害人类环境安全的"定时炸弹"。每部手机至少包含一种以上的危险化学物质，如：铅、溴、氯、镉、汞等，从矿物开采和加工制造手机到手机使用寿命结束时都会产生污染。一部手机的电池可污染 6 万升水；如果每人丢弃 1 部手机，10 亿部手机就能污染 600 亿立方米水；而三峡水库的总库容才 393 亿立方米。

有一位环保人士说，他最讨厌的有三种东西：汽车尾气、路上的狗屎、被人遗弃的废旧手机。中国人拥有十亿多部手机，每年都有数千万部手机被遗弃。另外，根据联合国的数据，全球 70% 左右的电子垃圾最后到了中国。绿色和平组织北京办事处发言人马天杰告诫说："当你想更换手机时，请务必想一想你给地球留下的伤痕。"不少机构和有识之士已经开始关注手机污染的问题，中国移动上海公司设立的环保"绿箱子"，3 年回收了 2 万多件废旧手机、电池和配件。

手机电池寿命短一直是手机的硬伤，不过 2013 年底传来了好消息：韩国研制出一种"锂硫电池"，比一般的电池，连续工作的时间增加了 5.4 倍。另据报道，美国科学家正在研发的一种超级微型电池，其功率是锂电池的 1000 倍，将来你想给智能手机充电，不到 1 秒就可以搞定啦！

为了便利，科学家们还在尝试无线充电方式，也就是非接触式充电技术。依据法拉第电磁感应的理论，这种技术通过磁场传输电力。无线充电系统由插座上的发射器和手机里的接收器组成，二者都有一个线圈。发送端线圈连接有线电源后，电流通过线圈时便会产生磁场并发出电磁信号；接收端的线圈感应到信号后，就可以将其转换成电流进行充电。2011 年底，欧洲首个支持 Qi 全球统一标准的无线充电技术品牌 ZENS 登陆中国。但让科学家们更费心思的是，如何让手机成为环保社会的"模范生"？他们在寻求各种符合环保要求的手机充电方式。

日本大地震之后，一位记者去日本采访，他发现，日本人发明了许多应急的产品。有一次，他和日本朋友去野外游玩，晚上还燃起篝火进行野炊。这时，他的手机没电了。让他想不到是，同行的日本朋友很轻易地就解决了这个问题。原来他们带来的野炊锅兼有充电的功能。这种锅带有条状陶瓷热电材料，当烧水做饭时，利用锅底和锅内开水的温差产生电力。

有人想到，是不是可以用空气来充电？在我们生活的环境中，潜藏着一种能量，那就是无线电波。有一种能量截获技术，可以将这种电能截获后为手机等电子产品充电。美国无线电公司展示了一种能为移动电话充电的装置，这种叫"空气能"的装置可以截获无线网络发射信号中的能量，然后驱动小型电子设备。美国麻省理工学院的物理学家彼得·费舍尔说："我们的周围存在大量的能量，截获技术所要实现的就是对这些零散能量的回收和利用。"

是不是还可以利用太阳能为手机充电呢？科学家说，只要有一定强度的可见光，就能为手机充电。起码有两种办法：一种是手机自带太阳能板，安装在手机翻盖或背面，几乎随时随地可以充电；还有一种就是采取独立的太阳能充电器，由于它的太阳能板的面积大，所以能吸收更多的光能，并转化为较为充足的电能。国外已经出现了像钥匙包那样的太阳能充电器，折叠之后只有钱包大小，可以直接放入口袋。有的潮女，在自己的挎包上安装了太阳能板，既可做包包的装饰，还可以为手机等其他数码产品充电。

你晓得吗？还可以用声波发电呢。它的原理其实很简单，就是"压电效应"，利用声波带动压电晶体震动并产生能量，从而为手机充电。由于普通的声波震动比较微弱，内置在手机里的压电晶体约为 23 纳米，要知道，人的头发直径一般是 10 万纳米。巴西的科学家关注到了人们每时每刻都要"呼吸"这一潜能，开发了一款叫作 AIRE 的口罩，该口罩会搜集呼吸时产生的风能，进而再将其转化为电能，为随身携带的手机充电。你能想到吗？今后连说话也可以为手机充电。

手机在握，是不是可以用手指发电呢？科学家也说了，可以啊。国外新发明了一种手指发电电池，它和最早的摇杆式电话机有点相似，用户可以将电池卡在手指头上甩动，转动 130 圈就可以提供约 2 分钟的通话时间和 25 分钟的待机时间的电能。在应急时，这是一个不错的选择。

实际上，每个人都是一部强大的产能机器，如果你快跑起来，可以产生 1000 多瓦的功率，仅仅搜集利用其中的一小部分，就可以为手机等便携式电器充电。我们知道，防水的威灵顿橡胶长筒靴是英国人发明的，现在他们又发明了用那些长靴为手机充电的方法。在 2010 年 6 月底举行的、世界最大的露天音乐节——格拉斯托当代表演艺术节上，乐迷们穿着"Weiiy 充电长靴"，活蹦乱跳地进行狂欢。穿靴者在艺术节出名的"泥潭"中狂欢约 12 小时而产生的电能，能让手机使用一个小时。但这个概念很有意思，因为长靴的充电是取得穿靴者脚步的热量完成的，这与我们见到的其他步行发电的概念不同，后者用的是动能。在"Weiiy 充电长靴"的鞋掌中埋入了一些半导体材料制成的热电组建，它们连接成包含了多个热电偶的阵地（也称热点堆），陈列嵌在 2 片陶瓷晶圆片之间。来自交的热量作用于晶圆向上的一面，而晶圆另一面则接触来自地面的寒冷，于是电力产生了。现在，一些法国、荷兰的公司也在研究利用脚力发电的装置。法国土鲁斯市通过人行道嵌板，收集行人的能量。在荷兰鹿特丹，一个称为"永不停顿"的跳舞俱乐部，铺上了可以收集脚力产生的电能的地板。以后，我们将会看到：人们一边走路或一边跳骑马舞，一边给手机充电。

瑞典人发明的一款叫作"PowerTrekk"的充电器也很神奇，该设备内置一种硅化钠粉末，注水后利用化学反应产生能量，启动时所需要的原料只是一勺水。美国华人李晓东进行的一个科研项目是，利用棉质 T 恤为手机等小型电子产品充电。他说："有朝一日，我们的棉质 T 恤会具备更多的功能，比如成为一种可弯曲的储电装置，并可以为我们的手机或 iPad 充电。"

最富有诗意的还是摇椅充电。Micasa Lab 实验室设计了一款专门为 iPhone、iPad 充电的椅子，你可以悠闲自得地坐在摇椅上，一边摆摆一边哼唱："我能想到最浪漫的事，就是一起和你慢慢变老……"当你唱完一首老歌时，你疲倦的"苹果"已经重新充满活力了。

还有，英国的微生物燃料专家，研制出了一种用尿液发电的办法，并成功地为一部三星电池充了电。法国的电信运营商研制出了一款神奇的 T 恤衫，利用声音感应技术为手机充电……

那么如何消除手机产生的噪音呢？有人发明了一种微型机械元件，只要将其植入电子芯片，就会消除噪音。科学家说，声音是空气中的一种压力波。他们通过生成一个同样、但反向的压力波，并通过扩音器播放，一个波的波峰和波谷就会分别落在另一个波的波谷和波峰上，于是两个声波互相抵消，顿时变得寂静无声。现在，飞行员使用的消除喷气发动机噪音的耳机，使用的就是这项技术。麦克风离耳朵越近，这一过程就越简单。因此，麦克风越小越好。这些微型麦克风通常使用一种微机电系统 (MEMS) 的技术，在一个微孔上覆盖一层硅膜，使得它能与声波产生共振，就像传统麦克风中的震动膜一样。诺基亚生产的一款新式手机，使用 10 枚 MEMS 麦克风，两枚用来记录语音，8 枚用来消除噪音。

有除噪的手机，还有杀菌的手机。有一种新型手机屏幕使用了抗菌玻璃，因为添加了具有生物活性的银离子，可以杀死接触到的绝大部分细菌。

韩国人的环保意识也很强，他们的绿色发明物是"玉米手机"。这款用玉米制造的手机 100% 可以降解。但愿环保的"玉米"手机会潮起来，"玉米粉"也多起来。

有人以"手机"的口吻，写了它被废弃后的遭遇，从废旧电器集散地到分拣处，从拆解的地方到熔炉，它最后的旅程竟是一次污染的全体验。这部手机留给人类的遗言是——"即将离开这个世界的我有些话不得不说：作为一部手机，我没有选择的权利，即使被扔掉，仍然是大自然的一部分，属于你们大家的一部分。对于我的伤害自然会疼，你们也一样会疼。最后希望我的后代能够'活'得更久一点。"

拥抱"小宇宙"
Hug Small Universe

移动创意地带："令人兴奋颤抖的空白"

随着生产的数字化、信息的网络化，以 3D 打印机和智能机器人为代表的第三次工业革命成了热门话题。移动互联网与智能手机，以及云计算，这些最新的信息传播技术，如同蒸汽机等其他重大的科技变革一样，正在深刻地改变着人类的生活，同时也为经济社会提供着巨大的商机；因为科技史已经一再证明：新锐科技一旦被人类的欲望所驱动，就会释放出巨大的攫取的力量。

移动互联网似乎是一个无所不能的魔术师，除了汽车，它还可以将家用电器、机械设备、劳动工具，甚至外科大夫手中的手术刀等物品连接起来，形成一张智能网，然后用手机来控制他们。以智能手机为代表的接入互联网的移动终端，每时每刻都会产生个人用户与位置结合起来的海量数据，为各种各样的服务、产品及全新的商业模式提供了巨大的拓展空间。美国的《华尔街日报》认为，在信息全球化体系的版图上，依然存在大量的处女地，未来最大的产业项目就是建立起一个完整的"手机生态系统"。现实社会中大量的时间、广泛的注意力和巨大的财富正在向虚拟世界转移，有点远见的人都可以看得出，移动互联网是一片一望无际且深不可测的蓝海。

科技和近代产业的变迁史说明，科技的快速发展，大大缩短了每一个产业的周期，好多产业竟是来也匆匆，去也匆匆。比如，手机通讯的兴起，已经让电报业成为过往的风景。在互联网尤其是移动互联网时代，"一切坚固的东西都烟消云散了"。移动互联网的兴起具有革命性的意义，智能手机具有颠覆传统产业的力量，当往日的界限被打破之后，整个社会的市场格局和商业模式进入全面洗牌的巨变期，自然也就成为创业者实现淘金梦的风水宝地。智能手机已经成为移动互联网市场的"香饽饽"，市场竞争的焦点已不再是终端本身，而是包括硬件、操作系统、应用程序和在线内容等在内的"平台之争"和"全生态系统之争"。大大小小的创业者们津津乐道的是，比起桌面互联网来，未来移动互联网的产业规模将更为可观——十倍、几十倍？还是上百倍？一切皆有可能。最重要的是，正在蓬勃兴起的移动互联网意味着一种新的能力、新的思想、新的文化和新的模式，其强大无比的平台功能，将不断催生新的产业形态、业务形态和商业模式，正在成为全球经济发展的巨大引擎。

2011 年以来，整个智能手机和移动互联网界进行着风起云涌的商业重组，同时也急剧地改变着全球数字信息产业的格局。纵横捭阖的结果是，智能手机领域基本上形成了三足鼎立的态势：苹果、谷歌、微软，在移动互联网终端的竞争中成了魏蜀吴，他们都有自己的操作系统，都有自己的浏览器，以及硬件设计分支。占得先机的苹果业已自成体系；谷歌则通过收购摩托罗拉的移动业务、强化同三星等手机生产厂家的合作不断攻城略地，它们还将 Google+ 社交网站植入到 Android 手机中，直接威胁到"脸谱"的权威地位；早先有些迟钝的微软则凭借互联网领域的王者地位后来发力，收购了诺基亚的手机业务，投入了移动领域的大竞争。

2013 年，"跨界"成为一个关键词，互联网与移动互联网相互融合。为了应对互联网的大变革，国外广泛开展了移动通信转售业务。非电信企业和组织，可以从拥有移动网络的基础电信经营处购买移动通讯服务，然后重新包装成自有品牌并销售给最终的用户。2013 年，中国也踏上了实行移动通讯转售的破冰之旅，获得牌照的虚拟运营商越来越多。历史上的三国是从群雄并起到三足鼎立，而我国移动通信的竞争格局，则是从三足鼎立到群雄并起，互联网业界的大咖们也在纷纷抢占移动的舞台。联想的杨元庆提出的目标是两年内打败三星，做智能终端领域的全球第一；腾讯的马化腾伸出双臂说："让我们拥抱移动互联网！"他们手中的王牌是微信，还有手机微博、手机 QQ 和腾讯手机助手；阿里巴巴的马云，写好了一个进军微博的故事脚本，卸任时还不忘叮嘱一下接班人：一定要死死盯住移动商务这棵摇钱树；新浪的曹国伟也心有灵犀，试图破解移动网络的奥秘，实现微博商业化；百度的李彦宏声称对布局移动互联网"心里有底"，他带领团队有序转型，先后推出和升级了百度地图、移动搜索、百度美拍和百度贴吧、百度音乐的移动版等带有搜索特征的应用工具，还准备推出百度的手机助手和其他创新产品，并积极应对奇虎 360 周鸿祎在搜索市场上的挑战；而小米的雷军则表示要用"互联网思维"做手机，他们凭借软件＋硬件＋服务的"组合筷子"和云技术，在移动的蓝海里进行着奇幻的漂流……可以看出，对于像"TAB"（腾讯、阿里巴巴、百度）这样的互联网巨头来说，他们未来的资本故事，一定会在移动互联网经纬而成的宏大背景下展开叙事。面对微信等互联网业务咄咄逼人的态势，传统通讯企业和移动网络的运营商在进军 4G 的同时亦在发动"自我革命"。中移动在重构飞信的同时，也开始试水网络电话，推出了 Jego 网络通话及即时通信应用软件；而中国电信则与互联网企业网易联手，推出了新的即时通讯工具——易信。

刘兴亮先生曾在微博中说："当诺基亚还沉醉于自己的成功时，乔布斯的苹果已经潜入；当苹果成为街机的时候，三星已经傲视天下；当中国移动沾沾自喜为中国最大的通讯商时，浑然不觉微信用户已经突破 4 个亿；当中国银行业赚得盆满钵满高歌猛进时，阿里巴巴已经推出虚拟信用卡。不要说停止创新，就是慢一点都有可能被淘汰出局。"无论在中国还是在世界，一场以争夺移动互联网终端为中心的商战将会愈演愈烈。在未来的日子里，我们一定会看到日益增多的硬件装备竞赛、软件应用竞赛，更多的专利战、价格战和战略重组的合纵连横。

一组《新网络 36 行》的帖子流传甚广，什么土地经纪人、链接零售商、网络钟点工、网络模特……想想看，移动互联网时代会出现多少新行业呢？早在 4 年前，"智联招聘"发布的 2010 年求职意向排行榜，通讯、IT 企业就成为主要类型，尤其是 3G 手机软件设计和 4G 的前期研发人才，需求缺口达到 100 万人。随着 3G 潮 4G 潮的涨潮，这个缺口已经越来越大了。移动无线网络和智能手机的功能尚在开发之中，随着这个进程，一定会有许多新职业出现，比如：手机记者、手机作家、手机编辑、手机文化学者、手机炒股顾问、手机电子货币交易管理员、手机购物导购员、手机私人医生、手机私人律师、手机健身教练、手机老师、手机应用设计师、手机媒体策略师、手机媒体内容管理员、手机生活规划师，以及虚拟助理、虚拟替代货币专家、销量增长"黑客"、移动网络众筹专家、移动社区管理员、移动网络艺术家、数字戒毒师、道德黑客……也许会有手机世界的三百六十行呐！你若不信，我敢和你打赌：吃手机这碗饭的人会越来越多哦！

智能手机文化产品属于数码时代，它属于新新人类，标示着我们未来生活的方向。在移动互联网时代，第三方电子商务平台快速崛起，给成千上万的草根创业者和发明家提供了难得的机遇和舞台。有人在网上发问：有谁能抢上未来的钱？

我们来看看张小龙的故事：这个在中国被称为"微信之父"的男人，原来是广州的一个程序员，但他敏锐地察觉到了移动通讯带来的机会，及时地从个体户式的开发者转型为创新团队的带头人。张小龙推崇乔布斯的极简主义，并将这种理念体现到"摇一下"的设计中。在似乎"简单"的产品背后，却是开发者近乎苛刻的审美追求。当微信一飞冲天后，张小龙引用海子的诗说："那幸福的闪电告诉我的，我将告诉每一个人。"

曾经在盛大公司工作过的王欣，看中了移动互联网带来的商机，2007 年开始在深圳的一间民房里研制"快播盒子"。王欣的创业思路是：手机很方便，功能也齐全，但屏幕太小了，如果能把手机的内容转移到电视机上，该有多爽啊！于是他就开始做自己的"盒子"。这是一个神奇的盒子，它可以将手机或者 PAD 上的多媒体内容一键传输到任何一块大屏幕，甚至投影仪上；也可以将你手里的手机变成一个赛车游戏的方向盘，或是超级玛丽的操作手柄。

在 2012 年的英国发明展会上，参观者看到了"浴室智能放水系统"的演示。这是一位保加利亚企业家基于苹果手机而设计的，你只要通过自己的 iPhone，就可以通过遥控提前给浴缸放热水，一回到家，你就可以惬意地享受"泡泡浴"了。还有以色列的创业者 OfirPaz 和伙伴一起研发出一款新型 SIM 卡，可以让用户在国际漫游时"乔装"成本地人，又省钱又省力。他们的下一个目标是，要把 Android OS 做到一张 16M 的 SIM 卡上，把普通手机变成安卓智能机。

小小手机的科技含量却是大大的。比如重力感应，在智能手机上的应用就非常广泛。当手机横置过来后，屏幕也随之跳转成横式显示画面；玩赛车类游戏时，只需左右摇摆即可控制方向——这两种现象都是重力感应器所导致。

香港富豪李嘉诚说过："当一个新生事物出现，只有 5% 的人知道赶紧做，这就是机会，早做就是先机；当有 50% 的人知道时，你做个消费者就行了；当超过 50% 时，你看都不用去看了！"请问：您抓得住机会占得了先机吗？

在纸媒时代，掌握传播主动权的是少数人；在电视时代，你必须像大企业一样砸钱才能获得话语权；而在手机时代，昔日"围城"的大门打开了，甚至城墙也坍塌了，中小企业，甚至打着赤脚的人都可以免费进入。在移动互联网的背景下，运营商早先构筑的行业围墙也被一点一点地挖去，越来越多的应用程序不断丰富着移动互联网的体验，也在不断开拓着其似乎看不到边界的疆土。手机与网络的结合，让单枪匹马的人通过网络社交得以"瞬联"，实现"鸟枪换炮"和兵强马壮的大变局。管理学大师普拉·哈德拉建立了"金字塔低层战略"（bottom of the pyramid）的理论，简称"塔基"。"塔基"和"屌丝"的概念有些相似。在虚拟的网络社会，众多的屌丝是庞大的消费群体并构成低收入市场，在线上有着不可低估的消费潜力；而精明的个体屌丝，通过和屌丝们天然的联系性和电商的优势，就有可能成为屌丝市场上的获利者。

移动吹来的风，挡也挡不住。在未来的几年内，中国企业将不可避免地开始一场移动信息化的变革，就是以移动信息化服务、应用、平台等为主要技术推动力，企业的工作流程、内部管理、与客户及市场的交易方式等，都会生成新的业态。毫不夸张地说，移动信息化正在改变着社会，改变着每一家企业、每一个机构、每一个人。

你应该意识到，移动互联网这里有一大块"令人兴奋颤抖的空白"，或者说是"一片无主的金矿"，它只写着"文化创意"四个字，却鲜有所有者和开采者。无论是电信运营商、互联网公司，还是移动终端厂商，甚至是所有行业所有的人，都可以参与这座"金矿"的开发。对个人来说，这也是一个可以让你超越时空和物理限制的舞台，在这里一切小概率的事情都可能发生，灰姑娘可能真的会遇到钟情于她的白马王子。如果你迟钝的话，只能是一个被动的智能手机的使用者，或是一个鼠目寸光的跟风者；倘能得风气之先，你就可能成为移动互联网文化创意产业的一个先驱者。

从"小黑鱼"的童话想到手机版的"天气预报"

你听过"小黑鱼"的童话吗？——大海里有一群红色的小鱼，鱼群里夹着一条黑鱼。有一次，凶猛的金枪鱼来袭。在这生死关头，那条小黑鱼灵机一动，让所有的小红鱼组成一个比金枪鱼还要大的大鱼造型，然后自己去做"眼睛"。就这样，金枪鱼被吓跑了。在美国小伙子罗布·卡林看来，这则童话的寓意是，即使是弱势群体，倘若组合起来，有了生动的"眼睛"，就会变得强大起来。于是，他创建了 Etsy 网站，专门销售手工制作的工艺品，每一件都是不可复制的创意产品。应该说，罗布·卡林不仅是在做电子商务，更是在营造一种独特的文化。

遗憾的是，大多数的人依然迟钝，包括专门搞网络、通讯的人和机构，在智能手机时代的门槛上，他们想的是卖手机、卖上网卡，想把网络上、平媒上现成的东西，或者普通的电影电视节目、文学音乐作品，统统搬到小小的手机屏幕上。在移动互联网的淘金潮中，最活跃的依然是十年前在这个行当打拼过的那拨人。当初，这个行当叫 SP，就是服务供应商。SP 其实就是一个中间环节，他们提供给用户的视频、图片、文字、铃声、游戏和天气预报，都是别人的产品，他们不拥有核心竞争力。当版权方觉醒的时候，加上手机用户不愿意接受付费服务时，他们的最终结局只能是树倒猢狲散。

不断变换模样的智能手机不啻是一个外星人，它究竟是何种模样？我们现在还说不清。但它肯定不是一张上网卡就可以搞定的角色。它也许是神通广大的孙悟空，可以上天入地七十二变，但它脖颈上套着一个紧箍咒：碎片时间 + 掌上屏幕。通常人们不会在碎片时间在手机屏幕上读长篇小说看好莱坞大片的。若想用懒汉的法子不加改造地平移传统媒体的东西，就像要把农家院落的东西全要搬入高层住宅一样，显然是不合适的。

在网络数码时代，我们都是"双面人"，既要面对现实生活，也要面对虚拟世界。虚拟世界的公民，在家有电脑，出门有手机，在智能手机时代，人们正在充满激情地同时也有几分胆怯地开始尝试过一种新的生活。智能手机文化产品就是为他们准备的。如果你真的爱上了 3G、4G，甚至打算和她们套磁的话，你就该把移动互联网时代的到来，视作一次前所未有的机会，结合智能手机这一新平台的定制要求，释放想象力，颠覆旧势力，创造新事物！这就是——为生活在智能手机时代的人们提供多样性的选择，为建设健康有益的手机文化进行开创性的探索和努力。

苹果手机是"世界造"产品。分析一下这款手机的价值链，这是显而易见的。根据美国海关 2010 年的资料，在中国组装的苹果手机价值为 178.96 美元，其中内存（24 美元）和屏幕（35 美元）是在日本生产的，信息处理器及其相关零件（23 美元）是韩国造的，全球定位系统微电脑、摄像机、Wifi 无线产品（30 美元）是德国造的，蓝牙、录音零件和 3G 技术产品（12 美元）是美国造的。此外，还有来自各地的其他成本构成，如塑料、铝，各种软件的许可证和专利，共计 48 美元。中国的组装费为 6.5 美元。数据显示，苹果与三星公司，每年大约从我国市场赚取 3000 亿元利润，占总利润的 95%。我们不能总是给别人打下手，甚至为他人作嫁衣裳。在桌面互联网时代，中国人的姿态是"亦步亦趋"；在移动互联网时代，我们成为了跑道上的竞争者。自从2008年苹果公司的App Sore问世以来，无数的开发者和风险投资涌入了这片金矿。如今应用商店的中国产品，基本上都是中国本土团队开发出来的。在有些方面，中国人已经成为领跑者。中国移动应用的开发队伍有七八十万人。在各类排行榜上，中国人开发的产品，像网易阅读、《二战风云》、office办公助手，排名都相当不错。

去过成都的人，都说那是一个宜居城市，有美食有美女，还有许多休闲的去处。现在的成都，又添了一个名号——"移动之城"。从2012年开始，成都高新区开始打造中国移动互联网产业的创新基地，已有400多家相关企业入驻。在这里涌动着的创业热潮中，既有外地来的弄潮儿，也有土生土长的创业者。梦想兄弟公司的孟荆，率领30多人的团队，从被誉为"人间天堂"的杭州赶到成都发展，就是因为他们盯住了"移动"这处让人垂涎的金矿。他们在成都安家之后，立刻把公司的研发重点从大型客户端网游转移到手机App游戏上来。他们很快就在苹果应用商店推出了《赛马》等几款益智类的游戏，还推出了名为"呼呼"的语音视频互动社区，已经拥有了数百万用户。而土生土长的徐滢、徐灏兄弟，则借助移动的潮流，推出了自己研发的手机拍照软件Camera360，现在该应用的用户几近破亿。在移动的棋盘上，规则是国际化的，勇往直前的"卒子"也可以成就一番王业。专家指出，移动互联网为中国企业和年轻创业者带来了许多"弯道超车"的新机会，要紧的是，机会来了，你是否把握得住？

随着手机上网的普及，手机正在成为个人的信息中心、计算中心、学习中心和娱乐中心。业界普遍认为，腾讯依靠微信，拿到了通往移动互联网的船票。为什么腾讯可以抢先拿到这张船票？就是因为他们敏锐地察觉到了移动潮汐的变化，及时应变，不断增添包括二维码扫描、摇一摇、微群、网页传图、微信支付等新的功能，加上其普及之广和使用频率之高，让微信本身成为了一个创新孵化器；大量的移动开发者纷来沓至，抢着开发基于微信的各种应用。由于微信占用了越来越多的信令通道，也让移动运营商感受到了来自OTT公司的竞争压力。

OTT是"Over The Top"的缩写，源于篮球等体育运动，原意是"过顶传球"，现在指互联网公司绕开电信运营商、发展基于开放互联网的各种视频及数据服务业务。如国外的谷歌、苹果、Skype、Netflix，国内的QQ等。

Netflix 网络视频以及各种移动应用商店里的应用都是 OTT。不少 OTT 服务商直接面向用户提供服务和计费，使运营商沦为单纯的"传输管道"，像微信这样的强势 OTT 应用，对运营商自身的语音通话、短信、彩信业务造成了极大的冲击。为了应对这种挑战，中国移动正在把飞信和飞聊合并后升级为融合通信产品，中国电信也计划推出"翼信"产品，对微信展开反攻。我们相信，有压力才有竞争，有竞争才有创新，有创新才有未来！当人们关注"微信会不会收费"的时候，"弯道超车"的人应该想的是——怎么创造出比微信更牛的产品？

历史一次次地证明，科技创新让地球村的生活变得越来越舒适，而文化创新使得人类文明愈加光辉灿烂。诺贝尔奖获得者李政道有一句名言："科学与艺术是一枚硬币的两面。"钱学森生前也热情倡导科学与艺术的结合。钱老认为，艺术不仅赋予科技以想象力和创造力，更能赋予其真善美的情感和人性。科学与艺术的结合，正是理性与情感的融合，二者产生的力量，正是"上善若水"，至柔至刚，具有无坚不摧的力量。乔布斯走的就是这样一条路。新文化的出现，一是新科技的影响，二是各种文化的融合。有前瞻意识的创造者应当利用中国独特的文化艺术资源，主动地与新科技联姻，不断孕育出具有跨界影响力的手机文化产品，实现移动网络的"中国梦"。

"手机文化产品"，就是专门为手机制作的文化产品；也就是以智能手机用户为特定消费人群的、适合在移动无线网络上传播、应用的，主要反映数字时代生活并体现其文化特色的创意产品。

手机文化产品与其他文化产品在传播、制作、应用和目标用户等方面都有着明显的区别，其主要特点是：首先，它是植根于第五媒体的。移动无线网络能够把文本、语音、图片、视频、动画等多种信息整合在统一的网络平台上顺畅地传输，用户可以在智能手机的触摸显示屏上直接写字、绘画，并可在不到 1 秒的时间内将其传输到另一部手机或发送到网络上。智能手机自身也具有强大的拍照、摄像和录音功能，任何用户只要愿意，都可以在任何时间任何地点将身边的即时情况发送到网络上。不论哪一种、哪一类的手机文化产品，都是基于第五媒体的特性生成的，适宜于在移动互联网和手机终端的生态环境中存活和成长。简单地链接、移植或绑定其他媒体的产品，不是我们称之为的手机文化产品。比如，通常影片是在影院首先播映的，可以说，在电影院里放映是传统电影的一个基本特点。而手机微电影的特点就是专门为手机一族创作和生产的电影，通过宽带网络接通遍布四面八方的移动通讯的终端接收设备，首先在智能手机等移动终端上播放，然后再考虑其他播映方式。

其次，智能手机用户是特定的服务对象。手机文化产品就是专门为智能手机用户量身定制的。调查结果显示：平均年龄低于 35 岁的青年人是智能手机用户的主体，也是手机文化的主体服务对象。从事移动互联网文化创意产业的人应当走进他们、亲近他们，尽可能地了解他们的行为特征，审美取向，进而满足他们多方面的个性化的不断变化着的消费需求。

第三，利用移动互联网和手机终端实现与服务对象的有效互动。移动和社交能力的强大结合，会激发智能手机出现更多的新产品和新服务。在当代宽带网络和高新移动通讯技术的支持下，建立智能手机文化创意平台，大力开发手机文化产品，并有效地进行掌上创意、掌上传播和掌上互动。手机文化产品的生产模式呈开放状态，旨在改变"精英做给大众看"的传统方式，利用网络互动的形式，实现"用户有效参与""全程大众化服务"和"生产者与消费者融合"等全新的服务理念，让手机文化产品真正成为智能手机用户情有独钟的"宝贝"。

第四，反映移动互联网时代的时尚生活和手机文化。进入移动互联网时代，人们的生存和生活状态正在发生着革命性的变化，手机通讯、微信社交、在线支付、移动电商、手机游戏、微学习……新的生活催生了全新的手机文化，甚至会形成独特新颖的手机语言。手机文化产品的研发者、生产者和营销者，需要特别关注移动互联网时代的社会万象、人生甘苦。单就某一种手机文化产品而言，它也许不会直接反映这种新的生活，但它一定会折射出这个时代的影子，或间接地体现出一种具有草根性、多元化和时尚特征的手机文化来。

我们不妨设想一下手机作品的产供销全流程：你是一个手机写手，你以手机为工具，创作了一篇糅以卡通漫画的微小说，然后发到微信上，让圈里的朋友先睹为快，并帮助你润色；有家电子书商看中了这篇作品，你们通过手机视频通话谈妥交易后，你用手机 QQ 将定稿的作品传给对方，书商将酬金以微信支付的方式打到你在手机银行的个人账户上；读者利用手机在线或下载阅读你的作品，还在微博、微信上与你互动。不久，你用手机上网，进入一个生态摄影家的博客，看到不少新疆卡拉麦里有蹄类动物保护区的图片，就用刚赚到的稿酬向博主买了几张野马、野驴图片的使用权；你选购的图片都是摄影师用高清照相手机拍摄的，你准备用来为自己的下一篇手机散文配图；这些交易，包括签约、付款，都是通过智能手机和即时通讯软件实现的。

当然，真正的手机文化产品，也一定会体现出《手机式审美》一章里讲过的那些美学特征。

举个例子吧。我构思的一款手机版"天气预报"，是每集只有 30 秒的音乐卡通片，用初恋、魔幻、驴友、美食等系列来表现主要的天气类型。如初恋系列的人物是一对情窦初开的少男少女。少男叫天天，勇敢、忠诚，但有些木讷，个性化动作是挠头。少女叫开心，漂亮、机灵，非常新潮，但脾气不好，喜怒无常，个性化动作是撅嘴。

"晴天篇"是这样的——

晴空万里，天天和开心在户外走着。两人没有带阳伞，热得满头大汗。天天将自己的太阳镜让给开心，还是不顶事，他急得直挠头。天天突然发现河边长着一蓬伞状蘑菇，就跳进河里，掬水浇那蘑菇，只见蘑菇迅速长大。天天采来蘑菇为开心打"伞"遮阳，一直撅嘴的开心笑了。那脆生生的笑声回荡在天地之间。最后，开心呼天天，天天喊开心，拥抱在一起，呼喊声连成一片："天天快乐！"字幕显示风力和气温情况。

"晴转多云（有阵雨）篇"的设想是——

在公园的草坪边，天天和开心依偎着坐在长条椅上晒太阳。天天准备点烟抽，开心撅嘴，还伸手夺过天天的打火机。天天无奈地挠头，忽然飞身凑近火红的太阳，点着了嘴上叼着的香烟，得意地落座吸烟。开心招呼来一片乌云，洒下雨滴浇灭天天的烟火。画外音："今天是国际禁烟日。请记住，关爱自己，关爱他人！"最后，开心呼天天，天天喊开心，拥抱在一起，呼喊声连成一片："天天快乐！"字幕显示风力和气温情况。

进一步的设想是，在手机版的"天气预报"上搭载"时尚预报"，借助主人公发布反映流行趋势的信息，如时尚新闻、潮人潮事、炫音乐、酷图、流行色和最新热词等。

我的意思是，我们应该创作只属于手机的另类"天气预报"。当然，还有其他样式的专门的而不是移植来的手机作品。

随着越来越多的人将碎片化时间用在移动终端上，互联网的巨头们都把眼光转向了手机。过去的互联网公司，都一窝蜂地来经营手机。美国苹果公司的成功，让大家看到了一条五彩路：通过终端来推广平台，通过平台来推广应用商店。这就是 App Store 模式。阿里巴巴来了，腾讯和百度也来了，因为他们看到了后 PC 代的前景，智能手机超越了 PC 的数量。阿里巴巴除了弥补电商的不足，还将目光投向了无线社交类的项目；腾讯的玩法是最激进的，它的投资涉及移动互联网的各个细分领域，目的是通过前瞻性的战略投资来寻找未来的增长引擎；百度的李彦宏在内部提倡狼性文化，提醒员工：要把注意力从 PC 端转移到移动端。之前智能手机仅仅让用户多了一个使用互联网的入口，远远不能满足用户对海量互联网服务的需求，而搭载云智能操作系统的手机，变成了真正的互联网手机。当云计算和 4G 潮涌而来时，争夺移动互联网入口的大战也愈演愈烈。这种竞争是硬件、操作系统、互联网应用，三位一体的竞争。但竞争的制高点在哪里？在文化创意。我大胆地预计，手机文化创意产业一定会形成巨大的产业链。以手机移动终端为载体的文化产品，一定会具有全新的形式和内容，以及与之相适应的生产模式和营销手段。

文化具有天生的黏合性和渗透力，通过"越界——扩散——渗透——联动"，不仅能够同传统产业结合起来，也能同新兴产业实现完美的联姻。文化创意产业与手机媒体的结合，重点在于文化内容的投入，通过新颖时尚的创意设计和五彩斑斓的文化内容，让手机用户获得审美愉悦和时尚体验。

移动互联网文化创意产业包括内核、外核和辐射圈三个层次。内核是直接为移动终端用户提供的文化产品；外核是通过移动互联网与其他新媒体相融合的文化产品；辐射圈是基于内外核产品的影响而生成、扩展和延伸的其他产品。

无疑，新技术在改变着世界，甚至与文化发生了严重的对峙。但人文绝不会向技术俯首称臣，我们必须防止技术的异化，让手机产品、手机作品具有应有的文化品质。对手机用户来说，通讯是其第一需求，而文化娱乐必将是其最大的需求。倘若相信这个判断，你就会对手机文化创意产业充满期待和热情。

孵化"微创意""大思想"的"第四空间"

曾航是一位女记者，她在富士通实验室参观时发现，日本人非常重视移动互联网软硬件的创新，人家正在研发的项目甚多，包括智能眼镜、手机自动检测肌肤质量系统、纸加密技术、手掌静脉识别、移动健康管理系统等。曾航回来后写了《中国移动互联网缺什么？》一文。她认为，与发达国家相比，我们缺乏核心技术的积累。是不是也可以说，我们缺乏的是创新精神和创新能力呢。

三星公司有一个理论，就是"生鱼片理论"。他们把产品比作生鱼片，越新鲜越好，也越能卖出好价钱来。新捕捞的鲜鱼，每天都会跌一半的价钱。这和电子产品的生存法则一样，一旦滞后往往满盘皆输。由此可知，创新+速度——就是竞争的焦点。美国人把企业分成三类：大象、鼹鼠和瞪羚，分别表示上市的大公司、普通的小公司和掌握着创新技术和专利的有望上市的成长型公司。微软也好，脸谱也好，都是"瞪羚"做成的。在移动互联网时代，如果想做"瞪羚"的话，首要的能力就是创新能力。因为这个时代就是一个创新的时代。

美国都市社会学家雷·奥登伯格把城市划分为"三个空间"，即：住宅（第一空间）、办公室（第二空间）和除此之外的可以互动的空间，比如咖啡馆等（第三空间）。他认为，第三空间可以把具有不同才能的人聚拢起来，在交流信息和自由交谈的过程中，自然会碰撞出思想的火花，进而产生非凡的创意。在 18 世纪英格兰的咖啡馆里，孕育了启蒙时代难以计数的创新成果；而在法国巴黎的咖啡馆里，现代主义的思潮不绝而来；个人电脑革命的火花则是在具有传奇色彩的 Homebrew 计算机俱乐部点燃的。第三空间是一个相对开放的空间，其特征是人际交流、"知识溢出"和信息分享。近几年，美国的硅谷出现了不少"创业咖啡馆"，这是一种基于新科技、新产业而搭建的创业服务平台。这是一种特殊的咖啡馆，重在通过讲座、沙龙和偶遇等方式，为创业者，尤其是移动互联网、新媒体、通讯、电子商务类的创业者，提供资讯、经验、人脉、资本等，并借此孵化各种新鲜而有价值的创意。

如果依着这样的思路，我们可以把移动网络称之为"第四空间"，比起咖啡馆和俱乐部沙龙来，这才是一个真正开放的空间，是一个没有边际的创新空间，充满了无限的创新可能。建立完善的智能手机生态系统，需要成千上万的参与者，需要无数的充满奇思妙想的移动应用和手机作品。移动互联网时代是一个真正的"共享时代"，共享信息、共享财富、共享生活。你不必独自苦思冥想，你要学会倾听、对话和思考，切实了解真实的需求，搜罗需要的信息，善于依靠"公众大智慧"孕育属于自己的"微创意""微创新"，反过来再为大众服务。

2011 年 1 月 25 日，"需求媒体"（Demand Media）在纽约证券市场上市了。这是一家美国的新型网络媒体企业。它相当于一个"内容工厂"：就是凭借网络平台招揽文字和视频作者，大批量地生产实用信息，譬如"如何操作通用遥控器""路易威登手提包知识大全""告诉你被蜜蜂蛰了后怎么办？"然后依靠这些内容获得点击率，进一步实现赢利。其门下有 1.3 万人的自由写手、网络撰稿人和制作者。现在，包括雅虎在内的美国在线的网络媒体巨头均开始涉足这种商业模式。当然，这样做完全依赖搜索引擎的优化功能吸引用户，大多是蜻蜓点水式的受众。其首席创新官拜伦·里斯是一个点子大王，被誉为"创意生成器"。长期以来，他一直致力于通过"辨识并填补人类集体智慧的空白"赚钱，逐渐奠定了"需求媒体"的商业模式。

乔布斯有一句名言："领袖与跟风者的区别在于创新。"可以说，创新精神就是苹果走向成功的核心动力，有人称之为"苹果的微创新"。当库克接替乔布斯成为苹果公司的舵手之后，他面临的难题依然是，如何用创新来保持前进之舟的驱动力？看看吧，他们的竞争对手都在忙着创新——三星很快要推出柔性屏手机啦，谷歌将推出新的地图、搜索、视频应用，"脸谱"将推出新的社交应用，亚马逊将推出新的阅读应用……果粉们期待苹果拿出具有颠覆性的创新成果来。

20 多年前，与巴黎、米兰等时尚之都相比，北欧地区在文化上似乎是一潭死水。但全球化的浪潮和 3G、4G 的风，让曾是时尚文化犄角旮旯的地方变成了创意的动感地带。在斯德哥尔摩的一座阁楼里，这里的流行音乐人正在触摸手机屏，不，他们正在触摸整个世界。网络效应在边远的地区似乎更为明显，只要有一位艺术家打开了通向外部的那扇门，立刻就有许许多多的跟进者。哥本哈根已经成为世界的餐厅之都，食客来到这里，比如进入闻名世界的艾玛餐厅，不仅可以品尝到当地食材制作的符合地中海烹调规范的美食，还可以体验到允许任何人即兴表演的"开源"文化。在北欧诸国旅行，在街头，在咖啡馆，你可能会邂逅一些其貌不扬的人，但他们雄心勃勃；那些玩手机的人，也许正在开发一个iPhone的视频游戏呢。对此，你不必怀疑，你所熟悉的《愤怒的小鸟》，就是芬兰罗维奥公司的创意产品。当然，你不必羡慕正在时尚起来的北欧人，因为文化创意产业的大革命正在兴起，你和你的团队，也可以借助移动的风，开动自己的脑筋，让枯燥乏味的生活变得鲜活起来。

那些曾经羡慕过极客的人，现在有机会做"创客"（Makers）了。美国人克里斯·安德森写了一本超时髦的书，就叫《创客》，专门描述移动互联网时代喜欢小发明的群体。这位科技作家分析说，在新一波的科技潮里，创新的物质成本越来越低廉了，那些爱动手也爱动脑子的人，可以利用电脑和智能手机进行设计，再用3D打印机制造自己喜欢的"智能产品"。对创客来说，动手固然重要，动脑子可能更重要。你买来一堆必要的配件，很容易自己动手装配一部智能手机；但你想搞出一个特萌又特实用的App来，就要在"创意"上下功夫啦。

手机创意文化是现代科技和时尚文化联姻的结果，它把电信人、网络人和所有生活在网络时代的人联系起来，在创造并丰富着网络生活的同时，也赋予网络文化以新的生命力。如果你想开发掌上文化产品，那一定要高扬起创意文化的旗帜。你的产品不求大而全，只求小而精，重点是要推出独一无二的产品来。

移动互联网是一个鼓励创作、尊重个性的世界，每个人都是具有"这一个"个性特征的创作者，同时也是一个具有个性化需求和自由选择权的消费者。在风行一时的社交网站上，不论是文字、图片，还是视频，都是用户自己创作并放到平台上的，供所有的人自由浏览。如果具有足够的信息流和人气指数的话，这块地盘就具有了商业价值，会引来广告的投入，进而实现盈利。这就是典型的自产自销模式，也就是DIY模式。

在移动互联网时代，电信运营商可能不再是价值链的中心，因此要建立MM基地这样的开放式移动互联网平台。几乎每一个应用开发者都会急着给你介绍，自己的应用又有了哪些细微的新改进，有什么特色功能是别人不具备的，这将对用户体验带来怎样革命性的变化……大公司和小团队的设计师们分享着各自的经验；在微博上，官方账号们发布着各自应用的最新最好玩的用法，以及用该款应用实现的或感人或搞笑的真实故事。他们用实际行动演绎了一本书的名字：《人人都是产品经理》。产品经理的队伍里，有前推销员、前大学生、前退伍军人、前编辑，还有前程序员和前设计师。

互联网的出现彻底改变了我们的生活，而手机与互联网的结合，则为享受生活乐趣带来无限可能。手机比电脑的普及率高，而且与人形影不离，操作起来也更简单便利，因此，在即兴产品搜索和预定时，手机具有不可比拟的优势。各种服务都可以通过手机来进行预定和管理，一部小小的手机就是我们的生活管家。

"长尾理论"（LongTail）的核心思想是，数量足够多的小众产品也能够创造大市场。手机电视点播模式中用户可以根据自己的偏好来选择节目，是典型的小众市场，每一个手机视频节目的边际成本都非常低；手机储存量的扩大和视频压缩技术的发展也使手机视频的节目容量不断增多，因此，手机点播业务就是长尾理论的应用。

手机一族数以亿计，通吃的想法太过贪婪也不现实。未来智能手机的应用一定会呈现"小众化"的趋势，需要及早开发新的功能，细分用户和市场。基于小众化的市场判断，应将注意力集中到个性化产品和服务的研发上来。分众化制作最重要的是提供差异化服务。丰富多彩的手机文化产品和服务才能满足手机一族个性化的需要。

手机本身已经在细分化，女性手机、儿童手机、老年手机，商务手机、导航手机、教学手机、翻译手机、游戏手机、微博手机、微信手机……个性化主要体现在产品的内容上。比如老年手机，应该是功能简单、操作便利的实用手机，最好是具备健康档案功能的手机。

美国的一些智能手机，由于下载了一种新的软件，今后人们带着它可以一边逛街一边攒积分，用积分兑换代金券等礼品。美国《纽约时报》评论说："这种软件如同人们见过的最执著的促销员，目的是鼓励人们多逛商店，拉动消费。经过改善，这种软件还能够根据顾客的喜好、购物习惯、住址、购买史等资料，有针对性地推荐商品。"

　　苹果让手机上网从一种迫不得已的行为，变成了用户的个性化享受。在互联网发展了十几年的内容和应用，只有不到 20% 的能够在移动互联网上应用，因为大多数是针对 PC 端开发的产品。谈到移动互联网的赢利模式，现在其实跟 PC 没有多大的区别，无非是广告、增值业务和电子商务。智能手机广告平台的难点是：哪些人是合适的受众呢？需要提醒的是，关键在于内容。只有那些真正弄明白手机文化，并生产出"为手机而做"的产品的人，才有可能在移动互联网时代引领潮流。

　　对数字时代的创业者来说，信念至关重要。谷歌公司的一项管理战略叫"创新许可证"，谷歌博客做过这样的论述——你可能在一个如同谷歌一样的地方工作——那里有免费食物、充沛的资源、雄心勃勃的管理者和有才华的同事，可怎么激发不起创新力呢？因为对一个有创造力的团队来说，企业文化、团队精神、个人激情都是不可或缺的要素；简言之，信念也许是更重要的东西。有了坚定不移的信念，以及凭借信念驱动的创造力和鲜明个性，你才可能成为移动互联网时代的骄子。

　　在美国，倘若混到了中产阶级的份上，一般就会拥有一座小洋楼。楼下的双车库，英语叫 Garage，兼有车间的意思。的确，美国人的车库功能甚多，除了停放车辆，还能在这里做工、搞实验、办工厂。有意思的是，迪士尼、惠普、微软、谷歌……这些大名鼎鼎的成功企业都是从小小的车库起步的。有人说美国人的车库是"IT 业的摇篮"，那么，移动文化创意产业的"孵化器"在哪里呢？我希望它会出现在中国人的屋檐下、大江南北的茶馆里……

哦，放眼指尖上的未来

　　美国宇航局的工程师们，这些玩卫星、玩火箭、玩飞船的达人们，也喜欢手机这个灵巧的"迷你宝贝"。他们设想：是不是可以使用智能手机的部件来组装卫星呢？正是基于这种设想，他们启动了"电话卫星"项目，研发了一种只有 1.4 公斤的微型卫星。用不了多久，智能手机卫星将被搭载在星宿二火箭上发射升空。这样一来，智能手机在该项目中被赋予了飞船一般的功能，包括高速处理器、多功能操作系统、微型探测器、高分辨率相机、GPS 接收机以及几个无线电发报机。当初提出"电话卫星"概念的贾斯帕·沃尔夫说："电话卫星将会开启一个新领域，启发人们参与到太空活动中来。"

这些微型电话卫星在进入地球轨道运行后,手机一族可以接收到它们发出的信号、数据和图像。智能手机的变体——微型卫星的下一个目标瞄准了月球。我在猜想,有木有这样一天呢——凭借智能手机,地球人终于找到了地外生命;或者我们会看到手持智能手机的外星人?

依然在东京,2020 年的生活图景是这样子的——那时候,人们可以实现"穿越",回到几个世纪之前。一个着装时尚的白领职员,在中世纪的东京进行虚拟漫步。当他走上拱形木桥时,他将和现实世界朋友的化身交谈,并一起欣赏无污染的富士山风光。他听不懂的新潮语言,具有翻译功能的智能帽子会给他解释得清清楚楚。走进一家路边酒吧,他喝了一杯现磨的哥伦比亚咖啡,出门时晃了晃手机就结好了账。在回家的路上,鼻梁上的智能眼镜镜片上,随着他的步伐显示着街市地图,并为他指点出最佳路径。最惬意的是,他还会不时听到妻子的话音:"亲,路口到了,请向右拐。""悠着点,时间还早。"当他回到自己舒适的智能客厅后,又徜徉于一度被称为江户的城市。他戴着一副 3D 眼镜,在客厅里走来走去,只需摇一摇像手表一样戴在手腕上的超级联网手机,就可以突破时空的限制任意穿越。这种手机装有一个小型的可以翻开的屏幕,并能以全息图的形式将图像投射到墙上或稀薄的空气中。这种手机还可以成为进入家门或登机的身份证明,拥有视频聊天的装置,以及启动真空吸尘器或让冰箱订购杂货的遥控器。它是用可再生材料制成的,通过人体进行充电,又环保又节能。

在上个世纪末,就有人试图将微型电脑缝进衣服里面,由此还产生了一个新鲜词汇——"可穿戴计算"。微软公司有一项新专利,叫"穿戴式肌电感应设备",它让人们可以用肌肉来控制智能手机和其他电子设备。英国《每日邮报》网站透露,科学家已经试制出能对触摸和压力做出反应的交互式"电子皮肤",它薄如纸张,超级敏感,可以用于下一代智能手机;研究人员还准备进而研制人造皮肤,并把电子信号传递给大脑。这一切,都透露出一个信息:人类渴望"人机一体"的"宝贝"。西班牙《万象》月刊在题为《2044 年快乐》一文中说,30 年后将会出现一种"皮下手机",每个人眼中或者皮下装配的设备将会取代现在的手机,我们将通过弯曲屏幕或投射屏幕读取信息或与他人沟通。

哦,这样看来,或许有一天,我们的 DNA 就是数据储存器,空气就是无处不在的显示器。那时候,我们都会变成"手机人"吗?

2013 年初，美国哈佛大学在一项研究报告里称：数据可以储存在 DNA 里。他们利用试管里极小的一块 DNA，储存了莎士比亚所有的 154 首十四行诗、一张照片、一篇科学论文，以及马丁·路德·金的演讲《我有一个梦想》的 26 秒声音片段。报告还说，在小拇指大小的空间里能储存上百张 CD 的数据，并且能安全保存数百年。有人据此预测，到了下个世纪，将会出现人机合一的 DNA 手机。科学家采用生物复合材料与人体 DNA 相结合的技术，直接将手机种植在手上。杨升在《手机被盗》一文中描述了这种手机："……轻轻点击一下左手背上的红色标识，蓝色的生物光电屏幕自动收缩，显现出手机原型。一个红色玫瑰样的图案像一块疤痕般长在手背上，绿色的玫瑰枝晶莹得像条小蛇，盘绕在左手中指上……"主人公卡娜从玫瑰的花蕊处可以看到渐渐变亮的丈夫的头像，并和他进行亲切的视频通话。接着，她用 DNA 手机关闭办公室的门，发动汽车，导航上路……

手机研发者库珀早就说过，未来的"终极手机"是一定和人工智能结合而成的。智能手机真的会让我们拥有另一个大脑吗？是否有一天，我们的手机也会具有意识，成为持有者的第二个"我"，可以像人一样思考和工作呢？萨里卫星技术公司的首席科学家道格·利德尔说："我们将最大限度地发挥手机的功能，在理想的情况下，手机可以进行操控和思考。"那样的话真是酷毙了，无须触摸，也无须语音操控，你脑子里想什么手机就做什么。

现在，智能手机的运算速度已经足够处理日常笔记本电脑级别的信息工作，电脑世界和手机世界已经没有什么隔阂了。一部典型的智能手机，已经超过了阿波罗飞船实现载人登月时的计算能力。尽管如此，它只是个小孩子，还远远没有长大成人呢。在 2010 年的世界移动大会上，技术人员都在预测：再过 10 年，手机会是什么样子的？美国电话电报公司的技术主管约翰·多诺万认为，未来的手机能知道我们的位置、我们的情绪和我们在工作方面的需要。它们不再是机器，而是我们"口袋里的朋友"。他还认为，未来的硬件壁垒将会消失，手机也是录音机、电脑和电视机。因为，10 年后的手机具有三个特点：智能化、可折叠、多用途。专家描述说：那时候的手机，可能像纸一样薄，手机的屏幕可以拉扯和折叠，手机因此可以变成一块电子写字板；它可以将你的三维移动图像传送到任意一个目的地，支持远程办公；它还是一个多功能的综合感应器，可以感应各种情况，包括手机主人的情绪、所在位置和当时的天气情况。马克·洛尔斯顿是青蛙设计公司的科学家，他从钢铁侠托尼·斯塔克那里得到感悟，想把整个房间变成显示器，你可以在餐桌上看新闻，也可以冰箱旁打视频电话。也许，人类的想象力有多强大，未来手机的功能就有多强大！

在智能化的世界，人类会受到无微不至的关怀。有人研制了戒指模样的手机辅助系统，你只要摆出一个 6 的手势，就可以接通电话了；如果你的手机屏幕脏了，还有微型清洁机器人为你擦拭得干干净净……英国电子物理学家凯文教授说：研究表明，一栋网络建筑加上一个拥有智能手机可以随时随地上网的电子人，就可以"心想事成"，通过意识控制各种设备的操作，如自动开窗、播放影碟等……可养懒人的结果是什么呢？在撒哈拉的沙漠中，生长着一种金合欢树，为了适应干旱缺水的环境，不断缩小自己，叶子变成细刺，花朵变成未张开的蘑菇形的样子。有些悲观的专家预测：未来人类也会成为撒哈拉沙漠中的"金合欢树"。平均身高只有 1.10 米，大脑袋，凸眼睛，细胳膊小腿，全都是短小身材。除指关节异常灵活外，其余肢体全部萎缩，人手无缚鸡之力。依照经典的说法：劳动创造了人类；以此逻辑，不劳动也会使人毁灭。当然智能化的好处也是大大的有，如果夫妻俩都在左臂皮下植入电子晶片，就会做到心灵感应。那样子的话，谁还敢有婚外情呢？

谷歌的董事长埃里克·施密特和负责人杰瑞德·科恩，合作写了一本新书《新数字时代》。作者也玩了一回"穿越"，带着读者提前进入 2033 年。书中描述了 20 年后的数字生活，从早到晚，总有手机这样的电子产品悉心关照着我们的饮食起居，我们的工作和社交。那时的手机也会变样，有手表一般小巧玲珑的，还有可以穿戴在身上的。它们超轻、超快，功能比当下的任何终端都更加强大。

可穿戴的计算设备和通讯设备，将会为我们普通人可以进行的"普适计算"提供便利。匆匆行进的科技巨人再往前跨越的时候，当机械能力与生物智慧完美结合后，未来的人可能更像机器，未来的机器也可能更像人。互联网时代的哲学家凯文·凯利大胆预言："人与自然，还有机器，将一起织就一张网络——新生物的文明将一幕幕上演。"

智能手机就是人类的一个梦，这个梦才刚刚开始，而且不断在更新梦境，昨日的梦幻就是今天的现实，今天的梦幻可能就是明天的现实。我们不能不思考，我们不能不发问：手机将把人类带到哪里去？

作者补记

动手写这本书时，多数人还弄不清楚什么是移动互联网，什么是智能手机？作为圈外人，我们亦知之甚少；但我们意识到，这些新鲜事物必定会影响深远，谁都躲避不开的。于是我们开始沉浸于其间，一边学习一边写作。好在"手机文化"是一个新课题，让门外汉也能勇于"发声"。当《手机，宝贝！》付梓时，我们不想说多余的话，但对于赐以援手的亲朋好友，必得说声"多谢了"。感谢我们的亲人叶红、郝耀荣和小露雅，感谢策划与编辑此书的曹江雄、陈光宇两位先生，感谢以各种方式帮助过我们的诸位好友：杨志今、何芸、汤万星、郭晓涛、宋荣华、卢泓、胡文、智若愚、朱国圣、李龙师、李继诚、黄洋、李佳莎、淡肖蓉。